MENTE ET MALLEO
mit Geist und Hammer

Umschlagmotiv

Symbolon des Geologenwahlspruchs, Holzschnitt von Hans Holbein d. J (?), freilich unter anderem Aspekt entstanden: Feuergeist und Hammer des Weltenschöpfers.

Aus M. PFANNENSTIEL: Geologische Rundschau 1937.

Helmut Hölder

Kurze Geschichte der Geologie und Paläontologie

EIN LESEBUCH

Springer-Verlag
Berlin Heidelberg New York
London Paris Tokyo

Prof. Dr. (em.) HELMUT HÖLDER
Besselweg 51

D-4400 Münster

Mit 39 Abbildungen

CIP-Titelaufnahme der Deutschen Bibliothek

Hölder, Helmut:
Kurze Geschichte der Geologie und Paläontologie :
ein Lesebuch / Helmut Hölder. – Berlin ; Heidelberg ; New York ;
London ; Paris ; Tokyo : Springer, 1989
ISBN-13: 978-3-540-50659-1   e-ISBN-13: 978-3-642-61540-5
DOI: 10.1007/978-3-642-61540-5

Dieses Werk ist urheberrechtlich geschützt. Die dadurch begründeten Rechte, insbesondere
die der Übersetzung, des Nachdrucks, des Vortrags, der Entnahme von Abbildungen und
Tabellen, der Funksendung, der Mikroverfilmung oder der Vervielfältigung auf anderen
Wegen und der Speicherung in Datenverarbeitungsanlagen, bleiben auch bei nur auszugs-
weiser Verwertung, vorbehalten. Eine Vervielfältigung dieses Werkes oder von Teilen dieses Werkes ist auch im Einzelfall nur in den Grenzen der gesetzlichen Bestimmungen des
Urheberrechtsgesetzes der Bundesrepublik Deutschland vom 9. September 1965 in der
Fassung vom 24. Juni 1985 zulässig. Sie ist grundsätzlich vergütungspflichtig. Zuwider-
handlungen unterliegen den Strafbestimmungen des Urheberrechtsgesetzes.

© Springer-Verlag Berlin Heidelberg 1989

2132/3145-543210 – Gedruckt auf säurefreiem Papier

Vorwort

Dieses Buch möchte dazu einladen, lesend oder auch nur blätternd einen Einblick in die Geschichte eines naturgeschichtlichen Doppelfachs zu gewinnen, für die im heutigen Wissenschaftsgetriebe so wenig Zeit bleibt, die aber die geistigen Wurzeln erkennen läßt und auch weitere Kreise an wissenschaftliche Fragestellungen heranzuführen vermag.

Es mangelt im In- und Ausland nicht an vielen neueren und auch neuesten Arbeiten zu bestimmten Themen der Geschichte der Geologie und Paläontologie, die aber wohl nur von wenigen Lesern in größerem Zusammenhang zur Kenntnis genommen werden. Auch hier dürfte deshalb Bedarf nach einer möglichst knapp gefaßten Hilfestellung bestehen. Sie ist insofern eine Art von Gemeinschaftsarbeit, als der Verfasser auf die Originalliteratur nicht immer von selbst stieß, sondern sich durch andere wissenschaftsgeschichtliche Arbeiten dazu führen oder auch nur darüber informieren ließ.

Daß das Manuskript im Herbst 1986, dem 300. Todesjahr von NIELS STENSEN, begonnen wurde, gab den Anlaß, dessen für Geologie wie Paläontologie bedeutsamen Ansatz an den Anfang zu stellen und von ihm aus kurz zurück und ausführlicher vorwärts zu blicken. Dabei hätte ein anderer Verfasser vielleicht andere Schwerpunkte gesetzt und andere Beispiele gewählt. Der Leser mag sie, falls ihn dieses Buch zu weiterer Lektüre historischer Art anregen sollte, auf seine Weise ergänzen und manches Urteil, von dem er abweicht, aus seiner Sicht korrigieren.

Man kann Geologiegeschichte systematisieren, periodisieren oder unter Gesetze, z. B. der Dialektik, fassen. Man kann zu ihrer Betrachtung aber auch einfach in der Landschaft und den Gärten des Geistes wandern. Dabei wird man in jener der möglichst unmittelbaren, aber dennoch immer wechselnden Aufnahme der natürlichen‹ Erscheinungen nachsinnen, in den ›Gärten‹ aber den sie ordnenden Theorien und ihrem Wandel. Das vorliegende Buch mag als Bericht solchen Wanderns und Schweifens verstanden werden. Das Wegemuster ist freilich zu ausgebreitet, als daß es umfassend, zu dicht, als daß es lückenlos, zu vernetzt, als daß es ohne Wiederholung begangen werden könnte. Eine ›große Linie‹ gibt es in keiner Geschichte.

Wissenschaftsgeschichte »entspringt dem einfachen Wunsch des Bewußtwerdens über die Herkunft und Entwicklung unseres heutigen Wissens« (C.G.Amstutz), bedarf also eigentlich keiner weiteren Begründung. Und doch sei eine solche gegeben: Sie lehrt uns, daß neue Theorien selten so neu sind, daß sie uns nicht auch in der Vergangenheit in anderem Kleide begegneten, und alte selten so veraltet, daß sie nicht eine Renaissance in neuem Kleide erfahren könnten.

Sollte es gelungen sein, nicht nur – punktuell und abrißhaft – zu einem wissenschaftsgeschichtlichen Gang zu ermutigen, sondern den Leser auch mit Geist und Geistern der geologisch-paläontologischen Forschung etwas vertraut zu machen, dann wäre die Absicht dieses Buchs erreicht.

Für freundliche Beratung auf mir fernerliegenden Gebieten (Geophysik, Geochemie) danke ich den Professoren B.Grauert, W.Hoffmann und J.Untiedt, für Gespräche paläontologischer Thematik Professor F.Strauch (alle an der Universität Münster), für briefliche Auskünfte Dr. W.Blei und Dr. H.Jaeger (Berlin) sowie Dr. O.Wagenbreth (Freiberg), für die sachkundige Abfassung des Kapitels 22 Dr. P.P.Smolka (Münster).

Dem Verlag Karl Alber Freiburg/München danke ich für die Erlaubnis zur Wiedergabe einiger Passagen aus H.Hölder (1960).

Münster, Frühjahr 1989   Helmut Hölder

Inhalt

Geleitsätze

»Wenn der Mensch lernen will, muß es in der Menschheit verschiedene Meinungen geben. Es ist das Vorrecht des einzelnen, sich seine Meinung zu bilden, die aber oft, ja in der Regel, auf Irrtümern beruht. Da sie aber in der Regel korrigiert werden, ist damit der Weg zur Wahrheitsfindung gegeben.« (J. HUTTON 1795)

»In der Hektik des heutigen Wissenschaftsbetriebs bietet die Wissenschaftsgeschichte Zuflucht und Trost. Das gilt besonders für die Geschichte der Ideen. Sie verleiht dem zu seiner Zeit schwankenden, episodischen, umstrittenen und dann vergessenen Gedankengut Dauer. Auch die Personen sind ... meist vergessen; ihr Werk aber blieb, auch wenn es niemand mehr kennt. Die Flamme des Geistes wurde jedoch weitergetragen, manchmal klar und leuchtend in berühmten Büchern, oder aber bescheidener als nur mündlich und gleichsam hinter vorgehaltener Hand weitergegebenes altes und neues Gedankengut. Fast alles freilich, was sich in Gespräch und Briefwechsel abgespielt hat, ist für uns verloren. Nur das Wissen um solch vielfach verflochtenen und lebendigen geistigen Austausch öffnet uns aber das Tor zu wirklichem Verständnis der Großen unter den Autoren und ihrer Werke, die sich einsam wie besonnte Gipfel über das Nebelmeer erheben, das die niedrigeren Gebirge verhüllt.«

»Wissenschaftsgeschichte hat nicht zu richten, sondern zu verstehen.« (ELLENBERGER 1976 und 1978)

»Wie stets, wenn wir Geschichte genau betrachten, lernen wir die Vernunft in solchen Fragestellungen und Vorurteilen erkennen, die uns heute fernliegen, und wir begreifen unsere eigenen Fragestellungen und Vorurteile besser, indem wir sie aus denen unserer Vorgänger unter dem Druck jeweils neuer Erfahrungen und neuer Argumente sich herausbilden sehen.« (C. F. v. WEIZSÄCKER 1972).

»Die Aufgabe des Wissenschaftshistorikers erfordert, daß er auch der Gegenseite gerecht wird und sich aus dem Gefecht der Meinungen heraushält. Er genießt den Vorteil, auf mehr als einem Klavier spielen zu dürfen.« (R. HOOYKAAS 1963)

»... begegnen wir hier einer Erscheinung, die in der Geschichte der Geologie vielleicht häufiger auftritt als bei anderen naturwissenschaftlichen

Fächern: daß Hypothesen um so leichter aufzustellen und um so glänzender sind, je weniger Tatsachen zur Verfügung stehen; etwas, was GOETHE in einem Brief an KARL FRIEDRICH ZELTER einmal in die tiefsinnigen Worte kleidete: ›Man weiß eigentlich nur, wenn man wenig weiß.‹« (M. SCHWARZBACH 1959)

»Die geschlossenen Systeme sind für viele Geologen nicht eine Frage der Annäherung an die Bedingungen der Natur, sondern eine des wissenschaftlichen Geborgenseins. ... Man kann von den Anhängern geschlossener Systeme nicht erwarten, daß sie das, was sie nicht sehen und nicht begreifen können, berücksichtigen; sie wären aber der Dankbarkeit Andersdenkender sicher, wenn sie nicht ausdrücklich das verneinen würden, was ihnen verborgen bleibt.« (E. WEGMANN 1958)

»An der Fortsetzung meiner Geologie finde ich wenig Freude, da ich mir tagtäglich sagen muß, daß ich weder genug gesehen noch genug gelesen und gelernt habe, um der mir gestellten Aufgabe gewachsen zu sein. Die Wogen der Literatur schlagen mir über dem Kopf zusammen, und die meisten erreichen mich nicht einmal, so daß ich nur ihr fernes Brausen vernehme, ohne einen Tropfen von ihnen schlucken zu können. Bei so bewandten Umständen ist es wirklich mißlich, ein Lehrbuch über Geognosie zu schreiben.« (C. F. NAUMANN in einem Brief 1859)

»Induktiv und deduktiv, durch Beobachtung und durch Theorie, empirisch und aprioristisch, analytisch und synthetisch, mit Skepsis und mit Glauben, verstandesmäßig und intuitiv, mit Postulaten und Dogmen und mit Kritik haben die Menschen in vieltausendjähriger Anstrengung versucht, an die, wie wir nicht zweifeln, gesetzmäßige Anordnung der Einheit der physischen Natur heranzukommen, indem sie auf alle Art allmählich ihre Auffassungsprinzipien vervollständigten. ... Dazu muß man versuchsweise – aber nur versuchsweise – einseitig sein, um einen der vielen möglichen Wege gehen zu können ...« (E. HAARMANN 1935)

»Es wäre ein Irrtum anzunehmen, jede Ära sei jeweils nur von einem einzigen Zeitgeist beherrscht ... Im 18. Jahrhundert z.B. unterschied sich der geistige Rahmen von LINNAEUS in nahezu jeder Hinsicht von dem seines Zeitgenossen BUFFON.« (E. MAYR 1984)

Das letztere Zitat führt zur Frage der Beziehung von Erkenntnis, Zeitgeist und Persönlichkeit. Der französische Biologe F. JACOB (1972) schreibt: »Man mag sich lange fragen, was aus dem wissenschaftlichen Denken geworden wäre, wenn NEWTON Äpfel gepflückt hätte, DARWIN Hochseekapitän gewesen wäre und EINSTEIN den Beruf seiner resignierten Träume, nämlich Klempner zu sein, ausgeübt hätte. Im schlimmsten Falle hätten ihre Theorien einige Jahre Verspätung gehabt ...«

Ließe sich also nicht eine unpersönliche, allein auf die Fakten des Fortschritts bezogene Wissenschaftsgeschichte schreiben? Auch Gedichte können ja, zumal als Volkslieder, ein vom Dichter abgelöstes Eigenleben führen.

Oder gilt (auch) GOETHES Wort in der ›Farbenlehre‹: »Zu allen Zeiten sind es nur die Individuen, die für die Wissenschaft gewirkt, nicht das Zeitalter«? ... »Ja, eine Geschichte der Wissenschaften, sofern diese durch Menschen behandelt worden, zeigt ein ganz anderes und höchst belehrendes Ansehen, als wenn bloß Entdeckungen und Meinungen aneinander gereiht werden.«

Freilich ist es nach GOETHE wegen solch persönlichen Bezugs der wissenschaftlichen Aussage auch »äußerst schwer, fremde Meinungen zu referieren ... Ist der Referent umständlich, so erregt er Ungeduld und Langeweile; will er sich zusammenfassen, so kommt er in Gefahr, seine Ansicht für die fremde zu geben; vermeidet er zu urteilen, so weiß der Leser nicht, woran er ist ... Ferner sind Gesinnungen und Meinungen eines bedeutenden Verfassers nicht so leicht auszusprechen ... Ein Mann, der länger gelebt hat, ist verschiedene Epochen durchgegangen; er stimmt vielleicht nicht immer mit sich selbst überein; alles dieses darzustellen, zu sondern, zu bejahen, zu verneinen, ist eine unendliche Arbeit.« Zu erwähnen ist hier auch, daß sich bei der Beschäftigung mit einer historischen Persönlichkeit oft unbewußte Sym- oder Antipathien herausbilden, die ein objektives Urteil erschweren.

Bei der Lektüre der hier vorgelegten historischen Darstellung sind alle diese Gesichtspunkte zu berücksichtigen. Bei den Namen muß es, der gebotenen Kürze halber, meist mit der einfachen Nennung sein Bewenden haben, ergänzt allenfalls durch die Jahreszahlen des Lebens oder eines wichtigen Werks, aber immer zugleich als Anregung, in den Anmerkungen, in Lexiken oder in anderer Literatur Näheres über die Personen zu ermitteln.

Den Schluß dieser einleitenden Sentenzen bilde der folgende Text aus dem Arbeitsrückblick eines Geologen der einstigen Preußischen geologischen Landesanstalt. Er erinnere an Disziplinen wie Bodenkunde, Angewandte Geologie und geologische Kartierung sowie die vielen wichtigen Beiträge, die der geologischen Forschung aus osteuropäischen Ländern zukamen, in diesem Buch aus Gründen des Umfangs und der Sprachbarrieren aber unberücksichtigt bleiben mußten: »Es waren die feinsinnigen Beobachtungen der russischen Bodenforscher, unter denen ich namentlich GLINKA persönlich kennen lernte, und die von H. STREMME in Danzig

---

Da die vorstehenden Zitate für sich allein sprechen, wird auf Nachweis verzichtet.

aufgegriffen und für Deutschland fruchtbar gemacht wurden, woran sich diese beschreibende Bodenkunde entwickelte. P. Treitz in Ungarn und Murgoci in Rumänien waren ihre leidenschaftlichen Vorkämpfer. In den Vereinigten Staaten von Nordamerika hatte sich nach den grundlegenden Forschungen Hilgard's unter der klugen Leitung des leider zu früh verstorbenen Marbut ein ausgezeichnetes System der reinen Bodenkartierung entwickelt, das in selbständiger, aber doch wie das russische auf die ... Gesamtheit der Verwitterungsfaktoren, insbesondere von Vegetation und Klima ... gegründeter Art praktisch durchgeführt wurde ...« (W. Wolff: Geol. Jb. 66 für 1950).

Nun aber medias in res!

1 STENO:
Geologisch-paläontologische Schlüsselerfahrung

Die Sinne trügen nicht, das Urteil trügt.
GOETHE: Maximen und Reflexionen

Im Jahre 1667 wurde einem der großen Gelehrten seiner Zeit, dem gebürtigen Dänen NIELS STENSEN, den der Großherzog FERDINAND II. als NICOLAUS STENO an den Medici-Hof in Florenz gezogen hatte, der Schädel eines an der Küste gestrandeten Hundshais *(Carcharias)* von abenteuerlicher Größe zugetragen. Da STENOS Hauptinteresse der Anatomie galt, sezierte er Haut, Gehirn, Knorpel, Nerven und Auge und stellte bei der Untersuchung der Zähne fest, daß sie mit den vor allem aus Mergelschichten von Malta bekannten *Glossopetren* oder Zungensteinen genau übereinstimmten. Das erweckte in ihm die Überzeugung, daß es wirkliche Haifischzähne seien, im Gegensatz zu der damals vorherrschenden Meinung, es handle sich bei allen im Gestein eingeschlossenen Gebilden – und zwar auch dann, wenn ihre Form an Organisches erinnerte – nur um Spiele der Natur *(lusus* oder *ludi naturae).* Keine
Naturspiele

Diese Deutung lag solange nahe, als man im Gestein noch nichts Gewordenes, sondern etwas mit der Schöpfung von Anfang an Gegebenes sah.[1] Denn dann bestand ja keine Möglichkeit, daß gesteinsfremde Gebilde hineingeraten sein konnten. Die Deutung konnte sich auch auf ARISTOTELES' Theorie der Urzeugung *(generatio spontanea)* berufen, nach der Organismen unmittelbar aus Schlamm hervorgehen sollten. Gleiche Zeugungskräfte im Gestein hätten, so meinten viele Gelehrte zu STENOS Zeit, organismische, wenn auch nicht zum Leben gelangte Formen erzeugt. Gestein – von
jeher gegeben

Wenn die Glossopetren aber wirklich Zähne waren, so erhob sich sofort die Frage nach der Natur des sie einschließenden Gesteins, dem STENO nun seine Aufmerksamkeit auf Wanderungen in der Toskana zu widmen beginnt. Er beobachtet seine Zusammensetzung aus Einzelschichten, die manchmal geneigt sind, und findet als Einschlüsse Austern und andere Meeresmuscheln, ohne daß sich irgendein Anzeichen der Platzschaffung dieser angeblich im Gestein entstandenen Formen erkennen ließ. – oder
geworden?

STENO berichtet über diese Beobachtungen am Schluß einer noch 1667 erschienenen, dem Großherzog gewidmeten Schrift mit dem Titel ›Canis Carchariae dissectum caput‹,[2] die selbst nur Teil einer größeren Abhandlung über Muskelkunde ist. Sollte er sich aber, so fragt er sich, trotz aller Gründlichkeit seiner Beobachtungen nicht doch täuschen? *»Wenn mir auch meine Meinung wahr zu sein scheint«*, schreibt er abschließend, »*will ich doch nicht behaupten, daß die Vertreter der entgegengesetzten Ansicht unrecht hätten. Gleiche Phänomene lassen sich auf verschiedene Weise erklären. Auch erreicht die Natur das gleiche auf verschiedenen Wegen. Viele bedeutende Männer glauben, daß besagte Körper im Gestein nichts mit tierischer Herkunft zu tun haben ... Sie haben auch ihre Gründe ...*«

Das Problem der Gesteinswerdung – für fossilführende Gesteine schon von AVICENNA um das Jahr 1000 bedacht, aber wieder vergessen – drängte bei STENO nun für die nächsten zwei Jahre alles andere zurück. Der Plan einer dem Großherzog zugesagten speziellen Abhandlung hierüber stürzt ihn aber trotz vieler weiterer, seiner Meinung günstiger Argumente und manch mündlich erfahrener Zustimmung von neuem in zweifelndes Ringen um die richtige Lösung, dessen Ende er nicht abzusehen

vermag. Er entschließt sich deshalb zu seinem berühmten ›Prodromus‹, d.h. einer vorläufigen Mitteilung über diese geplante neue Abhandlung ›über Festes, das in Festem auf natürliche Weise eingeschlossen ist‹ (›de solido intra solidum naturaliter contento‹, 1669). In der Vorrede der erst 1923 auch ins Deutsche übersetzten Schrift[3] vergleicht er eine solche Arbeit, bei der es Unbekanntes ans Licht zu bringen gelte, mit dem Ausschöpfen einer Zisterne, der aus verborgenen Adern immer neues Wasser zufließe. »*Wundere Dich daher nicht, erlauchtester Fürst, wenn ich über ein Jahr hindurch fast jeden Tag sagte, daß die Untersuchung, zu der mich die Zähne des Canis Carchariae anregten, ihrem Ende zugehe. ... Bei genauerer Betrachtung der einzelnen Örtlichkeiten und Körper drängen sich mir indessen tagtäglich derartige unauflöslich miteinander verbundene Zweifel auf, daß ich mich öfter gewissermaßen wie in Fesseln befangen sah ...*«

STENO teilt dann im »Prodromus« zugleich seinen beabsichtigten Abschied und Aufbruch von Florenz in seine Heimatstadt Kopenhagen mit, um dem Rufe des Königs von Dänemark zu folgen. »*So will ich Dir das wichtigste von dem, was ich durchgeführt habe, darbieten, um nicht leere Versprechungen gemacht zu haben.*« Er hätte es, schreibt er, dem Fürsten zuliebe gern in italienischer Sprache getan, sich dann aber der Eile halber doch für das ihm vertrautere Latein entschieden. Die ganze Schrift kreist um das Problem der im Gestein eingeschlossenen Körper, seien es Kristalle (SCHAFRANOVSKI in SCHERZ (Ed.) 1971[6]; FABIAN 1986), seien es Gebilde organischer Form, die auf einen zur Zeit der Einschließung noch unverfestigten Zustand des heute harten Gesteins deuten. Gehäuse von Meeresgetier in einer Gesteinsbank weisen ihn auf deren Entstehung im Meer, pflanzliches Material wie Schilf- und Aststücke dagegen auf die Ablagerung eines einmündenden Flusses oder Gießbachs; übereinanderliegende Schichten unterschiedlichen Materials erklärt er mit klimatisch oder infolge von Strömungen wechselnden Ablagerungsverhältnissen.

Es ist die schon ganz aktualistische Einsicht in fazielle, ja biofazielle Unterschiede, die wir meistens erst dem 19. Jahrhundert zuzurechnen

6

pflegen. Jede höhere Schicht aber, so erkennt STENO weiter, muß sich als die jüngere über der schon verfestigten tieferen gebildet haben. Wir sprechen vom ›Lagerungsgesetz‹, das uns selbstverständlich ist, das aber einmal entdeckt und formuliert werden mußte! Denn theoretisch könnte die Schichtung ja auch durch strukturelle Sonderung aus einheitlichem Material hervorgegangen sein, wie sich das noch GOETHE gelegentlich als ›simultanen‹ Vorgang dachte und wie es unter bestimmten Bedingungen der Diagenese tatsächlich auch einmal vorkommen kann. Ältere Gesteine ohne die erwähnten Einschlüsse sind nach STENO dagegen »*zur Zeit der Schöpfung aus der Flüssigkeit entstanden, die damals alles bedeckte, ... vom Urbeweger unmittelbar erschaffen*«.

Im Meer einst gebildete Gesteinsschichten müssen ursprünglich horizontal abgelagert worden sein. Die heute oft andere, geneigte Lage entstand demnach erst später durch Einbruch über vermuteten Höhlungen, die STENO spekulativ – auch wenn er solches von einer Vesuvbesteigung her kannte – auf unterirdisches Feuer, aber auch auf aufbrechende erdinnere oder auf erdäußere Wasser zurückführt, mit denen er auch die Entstehung von Bergen und Tälern erklärt.

Der Schöpfung folgte also eine Zerbrechung, zu der STENO Beobachtungen macht, an die er für seine Zeit erstaunliche Schlüsse knüpft: Auf den eingebrochenen lagerten sich jüngere, abermals horizontale Gesteinsschichten ab, und auch diese konnten wieder unterhöhlt und eingebrochen sein (Abb. 1). Beweise dafür wolle er anhand von ihm besuchter Örtlichkeiten in der Toskana zwischen Arno und Tiber und ›für die ganze Erde mit Zitaten verschiedener Autoren‹ in der geplanten ausführlicheren

Gesteins-
lagerung

Historische
Geologie

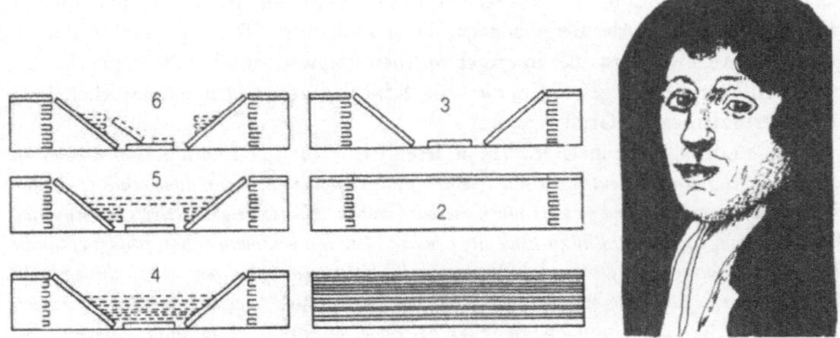

Abb. 1. STENOS erdgeschichtliche Abfolge der sechs ›Fazies‹ von erster Horizontalschichtung in der Urflüssigkeit über Aushöhlung und Einbruch zu erneuter Überschichtung mit gleichem Schicksal. *3* und *4* beruhen auf Beobachtung, *1–2* und *5–6* auf Postulaten. Bei *6* dürfte eher an (nicht mehr deutlich dargestellte) junge Pleistozänsedimente in erosiven Hohlformen des Pliozäns zu denken sein. (STENO hierzu: ›aquarum praecipue erosione‹ = vor allem durch Wassererosion)

Darstellung erbringen. Da es zu dieser jedoch nie kam, kennen wir jene Örtlichkeiten und auch diese Autoren nicht. Wir können nur allgemein sagen, daß es sich bei den dem ersten Einbruch folgenden Schichten um das horizontal gelagerte marine Jungtertiär des Arnotals in der Nachbarschaft gefalteter und zerbrochener älterer Sedimente der Apenninen handelt, während bei den eingebrochenen Schollen im oberen Bild der Skizzenfolge wohl eher an junge pleistozäne Sedimente zu denken ist, die der selbst schon wieder zerbrochenen pliozänen Hügellandschaft eingelagert sind. STENO ergänzte seine Beobachtungen also gedanklich. »Er sah in der Toskana horizontale und steil gestellte Schichten nebeneinander, woraus er theoretisch den Begriff dessen ableitete, was wir heute tektonische Diskordanzen nennen. Eine reale Diskordanz hat er wohl nie mit eigenen Augen in der Natur gesehen.« (PFANNENSTIEL).[4] Oder doch? ELLENBERGER (1988) weist darauf hin, daß jüngste Darstellungen der toskanischen Geologie durchaus Möglichkeiten direkter Beobachtung von Verwerfungen, Grabenbrüchen und auch diskordanter Überlagerung schon für STENO erkennen lassen – ein Beispiel dafür, daß sich auch geologiehistorische Einsicht selbst geschichtlich ständig wandelt. Jedenfalls darf STENO mit der erstmaligen Schau und Darstellung einer erdhistorischen Folge von Schichtbildung und -verstellung als erster Stratigraph und Tektoniker gelten. Den Anstoß aber dazu hatte, wie wir sahen, das Problem der im Gestein eingeschlossenen Fossilien gegeben, dem er nachging und dessen Lösung ihn zu ersten stratigraphischen und tektonischen Überlegungen führte.

Nebenbei: Der phonetische Gleichklang in der von STENO entdeckten Geschichte geschichteter Gesteine sollte uns nicht vortäuschen, daß die Wörter gleichen Ursprungs seien. Geschichte kommt von dem mittelhochdeutschen ›ge-sciht‹ = Ereignis. Es ist nur Zufall, daß dieses Wort das andere ›Schicht‹ in sich beschließt, das von ›sciften‹ = teilen kommt. Es stammt aus der Bergmannssprache und gilt einem Teilkörper des im Raume geschichteten Gesteins, ist aber in erzgebirgischen Bergwerken seit 1300 zugleich auch zum Begriff für die Zeit geworden, die – als ›Schicht‹ – zum Abbau eines solchen Teilkörpers erforderlich ist (GEIGER 1908).[5]

In AGRICOLAS ›De re metallica‹ (1556) lesen wir: »*Wann sie zu den Schichten kommen sollen, das zeigt den Bergleuten der Klang einer großen Glocke an; wenn diese erklingt, laufen sie gassenweise von hier und da zusammen zu den Gruben. Ebenso zeigt derselbe Glockenschlag dem Steiger an, daß die Schicht zu Ende ist; sobald er den Ton vernommen hat, schlägt er an die Bretter des Schachtes und gibt so den Bergleuten das Zeichen auszufahren. Wenn die nächsten den Ton hören, schlagen sie mit den Fäusteln an das Gestein, und so gelangt der Ton bis zu den entferntesten. Auch die Grubenlampen zeigen das Ende der Schicht an, wenn der Unschlitt fast verbrannt ist und in den Lampen zu Ende geht.* «

STENO kann nicht anders, als das von ihm erkannte Erdgeschehen in die sechstausendjährige Zeitspanne des biblischen Berichtes einzuordnen, der den natürlichen Befund bestätigt und außerdem dort ergänzt, wo sich dieser einer Aussage – wie zu Ursache, Beginn und Dauer des natürlichen

8

Geschehens – verschließt. »*Natura silet, Scriptura loquitur*« – »*Wo die Natur schweigt, redet die Schrift.*« Über manches freilich, so STENO, schweigen sich beide aus: »*Nec natura, nec Scriptura determinat.*« Bei den das erste Zerbrechungsrelief überlagernden Sedimenten dachte er an Zeugen der Sintflut, die sich aus erdinneren Wasserbehältern, erhitzt durch das Zentralfeuer des Erdballs, über dessen Oberfläche ergoß und beim Aussowie auch beim Wiederzurückströmen zu der Zerbrechung beigetragen haben soll. Schon DESCARTES (›Principia Philosophiae‹ 1651) (Abb. 4, S. 21) und der gelehrte Jesuitenpater und Polyhistor A. KIRCHER (›Mundus subterraneus‹ 1664) hatten dieser Vorstellung ähnliche Bilder gegeben.

Die Sintflut
als Episode

STENO sah also in der Flut und ihren Folgen nur eine, freilich sehr wichtige, erdgeschichtliche Episode, ohne die Gesamtheit der Schichtgesteine und ihre Lagerung auf sie zurückzuführen, wie das manch andere Sintflutgläubige (WOODWARD, die Gebrüder SCHEUCHZER, BURNET, WHISTON; s. S. 22) später taten. Auch im ›Prodromus‹ prüft er nocheinmal auf das sorgfältigste die Übereinstimmung im Gestein enthaltener und rezenter Muschelschalen bis in Einzelheiten der Struktur sowie der unterschiedlichen Weisen der Fossilisation von stofflich und morphologisch unveränderter über veränderte bis zu reiner Hohlraum-Erhaltung. Er macht also gewissenhafte paläontologische Beobachtungen, ohne freilich schon etwas davon zu ahnen, daß es sich um Reste heute nicht mehr existierender Tierarten handeln könnte: Knochen ausgestorbener Elefanten in den Sanden des Arnotals hielt er für Reste von HANNIBALS Elefanten!

Pionier oder
Epigone?

STENOS Ringen um die organismische Fossildeutung macht den Eindruck, daß er sich dabei durchaus als Pionier gefühlt hat. Man ist deshalb überrascht, in der Vorrede an den Großherzog zu lesen: »*Den Alten machte nur eine einzige Schwierigkeit zu schaffen, nämlich wie Körper aus dem Meere an Stellen fern vom Meere zurückgeblieben sind, und niemals tauchte die Frage auf, ob nicht ähnliche Körper auch anderswoher als aus dem Meere stammen könnten*« – wie, so fährt er nicht ohne Umständlichkeit fort, bei vielen Autoren »*der neueren Zeit*« neben den Thesen einstiger Meeresüberflutung oder der Sintflut. STENO wußte also von Vorläufern – es gab ja auch eine große Medici-Bibliothek! –, und wenn er sich trotzdem in der Rolle eines Erstlings sah, so vermutlich deshalb, weil er sich zunächst selbst von der auch von ihm vorher kritiklos vertretenen Naturspiel- zur organismischen Deutung zu bekehren und weil niemand zuvor das Problem mit so schlüssigen Argumenten angangen hatte.

Lebenslauf
STENSENS

NIELS STENSEN wurde als Sohn eines Goldschmieds 1638 im protestantischen Kopenhagen geboren, studierte dort sowie an den Universitäten Amsterdam, Leiden, Paris, Montpellier und Bologna (wo er MALPIGHI begegnete) und kam unter dem Mäzenatentum der Medici an den Hof von Florenz. Auf Reisen lernte er u. a. Italien, die Alpen und Ungarn kennen, und zwar in einer Zeit erster Hinwendung zu der reisend erlebten großen Natur und reiner Landschaftsmalerei, die es beide in der Antike noch gar nicht gegeben hatte und deren letztere vor dem 17. Jahrhundert, mit wenigen Ausnahmen wie bei LEONARDO und DÜRER, nur als Hintergrund des Handelns und der Schöpfungen des Menschen zu fungieren pflegte.[6]

STENSENS in Florenz erfolgter Übertritt zur katholischen Kirche ließ ihn in Kopenhagen nach der Rückkehr dorthin nicht mehr heimisch werden und teilte seinen Lebensgang in eine der Forschung gewidmete und eine theologische Hälfte, deren zweite ihn an den Hof von Hannover, wo er LEIBNIZ' Hochschätzung erfuhr, sowie nach Münster, Hamburg und Schwerin, der Stätte seines frühen Todes, führte. Die Schwelle zum geistlichen Lebensabschnitt markiert das in der Abschiedsvorlesung an seiner Heimatuniversität Kopenhagen gesprochene Wort, der wahre Zweck der Anatomie sei es, »*die Zuschauer durch das staunenswerte Kunstwerk des Körpers ... zur Kenntnis und Liebe des Schöpfers emporzuheben*«. Es entspricht dem Brückenschlag der für jene Zeit fast selbstverständlichen Einheit zwischen Physik und Metaphysik, die dennoch in STENOS vielen wissenschaftlichen und seelsorgerlichen Schriften einen voneinander auffallend unabhängigen Ausdruck finden. Die Richtung der Konversion erscheint im Rückblick insofern gleichgültig, als sie vom Zufall des Lebensganges und dem zeitbedingten Gesicht der Konfessionen abhängig war. Vor dem Hintergrund der ihn bewegenden Gründe[6a] zeigt sich STENO in der Suche nach religiöser Wahrheit von gleicher Glut wie LUTHER bei konfessionell umgekehrtem Vorzeichen.

2 Beispiele der Naturspiel-Deutung der Fossilien

*Es ist recht sonderbar, wie gewisse Denkweisen allgemein
werden und sich lange Zeit erhalten können ...*
GOETHE an SCHILLER 1801

M. MERCATI (1541–1593), Doktor der Medizin und Präfekt der Vatikani- MERCATI
schen Gärten, schuf dort eine von ihm »Metallotheca« genannte Sammlung von Fossilien, deren Bildung er in einem durch mannigfache
Umstände erst 1717 und 1719 veröffentlichten Manuskript mit Entschie-
denheit auf eine von den Gestirnen, und zwar den Sternen der äußeren
Sphäre, ausgehende ›vis formativa‹ zurückführte, die er von einer dem
Gestein innewohnenden ›vis plastica‹ unterschied. Er schreibt (gekürzt):
*»Es gibt Scherze der Natur im Gestein, Bilder beider Reiche von Lebewesen,
versteinerte Arten, die den lebenden gleichen, aber durch Unvollständigkeit und
rohere Form gekennzeichnet sind. Dazu kommen Bilder von Werken, wie sie
der Mensch erfindet, als ob die Natur ihm auch in der Kunst keine Priorität lassen wollte, sondern deren Spuren vorgezeichnet habe. Von den Pflanzen malte
sie Blätter, Früchte und Ästchen im Gestein, von den Tieren grobumrissene und
dann auch vollständigere Exemplare, um sich dann ohne Scheu auch der menschlichen Gestalt zu nähern, von der sie Gliederteile, Zunge, Herz und die
Geschlechtsteile wiedergab. Der Sammlungsschrank, der diese ›idiomorphen‹,
d. h. mit eigener Gestalt ausgestatteten Fossilien enthält, wirkt deshalb wie ein
Theater. «*

Besonders reizvoll ist die folgende Stelle: *»Im Unterschied zu den
wirklichen Lebewesen ließ die Natur an den Fossilien einige Teile weg oder fügte
andere hinzu. Bei den Schlangensteinen ließ sie den Kopf weg, die Ammonshörner hüllte sie in Blätter [›Lobenlinien‹!]. Die zweite Klappe der Muscheln ließ
sie oft nicht an der richtigen Stelle, sondern daneben entstehen. «*

Eine besondere Rolle spielen die Glossopetren, deren oft mangelhafte Glossopetren
Erhaltung MERCATI als scheinbaren Beweis der nichtorganischen Natur in
einer Bildtafel wiedergab (Ausschnitt in Abb. 2, wobei uns die Unvollständigkeit freilich kaum auffällt) und mit dem Schädelbild eines rezenten Riesenhais verglich. (STENO übernahm, ohne an der Deutung als echte
Haifischzähne zu zweifeln, beide Bilder aus MERCATIS Manuskript in
seine Abhandlung ›Canis Carchariae ...‹ (1667)).

Wir müssen uns bei der Naturspiel-Deutung vor Augen halten, daß Anorganisch-
sie im Rahmen der magischen Naturauffassung erfolgte, in deren Ein- organische
heitsschau der Unterscheidung von Anorganisch und Organisch keine Einheit
Bedeutung zukam (RUDWICK 1976). »Für die empirische Wissenschaft des
16. Jahrhunderts ist gerade die Einheit der Natur, gerade der Analogiezu-
sammenhang zwischen Lebewesen, Organen, Metallen, Planeten, Krank-

11

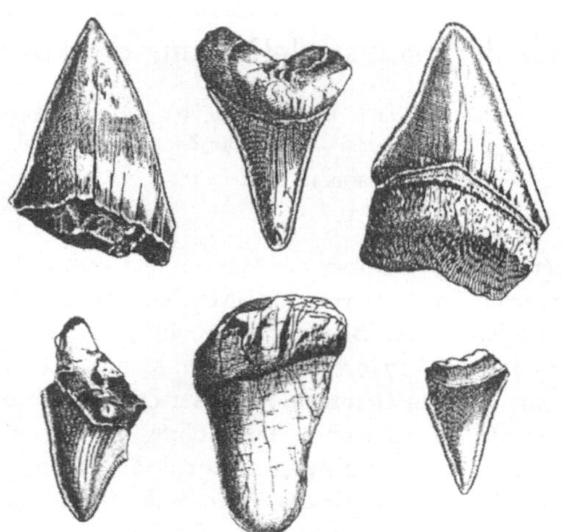

Abb. 2. ›Glossopetren‹, fossile Haifischzähne, deren z.T. beschädigte Erhaltung MERCATI als Hinweis auf ihren Charakter als Nur-Naturspiele nahm. (Aus MERCATIS »Metallotheca«)

heiten, Seelenkräften die Bezeugung der in ihr waltenden göttlichen Weisheit. Die Entdeckung der tiefen Kluft zwischen dem Belebten und dem Unbelebten entstammt der zunehmend verfeinerten Erfahrung des 17. und 18. Jahrhunderts …« (C. F. v. WEIZSÄCKER).[7] – »Es ist die Natur, die der Materie Form gibt, um Sterne, Steine oder Lebewesen zu erschaffen. Doch stellt die Natur nichts als eine ausführende Instanz dar, ein unter der Leitung Gottes wirksames Prinzip.« (F. JACOB 1972)[7].

GESNER   Auch das bedeutsame Werk des Züricher K. GESNER ›De rerum fossilium … figuris‹[8] (1565) stellt viele der Fossilien als Naturspiele dar. Rätselhaft erscheint zunächst, daß MERCATI mehrere Fossilfiguren aus GESNER ohne Quellenangabe übernahm, obwohl er andere Quellen namentlich anführt. B. ACCORDI (1980)[8], dem wir eine auch unserer Darstellung zugrundeliegende Einführung in MERCATIS wenig bekanntes Werk verdanken, gibt die Erklärung: Ein Beamter des Vatikans durfte es nicht wagen, den Rückgriff auf einen Häretiker wie den überzeugten Protestanten GESNER einzugestehen!

An MERCATIS ›idiomorphe‹ Steine erinnern die ›lapides sui generis‹ (Steine eigener Art), wie der englische Arzt und Naturforscher M. LISTER rund ein Jahrhundert später (1671) z. B. die Ammoniten nannte. Sie hatten auch noch seines Erachtens nichts mit wirklichen Lebewesen zu tun und zwar aufgrund ihrer Andersartigkeit, die ja auch eine Herkunft aus der Sintflut ausschloß. Aus der schon ihm geläufigen Erfahrung, daß sich

12

die Versteinerungen verschiedener Schichten voneinander unterscheiden, schloß er, daß verschiedenartige Gesteine auch verschiedene Figurensteine hervorbringen.

Den uns so naheliegenden Schluß, daß die Unbekanntheit jener lapides sui generis in der Gegenwart ein Hinweis auf einst andersartige Lebewesen sein könnte, zog erst der Engländer R. HOOKE seit 1665 (S. 15).[9] LISTER und sein Freund J. RAY[10] stellten zwar auch schon Überlegungen in dieser Richtung an, die aber daran scheiterten, daß sie die damals inakzeptable Annahme eines unvollkommenen Schöpfungsplans und einer nicht von Anfang an fertigen Schöpfung bedeutet hätten.

Selbst bei einer Ausgrabung von Mammutknochen bei Cannstatt im Jahre 1700, die man wegen der gebogenen Stoßzähne damals meistens auf das sagenhafte Einhorn zurückzuführen pflegte, hielt der Berichterstatter es für »*glaublicher, dass dise sachen vilmehr mineralia seyn*«. Man fand nämlich bei der Grabung »*hie und wider weisse eingesprengte Düpflein ... als wenn es gleichsam das principium oder der Samen were, woraus sich solche Fossilia generiren*« (B. ZIEGLER 1986) – ein Versuch jedenfalls, das angebliche Wachstum figurierter Gebilde im Boden oder Gestein empirisch zu untermauern!

Cannstatt

3 Organismische Fossildeutung vor STENO

*Was vor Zeiten einst war ein sicher gegründetes Erdreich
wurde dann Meer, und dem Schoß der Fluten entstiegen die
Länder;
fern vom Gestade der Wogen erscheinen nun glänzende
Muscheln.*

OVID, Metamorphosen

Schon 1616, also gut 50 Jahre vor STENOS Schriften, erschien eine ihm
offenbar unbekannt gebliebene ›De glossopetris dissertatio‹ des naturkundigen Neapolitaners FABIO COLONNA, die mit den Worten beginnt: »*Es
wird hier gezeigt (Qua ostenditur ...), daß die Maltesischen Glossopetren nicht,
wie viele behaupten, steinerner, sondern knöcherner Natur sind, und zwar
Zähne von Carcharias oder anderen Hundshaiartigen, die das Meer einst mit
seinem Schlamm begrub.*« Früher noch hielten der berühmte französische
Töpfer und Forscher BERNARD PALISSY (1580) französische Tertiärfossilien, der Bergmannssohn MARTIN LUTHER (1534) die Kupferschieferfische, der italienische Arzt FRACASTORO (1517), LEONARDO DA VINCI (1505
in seinen Tagebüchern),[11] der chinesische Philosoph CHU-HSI (um 1200)
und der arabische Gelehrte AVICENNA[11] (um 1000) auf dem Lande und
auf Bergen vorkommende Muscheln für echt organismischer Natur. L. DA
VINCI wandte sich gegen die Sintflut als Ursache, die als Regenflut ja
zum Meere hin, nicht umgekehrt geströmt sein müsse, – abgesehen
davon, daß in den Gebirgen der Lombardei auf Felsen aufgewachsene
Austern und Korallen vorkämen und überhaupt stellenweise alles ebenso
aussähe wie am heutigen Meeresstrand.

Um den Beginn unserer Zeitrechnung sahen neben OVID auch PLINIUS der Ältere, PLUTARCH, STRABO und schon viel früher der Geograph
HERODOT sowie die Philosophen ANAXIMANDER und XENOPHANES in den
Fossilien auf dem Lande einstige echte Meerestiere, obwohl für XENOPHANES, der das reine Denken über den von den Sinnen vermittelten
Schein stellte, eine Naturspieldeutung eigentlich hätte näherliegen können. Aber die gab es bei der trotz solcher Reflektionen offenbar unverfälschten Sinneserfahrung damals, im 6./5. Jahrhundert v. Chr., noch nicht.
Was sich der vorgeschichtliche Mensch dachte, der auch schon Fossilien
sammelte oder einem Toten fossile Seeigel mit ins Grab gab, wissen wir
nicht.[11]

Im Rahmen der biblisch-christlichen Tradition verbinden sich Funde
mariner Fossilien naheliegenderweise mit der Sintflutsage, wobei man
angesichts des berichteten allgemeinen Wasseranstiegs über alle Berge
LEONARDOS erwähnte Bedenken nicht unbedingt zu teilen brauchte. Die

Verknüpfung von Fossilien und Sintflut läßt sich erstmals bei dem zu seiner Zeit vielgelesenen Werk ›Historia adversus paganos‹ (wider die Heiden) aus der Feder des spanischen Priesters PAULUS OROSIUS im 5. Jahrhundert nachweisen und gelangte von dorther in mehrere mittelalterliche Enzyklopädien (KINDERMANN 1981). Im späteren Mittelalter trat diese Deutung aber gegenüber der letztlich auf ARISTOTELES zurückführbaren Deutung einer *vis plastica* im Gestein zurück, die mit dem Aristotelismus auf dem Wege über die arabische Geisteswelt nach Europa gelangt war.

Etwa gleichzeitig mit STENO hielt der Engländer ROBERT HOOKE (s. Anm. 9) Fossilien schon für einstige, und zwar fremdartige (!) Lebewesen, die sich durch Veränderungen des Bodens, Klimas und der Nahrung wandelten. Er nennt sie deshalb ›Denkmale der Natur‹ und erwog bereits, sie chronologisch zu verwerten – (Leitfossilien!; s. S. 177)*.

---

* Deutung der Fossilien in der Zeit nach STENO ab Kapitel 20

4 Frühe Geologie vor STENO

Nachdem schon die Pythagoreer die Kugelgestalt der Erde gelehrt hatten und sie nicht mehr als Weltmittelpunkt, sondern kreisend um ein Zentralfeuer [nicht die Sonne] *angaben, rückte Platon den Globus wieder ins Zentrum der Welt, wo er nun dadurch autoritätsgestützt zwei Jahrtausende festsaß.*

THASSILO VON SCHEFFER: Die Kultur der Griechen, 1935

Antike Aus dem Altertum sind abgesehen von mythischen Spekulationen über die Entstehung von Erde und Kosmos zahlreiche Einzelberichte über Erdbeben, Vulkanausbrüche und Verlandung bekannt. Schon HERODOT hat im 4. Jhd. v. Chr. die Natur des unteren Niltals als zugeschüttete Meeresbucht erkannt,[12] und ARISTOTELES knüpfte daran in seinen ›Meteorologica‹ die Vorstellung eines wiederholten großräumigen Wechsels von Land und Meer als eines Geschehens, das sich *»im Vergleich zu unserem kurzen Leben in sehr langen Zeiträumen«* vollziehe und daher *»unbemerkt bleibt«*. Die Ursache suchte ARISTOTELES in langzeitig wechselnder Sonneneinstrahlung und davon abhängigen trockeneren und feuchteren Perioden. ERATOSTHENES (275–195 v. Chr.) berechnete schon den ungefähren Erdumfang. STRABO[12] (63 v.–23 n. Chr.) führte das von Meeresmuscheln auf dem Lande bezeugte Schwanken zwischen Land und Meer auf großräumige Bodenbewegungen zurück. OVID (43 v.–18 n. Chr.) gedachte im 13. Buch seiner ›Metamorphosen‹ der vielfältigen Veränderungen, auch der Abtragung der Berge und Bildung der Täler, die ihm offenkundig erschienen. Jedoch: »Mit der Untersuchung der festen Erdkruste, mit der Zusammensetzung und den Lagerungsverhältnissen der Gesteine beschäftigte sich kein einziger Schriftsteller der antiken Welt« (ZITTEL 1899). Die Erdrinde mit ihren Gesteinsschichten und -blättern war ein noch völlig ungelesenes Buch.

Da ist, noch älter als ARISTOTELES, der die Bibel einleitende Schöpfungsbericht, bezüglich dessen man MOSE einmal »den *Oberalten aller Geologen*« genannt hat (QUENSTEDT). Aber der war er noch nicht. Es war eine Schau, aber noch keine Erdwissenschaft. Wohl aber haben wir in diesem Bericht, worauf von theologischer Seite mit Recht hingewiesen wird, in Sätzen wie ›Die Erde war wüst und leer‹ und ›Sie lasse aufgehen Gras und Kraut‹ eine schon entmytholgisierte, zur Erforschung freigegebene Natur. Und weiterhin haben wir im Schöpfungsbericht und bei ARISTOTELES schon zwei typische, wir könnten sagen archetypische, Denkmuster vor uns. Das eine gilt einer Geschichte, eben der Schöpfungsgeschichte, die von einem Anfang zu einem Ende verläuft; das andere (aristotelische)

16

gilt einer zeitlichen Unendlichkeit. Beide Muster wirken, wie wir noch sehen werden, bis in unser heutiges geologisches Denken hinein.

Im Mittelalter führte AVICENNA[11] die Entstehung des Berg- und Tal- Mittelalter und beginnende Neuzeit reliefs auf ›erdinneren Luftstrom‹ sowie Wind und Wasser zurück. Auch der Italiener RISTORO D'AREZZO (1282) erklärte Berg und Tal neben emporstemmenden Erdbeben vor allem mit der Arbeit des Wassers, wobei er zur Erklärung von Geröllagen und Fossilien auf den Bergen die Sintflut zu Hilfe nahm.[13] Die Großformen der Erdoberfläche aber dachte er sich durch den Einfluß der Gestirne hervorgerufen, was an die aristotelische Vorstellung erinnert, daß ein von der Fixsternsphäre umschlossener, sich drehender Äther turbulente Winde auf, ja in die ruhende Erde entsende, die sich unter Erdbeben und Emporhebung von Bergen aus ihr wieder befreiten. Aus Vulkanen ausfahrende Winde, die Asche und Feuer ausbliesen, ließen sich im Mittelmeerraum ja erleben. Der auf dem aristotelischen und biblischen Weltbild fußende flämische Geograph MERCATOR (1512–1594) schloß dagegen aus der Dünenlandschaft seiner Heimat auf den Wind als erdäußere, die Berge aufhäufende Kraft (BÜTTNER 1979): Abhängigkeit also von der regionalen Erfahrung.[13a]

Auch AGRICOLA (GEORG BAUER, 1494–1555), ein humanistisch hoch- AGRICOLA gebildeter sächsischer Arzt und Bergmann, der als Begründer der Mineralogie, Geologie und Bergbaukunde gelten darf, nennt in seinem Werk ›De ortu et causis subterraneorum‹ (1544) als Ursachen der Entstehung, aber auch der Zerstörung der Berge schon ganz aktualistisch die »*Gewalt des Wassers und die Kraft des Windes*« (Dünen!), während er dem Feuer nur zerstörende Wirkung zuweist. Ein VALERIUS FAVENTIUS[14] läßt in einem in die Landschaft am Gardasee versetzten Dialog ›Über den Ursprung der Berge‹ (1561) einen der beiden Gesprächspartner die charakteristische Frage stellen, »*ob Berge und Erde gleich alt* [d.h. also von Anfang der Schöpfung an existent] *sind oder nicht.*« »*Manche Berge*«, antwortet der andere, »*entstanden unmittelbar auf Gottes Befehl. Andere entstanden durch Erdbeben, Fluten, Gestirne, die Sonne besonders, die Winde, und alle mit Hilfe der mineralisierenden Kraft: einige auch durch Menschenhand wie das Testaceum in Rom.*« Es ist die gleiche Frage, die dann auch STENO mit uranfänglichen und später entstandenen Gesteinen beantwortet.

Die Einsicht in Veränderungen der Erdoberfläche, jedoch noch ohne STENOS phasenhafte Zusammenschau erdinneren und erdäußeren Geschehens, läßt sich also sporadisch bis ins Erdaltertum zurückverfolgen. Der berühmte deutsche Geograph B.VARENIUS (1621–?55) berichtete an vielen Beispielen, so Hollands zwischen Land und Meer, über Abtragung und Ablagerung (BLEI 1987). Vor ihm äußerte sich GIORDANO BRUNO, der G.BRUNO ein früher Aktualist 1600 auf dem Scheiterhaufen zu Rom endende Freigeist, in mehreren Schriften auch über Erde und Weltall. »*All die Veränderungen der Erdoberfläche sehen wir nach und nach vor sich gehen*«, schreibt er 1584, und später:

»... *da bald ein Meer ist, wo vorher ein Fluß war, bald sich Berge erheben, wo vorher Täler sich vertieft hatten ... Aber in dem allem möchte ich nichts Gewaltsames zugeben, sondern einen ganz und gar nur natürlichen Verlauf erkennen. Denn ich nenne nur dasjenige gewaltsam, was außerhalb der Schranken der Natur oder gar gegen sie geschieht.*« (Zitate nach BLEI 1981). Man könnte den später so aktuell werdenden Gegensatz zwischen Katastrophismus und Aktualismus nicht treffender definieren, welch letzterem BRUNO vor dem philosophischen Hintergrund eines nach Raum und Zeit unendlichen Universums anhing, das ihm mit Gott identisch war.

BLEI – in seiner kritisch interpretierten, umfassenden Zitatensammlung mit lesenswertem Abriß der Geologiegeschichte (1981) – rühmt BRUNOS Sicht als einen ersten geologischen Höhepunkt des auf Beobachtung und Erfahrung ausgerichteten Forschergeistes der Renaissance. Damit verglichen bedeute STENO eher einen Rückschritt, nämlich in seiner Bindung an das kurze biblische Zeitbild und die Sintflut unter den Zwängen der zur Herrschaft gelangten Gegenreformation, der er sich durch seine Konversion 1667 verband. Das klingt plausibel, dürfte aber doch komplizierter liegen. Denn die nach STENO tatsächlich stärker in den Vordergrund getretene Sintflutdeutung war ja weder vorher noch nachher konfessionell bestimmt und die Einbindung des irdischen Geschehens in eine Zeitspanne von jeher die Alternative zu der schon aristotelischen Vorstellung unendlicher Zeit. Auch scheint STENO die biblischen 6000 Jahre, verbreiteter Überzeugung seines Jahrhunderts entsprechend, nicht als einengend empfunden zu haben, war vielmehr erstaunt darüber, daß sich fossile Organismen so lange nach der Sintflut noch erhielten. Die Bibel war ihm und vielen seiner Zeitgenossen das Buch von Gottes Wort und Werk, die es in selbstverständlicher gegenseitiger Ergänzung zu sehen und zu verstehen galt. Die Mitsprache der Fossilien aber bei STENOS Deutung der Schichtgesteine und seinem ersten echt erdgeschichtlichen Ansatz erschloß gewiß eine neue, fortschrittlich geprägte Dimension. (RUDWICK 1972, ELLENBERGER 1988).

AGRICOLAS gesammelte Schriften, um auf ihn noch einmal zurückzukommen, liegen seit 1971 in zehn stattlichen, ausführlich kommentierten Bänden in deutscher Sprache vor. Sein letztes größeres Werk ›De re metallica‹ (1556) führt von der Sorge um die Gesundheit der Bergleute, die erforderlichen Charaktereigenschaften und die Widerlegung des Vorurteils, daß die gewonnenen Erze nur dem Kriegshandwerk dienten (»*der Bergbau ist durch und durch ehrbar*«) zu den geologischen Voraussetzungen bergbaulichen Erfolgs und zu einer Gesamtdarstellung der Bergbautechnik bis zur Gewinnung der Endprodukte, veranschaulicht durch zahlreiche Holzschnitte in DÜRERscher Manier (Abb. 3).

AGRICOLA war über die medizinische Verwendung der Schätze der Erde zur Mineralogie gekommen. In einem schon 1529 erschienenen

18

Abb. 3. Bergbaugelände *(A, B)* mit saigerem Gang *(C, D)*. (Aus Agricolas ›De re metallica‹ 1556)

Dialog eines Bergmanns (›Bermannus‹) mit zwei Ärzten – einem nach dem zeitgenössischem Urteil »mit leichter Hand, um dem Geist eine Erholung zu geben, mehr spielerisch hingeworfenen als literarisch abgefaßten Büchlein« – zeigt sich auch, wie sehr er anfangs noch auf der Schwelle zwischen Magie und Wissenschaft stand. Noch zweifelt er nicht an Berggeistern: »*Gewiß ist das Geschlecht der Dämonen, die sich in einigen Gruben aufhalten, durch Erfahrung bestätigt.*« Einige von ihnen, so läßt er seinen Bermannus weiter berichten, betätigen sich nützlich und necken die Arbeiter nur, andere aber sind höchst schädliche, ja todbringende Geister. Bergbau und Geologie erwuchsen beide aus dem Mutterboden des Magischen, ja der Bergmann drang ursprünglich unter Überlistung der Natur in ihre menschenfeindlichen Bezirke ein.

> *Und auf die gelernte Weise*
> *grub ich nach dem alten Schatze*
> *auf dem angezeigten Platze;*
> *schwarz und stürmisch war die Nacht.*

Goethe schloß in seinem ›Schatzgräber‹, dem dieser Vers entstammt, daran die ›Belehrung‹, solchem Tun durch klares Werken am Arbeitstage

19

abzusagen, ein Wandel, der sich zu AGRICOLAS Zeit, aber auch schon vorher und noch nachher vollzog, als die Erkenntnis aus dem Dunkel der Phantasie in die wissenschaftliche ratio aufzutauchen begann.

Merkwürdig, AGRICOLAS Schwanken zwischen Tradition und Fortschritt jedoch gemäß ist es, daß er von dem Werk des wenig älteren KOPERNIKUS keinerlei Notiz genommen zu haben scheint. Der Gedanke, daß die Erde nicht Mittelpunkt der Welt sei, lag noch gänzlich außerhalb seines Gesichtskreises. (H. PRESCHER brieflich).[14a]

5 Schöpfung, Sintflut, Zerfall

Und neues Leben blüht aus den Ruinen.

Man denkt bei den ersten Begriffen der Überschrift wohl zuerst an die Bibel. T. BURNET,[15] von fundamentalistischer Seite als Aufklärer angefeindeter Geistlicher der englischen Hochkirche, strebte die biblischen Berichte mit natürlichen Vorgängen rational zu vereinbaren. Nach seiner ›Theoria sacra‹ (1681) entstand aus dem Tohuwabohu des Anfangs durch Sonderung des Schweren und Leichten eine schalig gebaute Erde, wie sie aus mechanistischen Prinzipien auch DESCARTES (1651) schon angenommen hatte (Abb. 4). Die äußere Wasserschale soll sich nach BURNET mit öligem Schlamm, dem Leichtesten also, bedeckt haben, dessen Verfestigung zu Land den paradiesischen Wohnsitz der ersten Menschen bildete. Ihrer Sündhaftigkeit wegen ließ Gott dieses die ganze Erde umgebende, von unten her befeuchtete und fruchtbare Land durch Sonnenhitze austrocknen, zerbersten und die Wasserhülle darunter zu der vernichtenden Sintflut aufbrechen. Nach ihrem Wiederabfluß blieb dann das ruinöse Bild der regellos über die Erdoberfläche zerstreuten Inseln und Kontinente mit ihren von Zerstörung zeugenden Gebirgen zurück. Die von anderer Seite – so von E. WARREN in einem ›Geologia‹ (1690) betitelten

Zerstörtes
Paradies

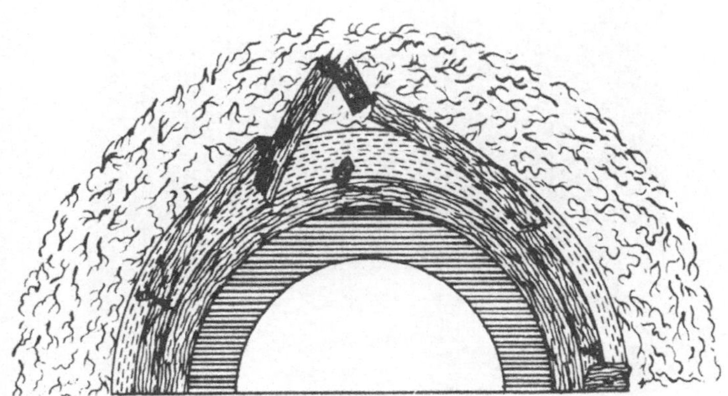

Abb. 4. DESCARTES' schaliger Bau der Erde: feuerflüssiger Kern, Metallschalen. Der Einbruch der äußeren Gesteins- über der (gestrichelten) Wasserschale läßt Meere und Gebirge entstehen. (Text in MATHER u. MASON 1967, S. 14)

Werk – betonte, auch nach der Sintflut noch währende Schönheit der Schöpfung wies BURNET als Schönfärberei zurück.

Ähnlich wie BURNET schrieb der Querfurter Pfarrer D. S. BUTTNER in seinem Werk ›Zeichen und Zeugen der Sündfluth‹ (1710): »*Viele Eigenschaften der jetzigen Erde sind wie die Narben eines zerhauenen und wiedergeheilten Körpers … Die Gebirge in ihrer jetzigen Gestalt sind nicht aus des Schöpfers Hand hervorgegangen, sondern sind nur das felsichte Sceleton, das bei der Abschwemmung übrig- und bei der allgemeinen Erschütterung, welche die Sündflut hervorrief, in Trümmern stehenblieb. … Die meisten von besagten Gebürgen sind zerborsten, zerbrochen, als Mauern abschüssig, überhängend, durchlöchert, unersteiglich, verbrannt, mit Schnee und Eis behangen, schädlich, tödlich.*« Als Beispiel gab BUTTNER das Bild der aus plattigen Zinngraniten bestehenden Greifensteine im Sächsischen Erzgebirge (Abb. 5). Die Züricher Gebrüder SCHEUCHZER führten die von Turbulenzen zeugenden Gebirge, deretwegen ›alle Ausländer die Schweiz bewundern‹ – so auch die Faltungen an den Felswänden des Vierwaldstätter Sees (Abb. 10, S. 51) – unmittelbar auf die Sintflut zurück. Der jüngere Bruder JOHANN JAKOB

Abb. 5. Die aus plattigem Zinngranit bestehenden Greifensteine im Sächsischen Erzgebirge als Zeugen der Sintflut (»zerborsten, zerbrochen, als Mauern abschüssig, überhängend, durchlöchert, … schädlich, tödlich«). (BUTTNER 1710)

dachte dabei an die Gewalt der ins Erdinnere rückströmenden Gewässer;
der ältere dagegen meinte sich die Erscheinungen ihrer Größe wegen nur
mit einer ›unmittelbaren göttlichen Wunderkraft‹ erklären zu können.
Fast anekdotisch muten uns die Engländer WHISTON[15a] und WORTON an,
die den 1680 erschienenen Kometen Halley für die Wassergabe der Sint-
ten, worüber der Berghauptmann v. JUSTI später humorvoll spottet: »*Wie
sollte unser lieber Erdkörper wieder von dem Wasser befreiet werden? – Ja! das
ist wahrhaftig schwer zu sagen! Allein, was erfindet der menschliche Witz nicht?
Herr WORTON läßt den Kometen, der uns vorhin so freigebig mit Wasser
beschenkt hatte, wieder zurückkommen, nachdem er der Sonne nahe genug
gewesen war, um recht ausgetrocknet und lechzend eines guten Trunks nötig zu
haben. Er läßt denselben nocheinmal die Erde berühren und nimmt aus unserem
Dunstkreise das Wasser wieder zurück ...*« (1771).

Schon J. WOODWARD hatte die Sache allerdings ruhiger gesehen.[15b]
Auch nach ihm zwar sollen die Wasser der Sintflut aus der Tiefe aufgebrochen sein, dabei sogar alles vorher Feste emulsionsartig aufgelöst,
beim Wiedersinken der Flut dann aber die angeblich nach der Schwere
geordneten Schichtgesteine hinterlassen haben, die eine zunächst wieder
glatte, runde Erdoberfläche bedeckten.

Alle diese Vorstellungen führen freilich zu der Frage, ob sich denn
rinde führende Gewalten mit dem biblischen Bericht vereinbaren lassen,
in dem doch von ruhigem Steigen und Sinken des aus den Brunnen der
Tiefe aufgebrochenen und vom Himmel regnenden Wassers die Rede ist:
Vorgängen also, die eine geologische Überlieferung kaum erwarten lassen. ELLENBERGER (1977) erklärt diesen Widerspruch mit einer gewissen
Freiheit der katastrophistisch argumentierenden Diluvianisten gegenüber
dem von ihnen im Grunde bejahten Bibelwort. Wie BURNET versuchen
sie, Erscheinung und biblischen Bericht in Übereinstimmung zu bringen
und können gar nicht anders, als aus den Bildern der Zerstörung und der
vor allem auch dem Bergmann begegnenden Zerbrechung der Erdrinde
auf Gewaltsamkeit der verursachenden Flut zu schließen. Das daraus
resultierende Chaos enthob sie freilich vorerst einer strukturellen Analyse.
Aber sie nahmen Zerbrechung und Faltung doch eindrücklich wahr und
verstanden sie entgegen dem immer noch propagierten aristotelischen
›Schon-immer-so‹ als Folge eines Ereignisses, worin sich durchaus ein
Ansatz zu späterer tektonischer Forschung erkennen läßt. Gleiches gilt für
WOODWARDS Annahme der geordneten Übereinanderlagerung der Sedimente am Ende der Sintflut als Ansatz einer Stratigraphie.

Für die Bilder äußerlich ins Auge springender Zerstörung gab es frei-
lich auch schon eine ganz andere Betrachtungsweise, sogar bei BURNET,
der selbst einmal die Alpen überquerte. Die Monumente der Griechen

und Römer, so berichtet er, würden nicht nur durch Erdbeben, sondern auch durch Wind und Wetter zerstört; und gäbe man letzteren Zeit genug, so würden auch allein durch sie Felsen die Täler und Berge das Meer erfüllen. Die Bedrohung rührt also nicht nur von ungewöhnlichen Ereignissen wie der Sintflut her (die sich übrigens andere wie J. RAY 1693 und v. JUSTI 1771 als nur eines von mehreren vergangenen Ereignissen dachten), sondern auch von noch heute sich vollziehenden Vor-

gängen. Gute Schöpfung Gottes und Zerstörung ihres Antlitzes durch die Kräfte der Abtragung (Denudation, Erosion) treffen in dieser bereits aktualistischen Sicht hart aufeinander. Der irische Geographie-Historiker L. DAVIES nennt das in seinem ›The Earth in Decay‹ (1969) betitelten Buch das ›denudation dilemma‹, das in dem vom Calvinismus geprägten 17. Jahrhundert und noch bis hinein ins 18. (BUTTNER!) zu einer überwie-

gend pessimistischen Sicht der Dinge führte. Doch schon mit LEIBNIZ' ›bester aller Welten‹[15c] gewann ein neuer Weltoptimismus die Oberhand, der nicht nur die menschliche Sünde als Voraussetzung der sittlichen Tat, sondern auch die Denudation als Ursache von neuem, dem Menschheitsglück dienenden Siedlungsboden zu werten verstand. Wenn auch der letztere Gedanke bei LEIBNIZ nicht explizit vorkommt, so doch schon lange vor ihm bei dem Engländer G. HAKEWILL (1627) und später ganz ausgeprägt bei J. HUTTON (1780; s. S. 62, 65).

    G. W. LEIBNIZ schrieb gegen Ende des 17. Jahrhunderts eine ›Protogaea‹ (›Früherde‹)[16] und zwar als Einleitung zu seiner Geschichte des welfischen Fürstenhauses in Hannover, womit er den von ihm schon gesehenen geschichtlichen Charakter auch der Erdgeschichte bezeugt. Wo sich die Menschheitsgeschichte in der Tiefe der Vergangenheit verliert, so LEIBNIZ, »*tritt die Natur an die Stelle der Geschichte*«. Auch bei LEIBNIZ spielte, ähnlich wie schon bei AGRICOLA und später bei GOETHE, die Beziehung zum Bergbau (bei LEIBNIZ die Förderung der Harzer Silberbergwerke) eine Rolle, ja er sagte gar, »*jede Wissenschaft ist zum Zwecke des*

Handelns zu erstreben«, nicht eitler Neugierde wegen.

    Die ›Protogaea‹ erscheint uns als Niederschrift verschiedener Jahre nicht immer übereinstimmenden Inhalts. Sie befaßt sich mit der ersten Gestalt der Erde und den Spuren der Geschichte in den Denkmälern der Natur. LEIBNIZ führt die bergige Oberfläche, »*das Knochengerüst der äußeren Erde*«, auf Veränderung des einst regelmäßig runden Erdballs zurück: »*Denn Gott erschafft nichts Gestaltloses.*« Die durch Abkühlung schrumpfende Rinde – dieser Gedanke scheint hier erstmals vorzukommen – der ursprünglich glutflüssigen Erde zog demnach erst später Zerbrechung und damit »*die Unebenheit der Berge, von denen das Antlitz der Erde starrt*« (»*asperitas montium, quibus horret facies orbis*«), nach sich.

    Das ›Knochengerüst‹ war dabei wohl nicht nur bildhaft gemeint, sondern galt dem nach LEIBNIZ' Vorstellung unter glatter Oberfläche organisch strukturierten Organismus Erde. Schreibt er doch an anderer Stelle: »*Ohne Zweifel ist, als der Schöpfer das erste Gewebe der zarten Erde knüpfte, etwas der Bildung eines Tieres oder einer Pflanze Ähnliches geschehen: doch ist dies durch die Brände, die Überschwemmungen und Einstürze in unserer Erdoberfläche, die wie eine Haut ist, so verdreht und verwirrt worden, daß es nur schwer erkannt werden kann.*«

Die bei dem Einsturz ausgepreßten erdinneren Gewässer sollen zu solchen Überschwemmungen und damit verbundener erosiver Ausgestaltung des schon vorhandenen Reliefs sowie zu mechanischer und chemischer Sedimentation geführt haben, und da sich diese Vorgänge wiederholten, »*ist das Antlitz der noch weichen Erde oft erneuert worden*«.

Durch Einsturz ausströmende erdinnere Gewässer hatte auch schon DESCARTES (1651; s. S. 21) postuliert und auf eine in die Erdrinde eingeschlossene Wasserschale zurückgeführt (Abb. 4). Dabei unterschied sich dessen mechanistisches Weltbild allerdings vom Vitalismus eines LEIBNIZ und des gelehrten Jesuiten A. KIRCHER, der 1664 eine ebenso schöne wie phantastische Illustration der von Feuer und Wasser erfüllten Eingeweide der Erde gab.[16a]

Einheit des
Denkens

Indem LEIBNIZ Erdwärme und -feuer mit dem Schöpfergeist verknüpft oder gar identifiziert, entspricht er dem physikotheologischen Denken des protestantischen Rationalismus seiner Zeit, das Naturwissenschaft, Philosophie und Religion als Einheit ansah. Die für den Ursprung angenommene regelmäßige Gestalt der Erdoberfläche ist außerdem seinem mathematischen Denken gemäß, erweckt in uns jedoch das Gefühl einer gewissen Langeweile. (Es ist bemerkenswert, daß LEONARDO DA VINCI eine glatte, rings von Wasser bedeckte Erde ohne Leben umgekehrt als den durch die Abtragung der Berge herbeigeführten Endzustand bezeichnet hatte!) Sah man freilich die Ursache des irdischen Reliefs in der Sintflut, wie das auch LEIBNIZ im weiteren Gang der ›Protogaea‹ anstelle der anfangs postulierten Ereigniskette tat, dann mußten sich die Gebirge als Folge menschlicher Sündhaftigkeit so wie bei BUTTNER von ihrer negativsten Seite zeigen.

PETRARCAS'
Naturerlebr

Bei uns Heutigen überwiegt das Gefühl der Erhabenheit der Natur und der Ergriffenheit vor Gebirgspanoramen, die von Zerstörung zeugen. Erstmals begegnet uns – und hier müssen wir nochmals um Jahrhunderte zurückgreifen – dieses Erhabenheitserlebnis, das sich nicht nur der lieblichen Seite der Natur zuwendet und vor ihrem anderen Gesicht zurückbebt, bei dem 36jährigen PETRARCA, als er 1336 den 1900 m hohen Mont Ventoux mit einer heute noch wüstenhaft kahlen, mit Kalksteinschutt bedeckten Hochfläche in den französischen Voralpen bestieg.[17] Er gibt sich dort zunächst voll Beglückung dem Rundblick auf die Alpen, das Rhonetal und bis zur Meeresküste bei Marseilles hin, zieht dann aber AUGUSTINUS ihn stets begleitende ›Bekenntnisse‹ aus der Tasche und liest

25

betroffen: »*Da gehen die Menschen hin und bewundern die Berge und das Meer ... und haben nicht acht ihrer Seele.*« Als ein Mensch zwischen mittelalterlicher Gebundenheit und dem ersten Luftzug der Neuzeit »*schloß ich das Buch im Zorne mit mir selbst und darüber, daß ich noch immer Irdisches bewunderte*«. – 1480 hat der deutsche Benediktinermönch FELIX FABRI die Großartigkeit eines Sturmes auf dem Mittelmeer »sehr genossen«.[17] Doch bleiben solche Zeugnisse trotz der größeren Aufgeschlossenheit des Renaissance-Menschen noch lange Zeit spärlich.

6 Spekulative Erdhistorien

Fairyland of science – Feenland der Wissenschaft
F. D. ADAMS (1938)

MORO

Wo erst wenige Tatsachen bekannt sind, liegt Verallgemeinerung nahe. Auch STENOS ›Prodromus‹ verallgemeinert aufgrund nicht näher geschilderter Befunde, die allenfalls in der nie geschriebenen ausführlicheren Abhandlung dargestellt werden sollten. Ein großer Verallgemeinerer war der italienische Mönch LAZZARO MORO (1687–1740). Im Jahre 1707 erhob sich im Santorin-Archipel die vulkanische Insel Nea-Kaimeni, die er dann offenbar persönlich besucht hat. Schon 1538 war an der Küste von Neapel der Monte Nuovo binnen zweier Tage als vulkanischer Kraterberg entstanden. Auf diese Ereignisse gründet MORO sein Werk über ›Neue Untersuchung der Veränderung des Erdbodens ...‹ (ital. 1740, deutsch 1751). Seine Deutung geht dabei dahin, daß *»eine erschreckliche unterirdische Gewalt«* und ein *»unmäßig ausgebrochenes Feuer«* alles feste Land mit seinen oft gefalteten und zerbrochenen Gesteinen von jeher aus dem Meeresboden aufsteigen ließ, wobei es zermahlen, zerstäubt und physikalisch wie chemisch verändert wurde. Anfangs fehlte das Leben noch, das erst ›am fünften Tage der Schöpfung‹ in- und außerhalb des Meeres entstand und mit seinen fossilen Resten in den am Meeresboden gebildeten und dann auch gehobenen Schichtgesteinen sicheres Zeugnis von diesem bis heute weitergehenden Geschehen liefert. Dabei klingt, wie auch bei STENO, bereits die fazielle Thematik an: *»Von allen Meertieren entstand ein Teil in weicher Erde, ein anderer in Sand, ein anderer in Ton, ein anderer in Steinen, welches alles die Berge ausgeworfen hatten; daher die meisten Tiere gern bleiben, wo sie geboren sind, und sich selten weit davon entfernen.«*

Feurige Gewalt

»Ich sehe hier«, schreibt er, *»einen eifrigen Schlußredner auftreten, der mir ein gefährlich Gesichte machet, daß ich von den besten Regeln der Logik abwiche und aus einer einzelnen Begebenheit einen allgemeinen Satz ziehen wollte ...*

Welcher Mensch ... könnte aber von einem einzigen Seekörper, der auf dem trockenen Lande liegt, mit Gewißheit sagen, er sei durch die Sündflut oder zu anderer Zeit nach einer von den übrigen Meinungen dahin gekommen? Ich hingegen kann von allen Seekörpern, die auf der neuen Insel liegen, gewiß sagen, daß sie beim Aufsteigen der Insel vom Grunde des Meeres ... mit in die Höhe gehoben wurden. Da nun die Natur allemal einförmig handelt, so glaube ich, man könnte mit aller Sicherheit von dem Bekannten auf das Unbekannte fortgehen und schließen, daß alle Seekörper irgendwo in den Bergen ebenso mit diesen aus dem Wasser emporgestiegen sind.«[18]

›Gewißheit‹ gegen Behauptung

Gibt es die Gefahr solcher Verallgemeinerung nicht bis heute?

Die Sintflut hielt Moro zwar durch die Bibel, nicht aber durch die Gesteine für bezeugt. Die runde Form der Gerölle erklärte er mit Anschmelzung. Wollen wir ihn wissenschaftsgeschichtlich einordnen, so war er extremer ›Vulkanist‹ und Hebungstheoretiker, während sich bei älteren und ihm zeitgenössischen Schriftstellern wenigstens ein Teil der Gesteine »neptunistisch« auf die Aktivität des Wassers und die gebirgige Oberfläche mehr auf Einbruch als auf Hebung zurückführen ließen.

Doch auch der russische Forscher M. Lomonossow, nach dem die Moskauer Universität benannt ist, schloß auf »*eine unermeßliche Kraft im Herzen der Erde*«, die Gebirge und Erdteile emporhob. Sie »*kann nach den Gottes Befehlen unterworfenen Naturgesetzen nur in der Hitze gesucht werden, die in den Gründen der Erde herrscht.*«[19] Manche freilich machten sich das mit der einfachen Annahme leichter, »*daß die Berge auf der Erde wie Bäume gewachsen sind*« (M. P. Colonne 1734), was an die noch heute da und dort anzutreffende bäuerliche Meinung erinnert, daß die Steine immer neu aus kargen Ackerböden wüchsen.

Ein höchst beachtenswertes kosmo-geogenisches Weltbild von großer Rationalität mit skurrilen Arabesken enthält eine 1748 in Form eines Gesprächs in Amsterdam erschienene und recht populär gewordene Abhandlung des französischen Diplomaten und Reisenden B. de Maillet (›Telliamed‹), die A. V. Carozzi (1969) uns Heutigen wieder nahegebracht hat. Zugrunde liegt die Vorstellung einer ständigen Wirbelbewegung des Planetensystems, das in einem Zyklus von etwa fünf Millionen

Jahren (!) aus einer glühenden Zentralsonne immer neu in den ausgeglühten, abgekühlten Planetenzustand übergeht. Auf der zur Zeit in diesem Zustand befindlichen Erde sollten Strömungen in der zunächst alles umschließenden Wasserhülle das Urgebirge aus verbrannter Sonnenasche niedergeschlagen haben. Sinkender Wasserspiegel ließ dann Land auftauchen, an dessen Rändern es zu Abtragung und zu Ablagerung der geschichteten Sekundärgesteine kam (Abb. 6). Zugleich entstand in den flachen Küstengewässern aus überall im Kosmos vorhandenen winzigen Samen das irdische Leben. Mit dem Umsichgreifen des Landes infolge zunehmender Austrocknung des Meeres sollten sich die anfänglich was-

serbewohnenden Organismen in Landpflanzen und -tiere, ja Meermänner und -maiden in Menschen verwandelt haben. Die Zerfallsprodukte aber, die sich aus dem organischen Material anreicherten, führten zu Erdbränden, Vulkanismus und Übergang des ausgetrockneten irdischen in einen neuen sonnenartigen Zustand als Beginn des nächsten Zyklus: Das Leben als Ursache zyklischen Untergangs seiner Erde! Die Großformen der Erdoberfläche werden dabei nicht auf die nur an den Küsten wirksame Arbeit des Wassers und anderer erdäußerer Kräfte zurückgeführt, sondern unmittelbar auf die einstige Ablagerung am Grund des Urmee-

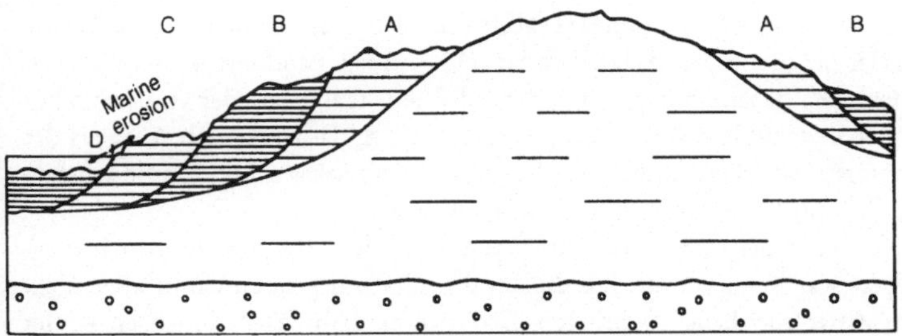

Abb. 6. Evolution der Erdkruste nach B. DE MAILLET. *A–C* dem Urgebirge mit sinkendem Meeresspiegel angelagerte geschichtete Gesteine. *D* Meeresspiegel (Aus CAROZZI 1969, s. Anm. 20)

res. Die Faltung der Gesteine soll sich aus Unterhöhlung, Nachbruch und Sturmwirkung auf marine Sekundärgesteine ergeben haben.

Ein ebenfalls dramatisches erdhistorisches Gemälde einer anfangs glühenden, dann wasserbedeckten und nach Auftauchen der Länder an Vulkanen reichen Erde hat der französische Graf G. L. DE BUFFON (1707–1788) in seiner ›Théorie de la Terre‹ (1749) und den ›Epoques de la Nature‹ (1778, deutsch 1781; beide Werke im Rahmen einer vielbändigen ›Histoire naturelle‹) entworfen.[21] Erstaunlich zunächst der schon ganz aktualistisch anmutende Satz: »*Wirkungen, die täglich vorkommen, Bewegungen, die sich ohne Unterbrechung aneinanderreihen, sich erneuern und beständig wiederholen, sind die Triebkräfte, auf die wir unsere Erklärungen stützen müssen.*« (1749). Dazu paßt auch sein bekannter Versuch zur Abkühlungsgeschwindigkeit geschmolzener Eisenkugeln, aus dem er für den glutflüssigen Zustand der vor angeblich 75 000 Jahren durch Kometenstoß von der Sonne abgesprengten Erde eine Dauer von 2936 Jahren ableitete. Im übrigen aber dominiert die Spekulation. Bei der Abkühlung soll die erstarrende und zugleich schrumpfende Rinde ein bewegtes Relief mit Gebirgen und Becken für die künftigen Meere gebildet haben. Für weitere 35 000 Jahre war der Erdball dann von einer mit metallischen und mineralischen Stoffen geschwängerten Uratmosphäre umgeben, die sich als heißes Urmeer niederschlug, aus dem nur die höchsten Berggipfel hervorragten. Das heiße Wasser löste Teile des Urgesteins und ließ daraus die (tonigen) Schichtgesteine zum Absatz gelangen, die eine der damaligen Wasserwärme angepaßte, inzwischen deshalb aber ausgestorbene (!) Tierwelt (Ammoniten, Belemniten usw.) enthielten. Die Absenkung der urozeanischen Gewässer durch Aufnahme in unterirdische Hohlräume ermöglichte das Gedeihen einer tropischen Vegetation (Steinkohlen). Die Erhitzung leicht zersetzlicher Substanzen in den Sedimenten soll dann zu einer Epoche gewaltiger vulkanischer Tätigkeit geführt haben, während

BUFFON ›Fabel‹ und ›grandioses Drama‹ der Geologie

Aktualismus, Experiment, Spekulation

Heißes Urmeer mit später ausgestorbenen Organismen

die weiterhin ins Erdinnere abströmenden ozeanischen Gewässer die Täler auf dem Lande ausfurchten. Die großen Landtiere entstanden auf der noch zusammenhängenden nördlichen, früher als der Äquatorialbereich abgekühlten Landmasse, während der Südatlantik nach Ausweis der unterschiedlichen Faunen Afrikas und Südamerikas schon existiert haben soll – ein bereits biogeographischer Ansatz!

Der Arbeit des fließenden Wassers auf der Erde verschloß sich BUFFON zwar nicht, vermochte die Landformen im großen damit aber nicht in Zusammenhang zu bringen. Bedurfte es dafür nach ihm auch keiner Sintflut, die er nur für ein spätes Einzelereignis hielt, so doch großer Wassermassen, wie sie nur in den Strömungen – vor allem beim Abzug – desselben Urmeers zur Verfügung standen, das auch die Sedimente abgelagert hatte. Die kleinen Flüsse der burgundischen Landschaft für deren weitgespannte Formen verantwortlich zu machen, kam ihm nicht in den Sinn. »Wer diese weiche liebliche Landschaft von der Terrasse seines Schlosses Montbard aus betrachtet und sich dabei von unserem heutigen Kenntnisstand freimacht, dem erscheint die geschilderte Entstehung des breiten konkaven Tales der Brenne nicht mehr so absurd ... BUFFON vermochte einfach noch nicht zu erkennen, daß die Täler erst lange Zeit nach dem Auftauchen der Sedimente aus dem Meere allein durch das als Regen niedergehende Wasser entstanden sind«. Der Pariser Geologe und Geologiehistoriker ELLENBERGER (1983), dem dieses Zitat entstammt, kennzeichnet ›das grandiose Drama‹ der ›Epoques de la Nature‹ gar als »ebenso abwegige wie geniale Verallgemeinerung der rein lokalen Geologie«, die BUFFON vor Augen lag: nämlich des Grundgebirgssockels des Morvan, bedeckt von ruhig gelagerten mesozoischen Sedimenten mit weichem Relief. Gegen anderes, was nicht in die große Vereinfachung dieses Modells passe, habe er sich verschlossen.

Nach BUFFON haben die gleichen Meeresströmungen auch die Stufenränder um das Pariser Becken verursacht. Auch der Ingenieur BOULANGER hatte die Morphologie der französischen Stufenlandschaften, ja angesichts der Zeugenberge sogar das Zurückweichen der Stufensteilränder um 1750 bereits richtig erfaßt, sie aber mit plötzlich und katastrophal aus dem Erdinneren ausbrechenden Fluten zu erklären versucht.[22] Wir werden dieser historischen Problematik bei der Deutung der süddeutschen Stufenlandschaft nocheinmal begegnen.

Wenn es nun aber scheinen könnte, als sei die Deutung der Landschaftsformen durch Meeresströmungen ein Charakteristikum jener wissenschaftlichen Frühzeit, so steht dem entgegen, daß Beobachter der Verhältnisse im südlicheren – alpinen und mediterranen – Frankreich zu anderer Einsicht gelangten. ELLENBERGER (1976/77) hat das besonders für H. GAUTIER dargelegt, einen vielseitigen Mann, der dort als Festungs- und Straßenbaumeister und (wie wir heute sagen würden) praktischer Geologe gewirkt hat. In einer schon 1721 erschienenen Schrift über ›Nouvelles conjectures sur le globe de la terre‹ beurteilt er (nicht ohne Vorgänger) die Arbeit der Flüsse schon durchaus richtig. Es war das ganz andere Beobachtungsgebiet mit den viel jäheren Berg- und Talformen und den reißenden Bächen und Flüssen, in denen die Tätigkeit heutiger Gewässer unverkennbar war und zur »fluviatilistischen« Landschaftsdeutung zwang. Die Bildung einer geologischen Theorie oder auch nur Spekulation unterliegt also dem Einfluß der Landschaft, aus der sie stammt, und der ihr selbst nach der Verallgemeinerung noch lange anhaftet! Theorie und regio

Schrieb doch auch S. v. BUBNOFF (1940) im Hinblick auf die großtektonischen Unterschiede des alpin geprägten West- und des von großen Tafelländern geprägten Osteuropa, »daß das geologische Weltbild vielleicht ganz anders ausgefallen wäre, wenn die Erforschung vom Orient statt vom Okzident ihren Ausgang genommen hätte«.[22]

Es tut dabei wenig zur Sache, daß GAUTIER der uns seltsam anmutenden Vorstellung einer nur dünnen Erdhaut über gaserfülltem und im Zentrum feurigen Erdinnern anhing, also einer durch NEWTONS schon erfolgtes Postulat hoher Dichte der Erdmasse im Grunde bereits überholten Spekulation. Die angenommene Erdhaut sollte sich im Gleichgewicht zwischen solarer und erdinnerer Rotationskraft befinden, wobei dessen Störungen immer wieder zu mit Erdbeben verbundener Zerbrechung und Gebirgsbildung, folgender Abtragung und Sedimentation – und dadurch zu weiteren Gleichgewichtsstörungen – führten.

GAUTIER bleibt der Ruhm, abgesehen von solchem noch traditionellen Spekulieren über das Erdinnere (vgl. DESCARTES und STENO) das exogene Geschehen erstmals konsequent aktualistisch gedeutet zu haben und mit der Annahme sich immer wiederholender kurzfristig-gebirgsbildender und langfristig-abtragender Vorgänge ein offenkundiger Vorläufer HUTTONS gewesen zu sein. (ELLENBERGER 1975/77).[22a]

Sowohl GAUTIER wie BUFFON vertreten je einen Kreis ihnen ähnlich denkender Forscher, sodaß ELLENBERGER geradezu zwei Schulen unterscheidet: eine fluviatilistische südfranzösische und eine aufgrund der Verhältnisse in der weiteren Umgebung des Pariser Beckens marin-neptunistisch ausgerichtete Pariser Schule. Zwei Schul

Die spekulativen Erdhistorien eines MORO, TELLIAMED und BUFFON – alle von Erfahrungen ausgehend, aber erdweit ausholend – haben uns zu den näher an der regionalen Erfahrung verbleibenden Fluviatilisten geführt. Auch in den folgenden Kapiteln, beginnend mit einem kurzen Blick auf die Anfänge der Stratigraphie, werden sich Erfahrung und Spekulation bei von Fall zu Fall unterschiedlicher Gewichtung die Waage halten.

7 Frühe Stratigraphie

Den informativen Gehalt geschichteter Lagerung sowie unterschiedlich zusammengesetzter Schichten hat schon STENO (S. 7) erkannt, nähere Aufmerksamkeit hat wohl erstmals LINNAEUS (LINNÉ) (1741) einer Schichtfolge geschenkt und zwar im Altpaläozoikum Südschwedens. Auf seine Veranlassung wurde die Stratigraphie des Kinnekulle aufgenommen, wobei ihm der den Berg bedeckende ›Trapp‹ (Basalt) als Sedimentgestein galt.[23]

LEHMANN Gegenspieler zu MOROS Vulkanismus war der deutsche, 1761 als Professor nach St. Petersburg berufene Arzt, Chemiker, Mineraloge, Geologe und Bergmann J. G. LEHMANN.[24] Er sammelte seine Erfahrungen an den mit Sicherheit unter Mitwirkung des Wassers gebildeten Schichtgesteinen Thüringens und gab in seinem ›Versuch einer Geschichte von Flötz-Gebürgen‹ (1756) – Flötz, mhd. vletze, bedeutet in der Bergmannssprache eine plattenförmige Lagerstätte – ein stratigraphisches Profil vom Rotliegenden bis zum Zechstein am Nordrand des Thüringer Beckens. Von dem oft feingeschichteten Flötzgebirge, dessen Ablagerung er auf die Sintflut zurückführte, »*die noch lange kein ganzes Jahr dauerte*«, unterschied er die höheren, uranfänglichen, stofflich einheitlicheren und in unbekannte Teufe niedersetzenden Gebirge, die er nach dem Reichtum an Erzgängen auch Ganggebirge nannte. Nach der Ablagerung des Flötzgebirges »*haben einzelne Orte des Erdbodens zwar noch viele Veränderungen ...*, *aber keine so allgemeine und große Flut mehr erlitten*«.

Epochen In Oberitalien gliederte G. ARDUINO[25] die Gesteine bzw. die aus ihnen bestehenden Hügel und Berge in montes primarii (Kristallin), – secundarii (Kalk, Ton) und – tertiarii (Tertiär), wozu noch Bildungen vulkanischer Natur und junger Anschwemmung kommen (1779).

G. C. FÜCHSEL, Arzt in Rudolstadt, ergänzte 1761 LEHMANNs in Thüringen aufgenommene Abfolge der Flözgesteine aufwärts bis zum Muschelkalk, wobei er zwischen Schichten mit marinen und weit selteneren terrestrischen Fossilien unterschied.[26] Anders als LEHMANN sah er aber in dieser Abfolge das Zeugnis mehrerer, regional wechselnder Überflutungen, die er mit dem Einbruch einstiger Landgebiete in Meerestiefen in Zusammenhang brachte. Er schildert auch die Entstehung der Schichten aus zusammengetragenen Partikeln und dünnen Einzellagen und sieht diese Entstehung völlig aktualistisch. »*Die Art, nach der die Natur heutzutage wirkt und Körper hervorbringt, ist* ... *als Norm zu nehmen; einen anderen Maßstab gibt es nicht!*« Die ›ersten‹ Aktualisten des 19. Jahrhunderts, wie v. HOFF und LYELL, hätten das nicht treffender formulieren können!

Kristallingestein als uranfänglich gegebenes oder bei der Abkühlung der Erde als erstes erstarrtes Gestein, das aber in Gebirgen aufragt, sodaß sich jüngere Gesteine seinem Fuß anlagern – so etwa läßt sich das Ergebnis erster stratigraphischer Vorstellungen, eingeleitet schon bei B. DE MAILLET (s. Abb. 6), umreißen.

FÜCHSELS Aktualismus

8 Erstmals: Erfassen der Gebirgsstruktur

> *Man fühlt tief, hier* [im Gebirge] *ist nichts Willkürliches,*
> *hier wirkt ein alles langsam bewegendes ewiges Gesetz.*
>
> GOETHE, Briefe aus der Schweiz 1779

MICHELL in den Anden Schon DE MAILLETS und LEHMANNS stratigraphische Serien implizierten das Prinzip der Gebirgsstruktur mit kristallinem Kern und sich ihm anlagernden Sedimenten (Abb. 6, S. 29). Explicit begegnen wir ihm aber zuerst bei dem Cambridger Professor J. MICHELL (1760), der den Bau der von ihm bereisten südamerikanischen Anden in didaktisch genialer Vereinfachung der verwirrend vielfältigen Erscheinungen charakterisierte.

»Es ist sehr bemerkenswert, daß die Schichten der ... hohen gebirgigen Landstriche sich stärker als die Landoberfläche gegen den Horizont neigen, sodaß die Gebirgszüge meistens oder sogar immer aus den tieferen Schichten der Erde gebildet sind. Diese Lagerung läßt sich folgendermaßen darstellen: Man klebe eine Anzahl von Papierblättern verschiedener Art und Farbe aufeinander. Dann bringe man sie so zusammen, daß sie mitten einen Rücken bilden, und stelle sich eine waagerechte Schnittfläche durch die aufgebogenen Blätter hindurch vor. Bringt man die Mittelpartie dieser Schnittfläche nun in eine etwas höhere Lage, so hat man ein zutreffendes Modell der meisten oder aller großen Gebirgsketten samt den an sie grenzenden Gebieten in der ganzen Welt.« Bestimmte Gesteine und Mineralien, so folgert er, liegen deshalb immer in dem Gebirgsscheitel in parallelen Streifen, wie das denn auch für die von den Spaniern angelegten Gold- und Silberbergwerke der Anden zutrifft. *»Die flacheren Gebiete werden deshalb im allgemeinen aus den oberen Schichten der Erdrinde gebildet, die Gebirge dagegen aus den tieferen.«*[27]

PALLAS im Ural Der aus Berlin stammende Rußlandreisende P. S. PALLAS führt dieses Thema in seinen französisch geschriebenen ›Beobachtungen über die Formation der Gebirge und die auf dem Erdball eingetretenen Veränderungen, besonders in bezug auf das russische Reich‹ (1778) weiter: Die mittlere Zone der Gebirge, so des Urals, besteht aus Granit, dem sich Granitische Inseln beiderseits kristalline Schiefer, fossilführende Kalke sowie lockere, jüngere Schichten anlagern. Er schloß daraus, daß der Urozean granitische Inseln umspült und die jüngeren Sedimente an deren Flanken abgelagert habe. Die Ursache des Vulkanismus vermutet er, wie übrigens auch schon AGRICOLA, BUFFON und LEHMANN, nicht in einem ursprünglichen erdinneren oder gar zentralen Feuer, sondern in Schwefelkieslagern der Sedimente, die durch Verwitterung in Erhitzung geraten seien. Erstaunlich ist, Schwefelkies – Vulkanismus schafft Gebirge daß er diesem Vulkanismus – nunmehr frei spekulierend – dennoch gebirgshebende und gesteinsumwandelnde (metamorphosierende) Kräfte zumißt: *»Sie lassen neue Inseln aus der Tiefe des Meeres aufsteigen und sind*

34

*wahrscheinlich auch die Ursache für die Erhebung der gewaltigen Kalkalpen
Europas, die einst Korallenfelsen und Muschelbänke waren, wie man sie noch
heute in den ihrer Bildung günstigen Meeren findet, wo sich zugleich in den
tonigen Gründen Pyrit anzureichern pflegt. Durch die Anhäufung von Kalk
und tonigem Niederschlag, der sich mechanisch an tiefere Stellen abwärts filterte,
wuchs der Meeresboden immerzu.*« Und nun wieder ganz aktualistisch: »*Die
Kalkschichten erreichten verschiedene Höhen, die sich wiederum auf die sie bildenden Tierarten verschieden auswirkten, je nach den für die eine oder andere
Art günstigeren Lebensbedingungen*« (Biofazies-Gedanke!).

PALLAS erklärte Fossilien auf hohen Bergen also nicht wie BUFFON
durch einst so hohen Meeresspiegel, sondern durch Hebung von Teilen
der Erdrinde.

9 Neptunismus – Plutonismus – Vulkanismus

Jedes ausgesprochene Wort erregt den Gegensinn.
GOETHE, Wahlverwandtschaften.

9.1 Einführender Vergleich

Diese drei Begriffe kamen erst im Rahmen des HUTTON–WERNERSchen Gegensatzes in Gebrauch und wurden wohl zuerst von der jeweils kritischen Gegenseite geprägt. Weder kommt bei WERNER selbst der Begriff ›Neptunismus‹ noch bei HUTTON der Begriff ›Plutonismus‹ vor.[28]

Der *Neptunismus* in umfassendem Sinne hielt die Erde für einen aus wässerigem Chaos hervorgegangenen Planeten. »*Moses war Neptunist*«[29] schreibt F. A. QUENSTEDT (1856) in bezug auf das erste Kapitel der Bibel, und er weiß das auch mit den heimatlichen Verhältnissen seines Autors zu begründen: »*Die alte Heimat der Erzväter im Lande Ur und später Ägypten boten zu wenige vulkanische Erscheinungen dar, und die Macht der Wasser in den großen Stromländern mußte so in die Augen springen, daß der Bildungseinfluß des flüssigen Elements nur zu sehr sich in die Augen drängte.*« Und da A. G. WERNER, der Prototyp des Neptunisten, ein religiös gebundener Aufklärer war, so traf sich auch hier die in seiner sächsischen Heimat gewonnene Erfahrung mit dem Verlangen, Vernunft und Bibeltext in Einklang zu bringen. QUENSTEDT hat deshalb recht, wenn er fortfährt: »*Ging es doch über 3000 Jahre später unserem WERNER in Sachsen unter ähnlichen Verhältnissen gerade wieder so. Und man darf sicher behaupten, wäre MOSES Vulkanist gewesen, so hätte die WERNERsche Wassertheorie nicht den reißend schnellen Anhang gefunden, der alles betäubte gegen die richtigeren Ansichten in England und Frankreich.*« Wir sehen auch hier wieder die Abhängigkeit der Theorie von regio und auch religio.

In engerem Sinne versteht man unter Neptunismus die Lehre, daß das Gros der Gesteine einschließlich des kristallinen Ur- oder Grundgebirges aus Wasser niedergeschlagen oder abgesetzt worden sei. Während der chemische Niederschlag dabei einem ruhigen Vorgang entsprach, wurden für den mechanischen Absatz grobklastischer Gesteine auch gewaltsam wirkende Fluten nicht ausgeschlossen. Gelegentlich wurde auch für sie an rein chemisch-physikalische Entstehung gedacht, so in GOETHES ›Solideszenztheorie‹ durch eine Art von ›Gerinnen‹ der urozeanischen Flüssigkeit zu Breccien oder Konglomeraten.[29a]

Der konsequente *Plutonismus* ging von einer Erdkugel aus glühendem Fluidum aus; ihn vertrat BUFFON, der aus der Abkühlungszeit auf das Erdalter schließen zu können glaubte (S. 29). HUTTON vermied dagegen

Neptunismus seit MOSE

Plutonismus

die Frage nach dem Anfang. Vulkanismus und Gebirgshebung, die den Kreislauf von Landwerdung und -zerstörung in Gang hielten, genügten ihm als Beweis eines immerwährend glutflüssigen Erdinneren. Playfair (1802)[28] nannte Moro (S. 27) einen Vorläufer Huttons, dessen umsichtigere Theorie aber dennoch einen eigenen Namen verdiene. *» Wollen wir dabei der Scheidung der Geister in der gegenwärtigen Geologie entsprechen, so schließen wir uns am besten Mr. Kirwan [einem heftigen irischen Kritiker Huttons!] an und nennen das unsere das plutonische System. Ich selbst zöge dafür allerdings die schlichtere, aber dem persönlichen Verdienst gerechter werdende Bezeichnung »Huttonian Theory« vor. «*

Der Plutonismus erscheint bibelferner als der Neptunismus, weshalb Hutton anfangs auch auf größere Schwierigkeiten der Anerkennung stieß, die sich später aber umso mehr ergab. Kein Plutonismus freilich vermochte je so einseitig zu argumentieren wie der Neptunismus. Denn an der Bildung vieler Schichtgesteine im Wasser war ja nicht zu rütteln. Buffons auf den Anfang bezogener Plutonismus verband sich mit historisch-neptunistischer Schau.

Vulkanismus ist der gegenüber dem Plutonismus ältere Begriff. Er bezieht sich auf alle vulkanischen Erscheinungen unabhängig von der Tiefe ihres Ursprungs. So spricht Playfair bei Huttons Theorie unbefangen auch noch von Vulkanismus. Unter dem Einfluß A. G. Werners wurde der Begriff dann aber vorübergehend auf die Folgeerscheinungen brennender Kohlenflöze oder anderer Entzündungen in relativ geringer Tiefe eingeschränkt. Heute unterscheiden wir in der Tiefe erstarrte ›plutonische‹ Schmelzflußgesteine von allen bis an die Oberfläche gelangten »vulkanischen« Erscheinungen.

Katastrophismus und Uniformismus (Aktualismus; S. 62) können an allen drei Begriffseinheiten Anteil haben. Die Sintfluttheorie entspricht paroxystischem Neptunismus, Moros System extremem Plutonismus. Immer aber schalten sich zwischen die Katastrophen Zeiten ruhigen Geschehens ein, wie sie in Werners Neptunismus überwiegen. Wenn Playfair die Erde nach Huttons Theorie als Bühne vieler großer Revolutionen bezeichnet, ist das noch keine Katastrophentheorie. Denn das gedachte Geschehen sollte sich weder weltweit noch in bewohnten Räumen abspielen, sodaß das katastrophische gegenüber dem uniformistischen Element eher in den Hintergrund tritt. Huttons Uniformismus gilt der endlosen Wiederholung sowohl ruhiger als auch gewaltsamer Vorgänge (Kap. 11.1).

9.2 Der Neptunismus

Regungen jener Urgewässer in uns ...
FRIEDRICH VON HARDENBERG (NOVALIS)
1798–1799 Schüler A.G.WERNERS in Freiberg

Vorläufer Schon bei B. PALISSY, B. DE MAILLET, ARDUINO, DE BUFFON, FÜCHSEL und PALLAS lassen sich Ansätze eines neptunistischen Erdbildes erkennen, wie es dann A.G.WERNER, ausgebaut hat, der berühmte Lehrer der 1765 gegründeten Freiberger Bergakademie, der neben Mineralogie und Bergbaulehre von 1782 bis in sein Todesjahr 1817 eine regelmäßige Vorlesung über »Gebirgslehre« bzw. »Geognosie« (worunter er die beobachtende Erdwissenschaft im Gegensatz zu einer mehr spekulativen Geologie verstand) hielt. Einer der WERNERSchen schon sehr nahekommenden und WERNER stark beeinflussenden erdgeschichtlichen Konzeption begegnen wir bereits bei dem Schweden T. BERGMAN, Schüler LINNÉS, dem zufolge sich aus einer die Erde ursprünglich umgebenden Wasserhülle erst gelöste, dann suspendierte Stoffe niederschlugen und das Urgebirge (Uråldrige) sowie das ihm auflagernde Flözgebirge (Flolägrige) bildeten, wozu später noch mechanisch aufgeschwemmte und aus der Tiefe stammende vulkanische Produkte traten.[30]

ABRAHAM GOTTLOB WERNER   A.G.WERNER unterschied in der ›Kurzen Klassifikation der verschiedenen Gebirgsarten‹ (1786–1787):

Uranfängliche Gebirgsarten
> (Granit und Gneis, der als noch älterer in Granit eingeschlossen sein kann; Glimmerschiefer, Thonschiefer, Porphyr, Basalt, uranfänglicher Kalkstein)

Flötzgebirgsarten neuerer Erzeugung

Vulkanische Gebirgsarten
> a) aechtvulkanische in Zusammenhang mit Krater und Kraterbergen, z.B. Bimsstein
> b) pseudovulkanische, durch Erdbrände aus Flötzgebirgen umgeschmolzen

Aufgeschwemmte Gebirge
> (Das Übergangsgebirge wurde zwischen Ur- und Flötzgebirgsarten erst später eingeschoben.)

WERNER nahm für die Masse der Gesteine, also auch für das Urgebirge, wässerige Entstehung an. In einem hinterlassenen Vorlesungsmanuskript – sein mündlicher Vortrag zog Studenten aus aller Welt an, veröffentlicht hat er dagegen wenig – heißt es: »*Der feste Erdkörper hat sich aus nasser Auflösung gebildet ... [Deshalb] mußte er in der Urzeit hoch und allgemein mit Wasser bedeckt sein ..., dessen Oberflächenstand allmählich und allgemein gefallen ist.*« Der Niederschlag ist chemischer und erst spät von klastischer Natur. Auch Versteinerungen erscheinen erst in jüngeren Gesteinen und beginnen mit › *Übergangsgeschöpfen* ‹ zwischen Pflanze und Tier (Zoophyten), denen unbekannte und allmählich bekanntere Tiere wie Konchylien, Fische und zuletzt Landbewohner folgen.

Den Vulkanismus hielt WERNER, seinem sächsischen Beobachtungsgebiet entsprechend, für eine nur untergeordnete Erscheinung. Er unterschied dabei zunächst ›echten‹, aus tiefen Herden im Grundgebirge gespeisten Vulkanismus (a) von nur ›pseudovulkanischen‹ Erdbränden, deren Produkten – wie gefritteter Steinkohle oder Porzellanjaspissen mit Kräuterabdrücken aus umgewandelten Schiefertonen – man die Herkunft aus Sedimentgesteinen noch ansah (b). Seit 1789 galten ihm aber brennende Kohlenflöze als die Ursache von allem Vulkanismus, womit er den erwähnten Gegensatz selbst aufhob. Von manchen späteren Autoren wurde er jedoch im ursprünglichen Sinne WERNERS – Vulkanismus aus tieferen Herden, Pseudovulkanismus aus Kohlebränden – beibehalten. Überraschend: Schon ALBERTUS MAGNUS hat im 13. Jahrhundert Versuche mit Kohlefeuern gemacht, in die er Wasserdampf einleitete, um sich vulkanische Erscheinungen auf diese Weise verständlich zu machen (WATZNAUER 1980).

Aus den heißen urozeanischen Gewässern sollen sich zuerst die kristallinen Gesteine, vor allem Granit und Gneis, niedergeschlagen haben, später bei abnehmender Wassertemperatur und Kristallisationskraft die weniger kristallinen ›Übergangsgebirge‹ und die nichtkristallinen Schichtgesteine (Flözgebirge). Da es durch ungleichen Niederschlag sowie durch Setzung des Materials schon früh zu einem Relief des Meeresbodens kam, konnte der Niederschlag hier auch auf geneigter Unterlage –

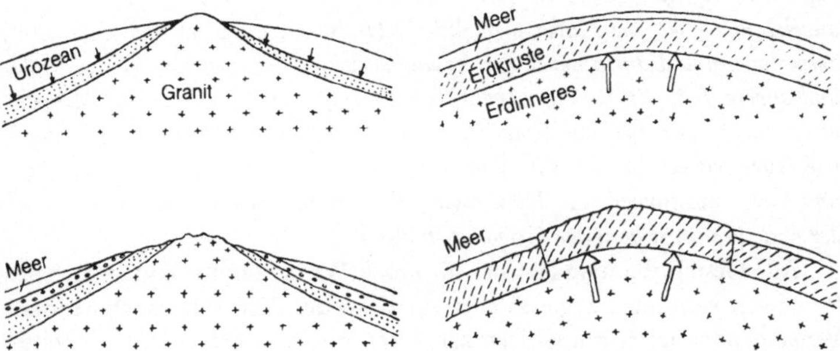

Abb. 7. Links Sedimentation (anfangs des Granits) in WERNERS Urozean, dessen Sinken die Länder und Gebirge auftauchen läßt. *Rechts* Erdkrustenteile gemäß J. HUTTONS Theorie (s. S. 62), als neue Kontinente über den Meeresspiegel gehoben. (Aus WAGENBRETH 1982)

39

bis etwa 45° – erfolgen, womit sich viele nicht horizontale Schichtpakete erklären zu lassen schienen (Abb. 7). Die Lagerung war demnach vorwiegend primärer, nicht erst sekundärer Natur, obwohl WERNER auch mit Spaltenbildung, Einbrüchen über Hohlräumen und Verstürzung bis zu senkrechter Lage infolge von Setzungsvorgängen rechnete, so in seiner ›Neuen Theorie von der Entstehung der Gänge‹ (1791). Erst mit weiterem Sinken des Meeresspiegels kam es zum Auftauchen von Ländern und zur Bildung der jungen Lockergesteine (aufgeschwemmten Gebirge) durch gewaltsame Fluten, die auch tiefe Täler ausräumten und die oft jähen Formen der heutigen Landschaft schufen.

Die Abfolge der Gesteine im großen entnahm WERNER den Verhältnissen Sachsens, wo er auch eine erste geologische Kartierung in die Wege leitete. Da ihm von Forschungsreisenden das Vorkommen entsprechender Gesteine in fernen Ländern bekannt war, übertrug er diese Verhältnisse auf die ganze Erde.

WERNERS
Aktualismus WERNER sah also die petrographische Beschaffenheit der Gesteine bzw. »*Gebirgsarten, die sich in dem ungeheuren Zeitraume der Existenz unserer Erde wohl meist unmerklich eine in die andere umänderten*«, vor allem in Abhängigkeit von ihrem Alter (auch wenn er regionale Unterschiede gleichzeitig entstandener Gesteine nicht ganz ausschloß). Das entspricht für den ersten Blick einem nicht-aktualistischen Konzept, auf das aber ein wahrscheinlich schon vor 1800 niedergeschriebenes Skriptum ein anderes Licht wirft.[31] Demnach hat WERNER die zu Beginn so fremdartigen (anaktualistisch erscheinenden) Verhältnisse des Urozeans doch ganz im Zeichen der uns bekannten und erforschbaren chemischen und physikalischen Gesetze verstanden. Als Zeugnis dieses aktualistischen Denkens seien einige Sätze daraus zitiert: »*Soweit uns der feste Erdkörper von seiner Oberfläche hinein bekannt ist, zeigt er sich uns als Kind der Zeit, als Resultat natürlicher Wirkungen ... Welchem Naturkundigen, welchem Geognosten wäre unbekannt, – wie die Fluten tagtäglich Gebirgsmasse zu Sand und Geschiebe zermalmen und dadurch neuen Gebirgsaufbau bewirken, – welche Menge Erd- und andere Teile die Ströme stündlich ins Meer führen, – wie in den Meeren von Zeit zu Zeit mächtige Korallen- und Muschelschalen-Bänke entstehen, – wie feuerspeiende Berge Asche und Gesteinsstücke auswerfen und aufhäufen, und Laven ausströmen. ... Diese tagtäglichen Wirkungen der Natur ... muß der nach Wahrheit begierige Geognost studieren.*«

Gestein als
›Kind der
Zeit‹ Alle Gesteinsbildung läßt sich also nach WERNER unter aktualistischen Prinzipien verstehen, zugleich aber ›als Kind der Zeit‹ mit zunehmender Vergangenheit unter immer fremdartigeren Bedingungen, an deren Stelle für uns die WERNER noch unbekannten, von HUTTON allerdings schon ins Auge gefaßten Vorgänge der Metamorphose bzw. der Aufschmelzung (Granitbildung) in der Tiefe treten. Aktualismus bedeutet auch, da sich die beobachtbaren Vorgänge ja an der Oberfläche zeigen und abspielen,

40

den Verzicht auf Hypothesen über die Tiefen der Erde, z.B. erdinnere Hohlräume, feuerflüssige Massen, denen auch NEWTONS Postulat einer hohen Dichte des Erdkörpers widersprach (v. ENGELHARDT 1982 b).

Fassen wir zusammen, so lassen sich bei WERNER anaktualistische, aktualistische und mit den gewaltsamen Fluten auch katastrophistische Züge erkennen, das alles aber auf dem Hintergrund eines historisch gerichteten Ablaufs, wobei alle Bildungen der Erdrinde auf das Wasser zurückzuführen sind, das die Stoffe zum Niederschlag bringt und die späteren Bildungen auch wieder aufarbeitet und ausräumt. Kein Platz dagegen ist in WERNERS Vorstellungskreis für jenes Geschehen, das man »trokkene« Tektonik nennen könnte, also für die mechanischen Veränderungen der Erdrinde ohne Beteiligung des Wassers, gleich ob es sich um plötzliche oder langsame Vorgänge handelt. Ganz entsprechend vermochte auch der Plutonismus eine vom Glutfluß (anstelle des Wassers) unabhängige Tektonik nicht zu erkennen.

Es ist merkwürdig: Während sich WERNER selbst im Glauben des Primats der Beobachtung in seiner, dafür eigens Geognosie (s.o.) genannten Erdwissenschaft wiegte, geriet er doch selbst wieder ganz in den Bann der von ihm erbauten Theorie, unter dem er seine Beobachtungen deutete und die Beobachtungen anderer negierte. Der Berliner Professor C.S. WEISS bemerkte in einer ›Geognosie‹ betitelten Vorlesung 1832 sarkastisch, WERNER habe »*die Geognosie zur Geologie« gemacht*«![31a] Auch E. HAARMANN (1942), der WEISS übrigens zu Unrecht als unkritischen Wernerianer sah, vermerkte, daß sich WERNER des hypothetischen Charakters seiner Beobachtungen gemäß einer »auch noch auf uns überkommenen schlechten Methode« nicht bewußt wurde.

9.3 Der Streit um den Basalt

Glückliches Land, wo die Wissenschaften Interesse genug haben, um bei der Frage über die Entstehungsart eines Fossils zwei Parteien, die Neptunisten und die Vulkanisten, hervorzubringen.

H.B. DE SAUSSURE in einer Schrift über den Kaiserstuhl 1795

Der bekannte Basaltstreit galt in dem Ringen zwischen Neptunismus und Vulkanismus, durch die Namen WERNER und HUTTON verkörpert, nur einer Einzelfrage, die fast zufällig dadurch ausgelöst wurde, daß basaltische Phänomene nicht fern von Freiberg gleichsam vor WERNERS Haustür lagen. Der Streit gewann aber dann so etwas wie Symbolcharakter, wobei Basalt als Erzeugnis des Wassers auf die Fahne der Neptunisten, als Erzeugnis des Feuers aber auf die der Vulkanisten geschrieben wurde.

41

Wenn für WERNERS konsequent neptunistisches Denken alle Gesteine dem Wasser entstammten und das jeweils aufliegende Gestein gemäß dem Lagerungsgesetz jünger als das darunterliegende war, mußte auch der oft söhlig oder zwischen die Schichtgesteine eingelagerte Basalt von wässeriger Herkunft sein. Auch Basaltgänge ließen sich als chemischer Niederschlag an steilstehenden Kluftwänden erklären. Vor WERNER waren die Meinungen geteilt, LINNÉ hatte 1741 das Basaltlager auf der Kuppe des Kinnekulle in Schweden für ein Sediment gehalten. Die häufige säulige Gliederung schien auf Kristallisation zu weisen, wie man sie damals nur von wässerigen Lösungen kannte. Der vielseitige französische Geologe N. DESMAREST entdeckte in der Auvergne 1763 Säulenbasalt als eindeutigen Bestandteil von Lavaströmen, wurde in diesem Punkt also Vulkanist. Vulkanische Herde vermutete er wie BERGMAN und WERNER in Kohlelagern der Flözgesteine, nicht aber im Grundgebirge, zu dessen Entstehungszeit es noch kein Leben und damit auch keine brennbaren Substanzen gab.

RASPE In Deutschland sprach sich E. RASPE, zuvor Neptunist, seit 1771 für die vulkanische Natur der hessischen Basalte aus. Zwielichtigen Lebenslaufs, der seine wissenschaftliche Leistung aber nicht einschränkt, entwich er nach England. »Daß einer Wechsel fälscht, sagt nichts gegen sein Geigenspiel« (HAARMANN 1942 über RASPE).[32]

Scheibenberg Als WERNER 1775 nach Freiberg kam, überwog dort die vulkanistische Basaltdeutung, zu deren Gunsten auch in den folgenden Jahrzehnten zumal im Ausland (Frankreich, Italien, Siebenbürgen, Schottland) wichtige Arbeiten erschienen (FISCHER 1961). Auch Kristallbildung in Schmelzen wurde seit 1786 bekannt. WERNER aber vermag aufgrund »*mehrerer, mit vieler Sorgfalt über diese Gesteinsarten* [auch Porphyr und Mandelstein] *... in den Gebürgen sowohl Sachsens als anderer angrenzender Länder angestellter eigener Beobachtungen*«, die er allerdings nur selten näher beschreibt, nichts Vulkanisches am Basalt zu entdecken.[33] Ein Paradebeispiel ist die kleine Basaltkuppe des Scheibenbergs im Erzgebirge (Abb. 8). Dort liegt auf dem Grundgebirge geringmächtiger (tertiärer) Sand, der in Ton und sodann in verwitterten Basalt (Wacke) übergeht, dem das die Kuppe bildende harte, säulige Basaltlager folgt. Dieser »*vollkommenste Übergang*« führte WERNER zu dem Schluß: »*Das diese Gegend einst bedeckende Gewässer schwemmte erst Sand hin, setzte dann auf diesen Ton ab, änderte nach und nach seinen Niederschlag in Wacke und endlich in wahren Basalt um.*« Und: »*Ich bin ... überhaupt jetzt völlig der Meinung: aller Basalt ist nassen Ursprungs und von einer sehr neuen Formation; aller Basalt machte ehedem ein einziges, ungeheuer weit verbreitetes, verschiedene uranfängliche und Flözgebirge bedeckendes mächtiges Lager aus, das von der Zeit größtenteils wiederum zerstört worden ist und wovon alle Basaltkuppen Überbleibsel sind.*« Die ›sehr neue Formation‹ bezieht sich auf die Lagerung über oder zwischen jungen

42

Abb. 8. Die Basaltkuppe des Scheibenbergs über dem gleichnamigen Städtchen im Erzgebirge. Skizze nach einer Photographie (›Fundgrube‹, 15. Jg., 1979) und schematisches Profil aus WAGENBRETH 1955 nach R. BECK 1917. Die Grenze zwischen tertiärem Sand und Glimmerschiefer ist in der Landschaftsskizze nicht erkennbar.

Lockergesteinen, für deren Erklärung das schon abgekühlte Urmeer nochmals in den für den kristallinen Basaltniederschlag erforderlichen chemischen und thermischen Zustand zurückgekehrt sein muß.

Den Gegenstandpunkt bezieht WERNERS Schüler J. C. W. VOIGT (1789),[34] der als ›erster thüringischer Landesgeologe‹ (WAGENBRETH) die Kuppen der Rhön schon 1781 vulkanisch gedeutet hatte. Er bestätigt zwar den ›Übergang‹ am Scheibenberg, erklärt ihn aber mit der die Grenzen verwischenden Verwitterung des Basalts über dem feuchten Ton. Auch die Frittung des Braunkohlenflözes auf dem Hohen Meißner zu Stangen- und Glanzkohle unter Basalt überzeugte VOIGT von dessen schmelzflüssiger Natur. Die vulkanischen Herde vermutete er tiefer als WERNER in oder gar unter dem Urgebirge. Er erkannte auch, daß die Erdrinde an Verwerfungen gehoben und zerbrochen sei und führte die Hebung auf vulkanische Tiefenkräfte zurück. Er hielt Basalt auch nicht für untermeerisch, sondern auf schon gehobenem Lande ausgeflossen. WIDENMANN,

Hoher
Meißner

43

ein anderer WERNER-Schüler, der an der neptunistischen Deutung festhielt, trat dagegen für nochmaligen Meeresanstieg ein. Darauf VOIGT: *» Ums Himmels willen, Freund, wo geraten Sie hin? Eine Auswanderung* (d. h. ein Wiederanstieg) *eines mit Basalt und Trappformation* (Tuffen) *schwangeren Meeres über die höchsten Gebirge der Erde hinweg ist Ihnen wahrscheinlicher, als daß durch eine innere Entzündung eine Lavamasse hervorgestoßen werden könnte? Bedenken Sie, was Sie sagen! Tausende von Zeitgenossen sahen durch vulkanische Kräfte Inseln hervorsteigen, Berge aufwachsen, Felsen zerspalten und Laven durch sie hervorgehen ... Sagen Sie mir im Gegenteil: – wer sah Meere umherwandeln?«*[34a] Der Verfasser einer satirischen ›demüthigen Bitte der Endes unterschriebenen Vulkane an Herrn Bergakademie-Inspector WERNER zu Freiberg‹ schloß mit der Bemerkung: *» Wir brechen hier ab, theuerster Herr Inspector, überzeugt, daß wir Sie nicht überzeugen werden, so wie das Publikum durch Sie nicht überzeugt werden wird. – Ihre Ätna, Vesuv, Hekla, Pik von Teneriffe, Stromboli, Volcano usw.«* (1787; BLEI 1981).

Satire

Der Neptunismus-Vulkanismus-Streit entbehrt also nicht manch satirischer Seite, mit wie bitterem Ernst er auch meistens geführt wurde. WERNER hielt bis zu seinem Tode 1817 an seinem neptunistischen Vernunftsystem fest, das dann aber immer rascher zerbröckelte.

Kritik

Während sich WERNER, der mit dem Schreiben in seltsamer Weise auf Kriegsfuß stand, nirgends mit den gegen seine Theorie vorgebrachten Argumenten auseinandersetzt, tat das z. B. PLAYFAIR (1802)[28] umgekehrt ausführlich. Er gibt WERNERS Beobachtungen am Scheibenberg wieder und zweifelt nicht an ihrer Exaktheit, fragt dann aber, *»ob sie sich nicht auch erklären lassen, ohne WERNERS Theorie zu stützen«*. Und er findet, daß sich die Erscheinungen durch Frittung des Tones unter einem glutflüssig eingedrungenen Basaltstrom auf HUTTONS Weise genau so gut verstehen lassen. Er argumentiert gegen WERNER dann weiter mit der umgrenzten Form vieler Basaltkörper und der Unwahrscheinlichkeit, daß das Meerwasser lokal oder kurzperiodisch zu den Bedingungen zurückgekehrt sei, unter denen sich der Basalt nach WERNERS Meinung niederschlug. Er bemerkt auch, daß keil- oder linsenförmig eingedrungener Basalt das umgebende Gestein zuweilen hob und aufbog, was im Widerspruch zu WERNERS Theorie stand.

außereuropa

Es ist sicher richtig, daß der ja sehr spezielle Streit um den Basalt eine in erster Linie deutsche Angelegenheit war, ›une querelle d'allemand‹, wie es sie aus französischer Sicht auch sonst in der Wissenschaft gibt.

Weltweiter
Widerhall

Dennoch drang der hitzige Disput durch WERNERS zahlreiche Schüler auch weit in die damalige wissenschaftliche Welt – viele von ihnen hatten Lehrstühle oder hohe Positionen im Bergbau inne, ohne freilich alle an der Theorie ihres Lehrers festzuhalten. Die Diskussion um ein brennendes Kohlenflöz bei Wingen in Australien wurde auch in Europa weit

Abb. 9. A.G. WERNER (1749–1817) – oben rechts – und seine Schüler J.C.W. VOIGT (1752–1821) – oben links – A.v. HUMBOLDT (1769–1853) – unten rechts – und L.v. BUCH (1774–1853) – links. Skizzen nach Kupferstich (WERNER, ohne Jahr) und Lithographien (VOIGT 1821, v. HUMBOLDT 1805, v. BUCH 1804) aus verschiedenen Quellen

bekannt (VALLANCE u. BRANAGAN 1968).[35] In Edinburgh gründete
R. JAMESON 1808 die ›Wernerian Natural History Society‹, die ihrerseits
zahlreiche Auslandskontakte pflegte, auch berühmte Deutsche (v. BUCH, v.
HUMBOLDT, GOETHE) zu ihren Ehrenmitgliedern zählte und bis 1857 exi-
stierte.[36] Doch sind wir damit längst wieder weit über den speziellen
Basaltstreit hinaus bei dem umfassenderen, weltweit ausgetragenen
Gegensatz zwischen Neptunismus und Vulkanismus.

WERNERS
Einfluß in
Amerika

Auch die frühe amerikanische Geologie entwickelte sich durch
W. MACLURE, der WERNER in Freiberg besucht hatte und die erste geologische Karte der damals erst 13 Staaten umfassenden USA schuf, im Zeichen des durch JAMESON in englischer Sprache bekannt gewordenen
WERNERSchen Systems von Ur-, Übergangs-, Flöz- und aufgeschwemm-
tem Gebirge (OSPOVAT 1967, WHITE 1970).[37] Dabei ging es freilich nicht
so sehr um dessen Theorie; hielt MACLURE selbst doch den Basalt für vulkanisch, das kristalline Grundgebirge für umgewandelte ältere magmatische und sedimentäre Gesteine und letztere im Unterschied zu dem
WERNERSchen Zwiebelschalenmuster nicht für gleichartig erdumspannend
gebildet, sondern unter wechselnden Verhältnissen in getrennten Becken
(basins) abgelagert. Auch versuchte er aktualistisch von gegenwärtig
bekanntem auf vergangenes unbekanntes Geschehen zu schließen und
rechnete wie HUTTON schon mit vielleicht unendlich langen Zeiten – im
Gegensatz zu anderen, mehr biblisch orientierten Landsleuten. Es ging
vielmehr und vor allem um die nach WERNERS System einfache Handha-
bung geognostischer Projektion der nach den Unabhängigkeitskriegen
ganz auf praktische Ziele ausgerichteten Staaten. In diesem Sinne schrieb
TH. JEFFERSON, ihr dritter Präsident (1803–1809) über den Nutzen der
geognostisch-mineralogischen Erkundung und fährt dann fort: » *Träume
jedoch über die Art und Weise der Schöpfung, Fragen ob unser Globus durch die
Tätigkeit von Feuer oder Wasser entstand und wieviele Millionen Jahre Vulkan
oder Neptun brauchten, um ihn hervorzubringen, wozu der Schöpferwille doch
nur eines Wortes bedurfte, sind es nicht wert, daß sich irgendjemand auch nur
eine Stunde seines Lebens damit beschäftige.* «

Amerikani-
scher Pragma-
tismus

9.4 Abkehr vom Neptunismus – Hinkehr zum Plutonismus

*Ich bin doch nicht dazu so lange auf der Welt, daß ich immer
das Gleiche denken sollte.*

GOETHE

v. BUCH
Riesengebirge

Während sich WERNERS ›erster Schüler VOIGT schon kurz nach dem Studium gegen die Deutung der hessischen Basalte und die Unterschätzung
der vulkanischen Erscheinungen durch seinen Lehrer wandte, löste sich
v. BUCH (Abb. 9) davon später in einem wesentlich längeren und dramati-

schen Ringen.[38] Auf seiner schlesischen Reise 1802 sieht er auf dem Riesengebirgs-Kamm den Glimmerschiefer nach Süden abfallen und an den nordwärts sich ausbreitenden Granit grenzen und deutet diese Verhältnisse noch ganz in WERNERS Sinne durch Ablagerungen im Urmeer. Ein dort gebildeter granitischer Gebirgswall soll als Hindernis auf Lagerung und Anhäufung weiterer von den Strömungen des Urmeers mitgebrachter Gebirgsarten (hier Glimmerschiefer und Gneis) zurückgewirkt haben. *»Sichtbar ist der Andrang, die Absetzung der Gebirgsmassen von Süden aus. Die Schneekoppe stand [schon] und [auch] der Kern des Riesengebirges, durch Granitkrystallisierung gebildet, und die neue Formation konnte sich so hoch nicht erheben, daß sie über diese Reihe weg sich hätte verbreiten können.«*

Auch v. BUCHS damalige Schilderung der Blockmeere, wie sie vor allem die große Sturmhaube, den zweithöchsten Berg des Gebirges, bedecken, ist im Sinne WERNERS, der den exogenen Gewalten in den Spätphasen der Erdgeschichte eine wichtige Rolle zumißt. *»Diese sonderbaren Felder, ein Bild der Verwüstung, sind eindringende Beweise der schnell erfolgenden Abnahme dieses Gebirges. ...Quellen und Bäche reißen die Massen den steilen Abhang bis auf die Ebene hinab, und neue Felsen entstehen, um auf das Neue wieder zerstört zu werden.«* Das ist auch deshalb ein bemerkenswerter Text, weil v. BUCH später die erdäußeren Kräfte desto mehr unterschätzte, je mehr er zum Propheten der erdinneren Gewalten wurde (S. 48, 94).

Was nun den Basalt betrifft, so wunderte sich v. BUCH zwar über die schlesischen Basaltkuppen und -gänge und vor allem über die in Basalt eingesenkte Kleine Schneegrube (ein Kar) im Riesengebirge: *»In Deutschland kennt man den Basalt nirgends in größerer Höhe.«* Doch hält er auch hier noch an WERNERS Deutung fest, die dazu eines nochmaligen hohen Steigens des Meeresspiegels bedurfte.

Schon als er 1798 erstmals nach Italien reiste, drohte ihm in Südtirol die von WERNER überkommene stratigraphische Ordnung der Gebirge zusammenzustürzen. *»Hier verstehe ich die Menschen nicht mehr – und kaum die Natur.«* An den italienischen Aufschüttungsvulkanen überrascht ihn die Größe vulkanischer Wirkungen, und am Vesuv und in seiner Umgebung sucht er vergebens die Orte, wo Steinkohlenflöze gelagert sein könnten!

Doch erst im Französischen Zentralplateau, von dessen echt vulkanischen Phänomenen sich französische Forscher schon seit Jahrzehnten überzeugt hatten und wo auch der WERNER-Schüler D'AUBUISSON DE VOISINS die Lavanatur des Basalts erkannte, bekehrte sich v. BUCH angesichts des hoch auf dem Grundgebirge liegenden Basalts zum – noch schwankenden – Vulkanisten. Er räumt jetzt ein, daß hier der Basalt ein Schmelzprodukt und zwar des Urgebirges sei (während DOLOMIEU 1789, weiterblickend, unter Hinweis auf die andersartige Stofflichkeit für Herkunft tief unter dem Urgebirge plädiert hatte), warnt aber noch vor Ver-

47

allgemeinerung: »*Auch die eifrigsten Neptunisten sollten es nicht wagen, dies Resultat ... auf deutsche Basalte anwenden zu wollen. Stehen die Meinungen im Widerspruch, so müssen neue Beobachtungen den Widerspruch lösen.*« VON BUCH will seinem alten, ihm freundschaftlich verbundenen Lehrer nicht zu nahe treten!

Doch auch in Deutschland verstärkte sich die vulkanistische Einsicht. C. E. A. v. HOFF (s. Abb. 16), zuvor selbst Neptunist, berichtete 1815 über

die berühmte Blaue Kuppe bei Eschwege in Hessen, einem heute noch erschlossenen Basaltschlot mit senkrechtem Kontakt gegen Buntsandstein, daß die Zerreißung des Sandsteins und die Lage der in ihn eingeschlossenen Sandsteinschollen deutlich für von unten aufgedrungene Schmelze spreche, nicht für einen von oben her gefüllten Basaltgang, wie WERNER annahm.

Der Auvergne-Vulkanismus lehrte v. BUCH aber auch, daß es neben in Laven übergehenden Basalten und den dort so vorzüglich erhaltenen Aufschüttungskratern blasenartige, kraterlose ›Dome‹ wie den Puy de Dôme und den Sarcoui aus vulkanischem (trachytischem) Gestein gab, die »*nicht ausgeworfen ... (sondern) durch die innere vulkanische Kraft in die Höhe gehoben*« worden sein müssen.

Dieser Eindruck der vulkanischen Hebung drängte sich bei v. BUCH nun so in den Vordergrund, daß er fortan auch viele Kraterberge mit ihrer vom Kraterrand zum Bergfuß geneigten Schichtung durch Hebung statt Aufschüttung, und die Krater selbst durch Einbruch im Anschluß an die Hebung erklärte. Er wandte diese Deutung vor allem auf besonders große Kraterberge, wie die Vulkanruine des Mont d'Or und die Somma des Vesuvs sowie (1825) auf die Riesenkrater der Kanarischen Inseln an. Hier schienen ihm emporwuchtende, aber nicht bis zur Oberfläche durchbrechende Kräfte der schmelzflüssigen Tiefe gewirkt zu haben, wie sie ähnlich schon HUTTON für seine Hebungstheorie der Kontinente herangezogen hatte – auf ihn weist auch das Wort Plutonismus zurück (s. S. 37) – und wie sie v. BUCH selbst als Ursache der Kettengebirge für immer wahrscheinlicher hielt. Er nannte solche seines Erachtens emporgestoßenen Berge ohne Schlot, aber mit eingesenkter Gipfelregion (Caldera) ›Erhebungskrater‹. Heute noch tätige Kraterberge innerhalb alter Calderen

wie der Vesuv oder der Teide auf Teneriffa galten ihm als Erscheinungen einer auf bestimmte Fälle beschränkten Spätphase. Die eigentlichen Vulkane waren damit wieder fast wie bei WERNER in eine nur untergeordnete Rolle gedrängt. In den kristallinen Gesteinen freilich sah VON BUCH nicht mehr einen urozeanischen Niederschlag, sondern erstarrte Schmelzen, die immer neu dem aufschmelzenden und emporbeulenden Angriff der heißen, plutonischen Tiefe ausgesetzt waren. Die tiefen Schluchten der angeblichen Erhebungskrater deutet er als bei der Hebung geöffnete Spalten; er unterschätzt also schon in der für alle ›Plutonisten‹ typischen

48

Weise die Wirkung der exogenen Kräfte, hier des abfließenden Wassers. In der für Theorien charakteristischen Übersteigerung erklärte er zum Schluß sogar die Höhe noch aktiver Vulkane, so auch des Vesuvs, mit erst nachträglicher Hebung des ausgeworfenen Materials, und führt dazu ins Feld, daß die Böschungswinkel für die kegelförmige Aufschüttung vulkanischer Lockerprodukte im Wechsel mit die Hänge ummantelnden Lavaströmen angeblich zu steil seien.

Selbst der kleine, nur 170 m hohe Monte Nuovo, 1538 binnen zweier Tage aufgeschüttet (s. MORO, S. 27), wurde so in v. BUCHs Augen zum Erhebungskrater. Er besuchte ihn 1845 mit dreißig Geognosten einer Naturforscherversammlung und vermochte seine Begleiter davon zu überzeugen, daß die von den Wänden des heute begrünten Kraters steil nach außen abfallenden Schichten nichts anderes als die hier zu einem Berg emporgestoßenen, in der Umgebung horizontal lagernden vulkanischen Posilipptuffe seien. Das schien sich auch dadurch zu bestätigen, daß man in den Kraterwänden marine Schnecken und Muscheln fand. »*Der Ausbruch hat sie von unten aus dem Meere hervorgebracht,*« meinte dagegen ganz richtig der italienische Geognost SCACCHI. Als aber ein anderer Teilnehmer die gleichen Molluskenschalen auf der gegenüberliegenden Kraterseite in anscheinend gleicher Höhe fand, schlug die Stimmung zugunsten v. BUCH um: »*Mehr als ein Dutzend Hämmer waren bei dieser Nachricht schon die zweihundert Fuß bis zum Boden des Kraters herabgesprungen und jenseits wieder herauf, und bald schallte es herüber: ›Eccoli. Eccoli! Ganz so wie dort, vergraben im Tuff!‹ SCACCHI verstummte, und Neapel sah keinen Geognosten zurückkommen, der nicht von der Erhebung des Berges vollkommen überzeugt gewesen wäre.*« Doch konnte solch emotionaler Zustimmung keine Dauer beschieden sein.[38a]

Der Engländer G. POULETT-SCROPE, Kenner der Vulkangebiete Italiens und Zentralfrankreichs, LYELL-Anhänger und wegweisender Vulkanologe seiner Zeit (ZITTEL 1899), bestritt die Existenz von Erhebungskratern als selbständiges Phänomen oder als Vorstufe ausbrechender Vulkane.[39] Er rechnete zwar mit Rindenhebung und auch Lavaaufstieg durch Dampfdruck unterirdischen Glutflusses, aber auch damit, daß schon vorhandene Spalten der Lava nur den Weg wiesen, womit das Thema des Verhältnisses von Vulkanismus und Tektonik in die Wege geleitet war.

Doch ging das Für und Wider noch lange nebeneinander her. ELIE DE BEAUMONT[63] blieb fest bei der Vorstellung der Erhebungskrater, mußte aber erfahren, daß der von ihm selbst zum – höchst gefahrvoll verlaufenen – Studium des Santorin-Ausbruchs 1866 dorthin entsandte jüngere Kollege seines Instituts F. FOUQUÉ mit dem Ergebnis zurückkam, daß eine dabei aus dem Meer gestiegene Insel nicht durch Hebung, sondern durch Überquellen glühenden Magmas über den Meeresspiegel entstanden sei. FOUQUÉ selbst sprach von der ›Herzensangst‹, die ihn überkam, als er dem in seinen Vorstellungskreis gebannten, alternden DE BEAUMONT darüber berichtete (E. HAARMANN 1942).[39a]

Als man später die Zerbrechung der Erdrinde mit Hilfe der Kontraktionstheorie zu verstehen suchte, schien dem Vulkanismus nur noch eine rein passive Rolle zuzufallen. Dem widersprach jedoch wieder der Amerikaner G. K. GILBERT 1877, als er in den Henry Mountains im Gestein eingeschlossene Schmelzflußkammern mit aufgewölbtem Dach entdeckte, die er ›Lakkolithe‹ (Abb. 26) nannte.[40] Ob aber solche plutonische Raumschaffung allein der magmatischen Aktivität zuzuschreiben oder doch tektonisch vorbereitet war (E. SUESS), blieb noch lange umstritten (S. 126).

9.5 Goethe zwischen Neptunismus und Vulkanismus[41]

> *Der Mensch und sein Berg. Der Mensch und seine Berge. Blocksberg und Gickelhahn, Vesuv und Ätna, Schneekoppe und Kammerbühl, jeder hat sein wirkendes Geheimnis. Um den Kammerbühl führen Neptun und Pluto ihre uralten Kämpfe. Die letzte Entscheidung wird zwischen so gewaltigen Gottheiten nicht leicht errungen.*
>
> JOHANNES URZIDIL: Goethe in Böhmen.

Vesuv Als der junge GOETHE zuweilen mit VOIGT unterwegs war und dabei auf verbreitete Zeichen von basaltischem Vulkanismus stieß, sah er durchaus vorurteilsfrei und sprach sogar von der »*ungeheuren vulkanischen Wut ... des Erdstriches*« zwischen Eifel und Rhön. Auch bei seiner dreimaligen Vesuvbesteigung im Jahre 1787 ließ er das Erlebnis ohne weitere theoretische Überlegungen auf sich wirken. Es lohnt sich, in der ›Italienischen Reise‹ nachzulesen, wie er sich am 6. März mit dem Maler TISCHBEIN den Steilhang des Aschenkegels hinaufziehen ließ, während das Grollen der in regelmäßigen Pausen aus dem Krater erfolgenden Eruptionen und das Prasseln der ausgestoßenen Steine und Schlacken immer näher rückte, und wie er, eine Pause ausnützend, den Kraterrand erreichte, über dem gebannten Blick in den Qualm des »*ungeheuren Rachens*« den rechten Augenblick zur Umkehr versäumte, plötzlich im Donner der an ihm vorbeifliegenden »*furchtbaren Ladung*« stand, die Gefahr aber dann doch unversehrt überstand.

penbasalte Trotz solch doch recht dramatischen vulkanischen Erlebens wandte sich GOETHE in der Folgezeit WERNERS Neptunismus zu, der seiner aller Gewalt der Natur abgeneigten Seele näher zu liegen schien als eine vulkanistisch-plutonistische Erdbetrachtung. Wenn WERNER die Kuppenbasalte freilich als Reste einst weit ausgebreiteter, größtenteils zerstörter Basaltlager deutete (was sich später weitgehend bestätigt hat), sträubte sich

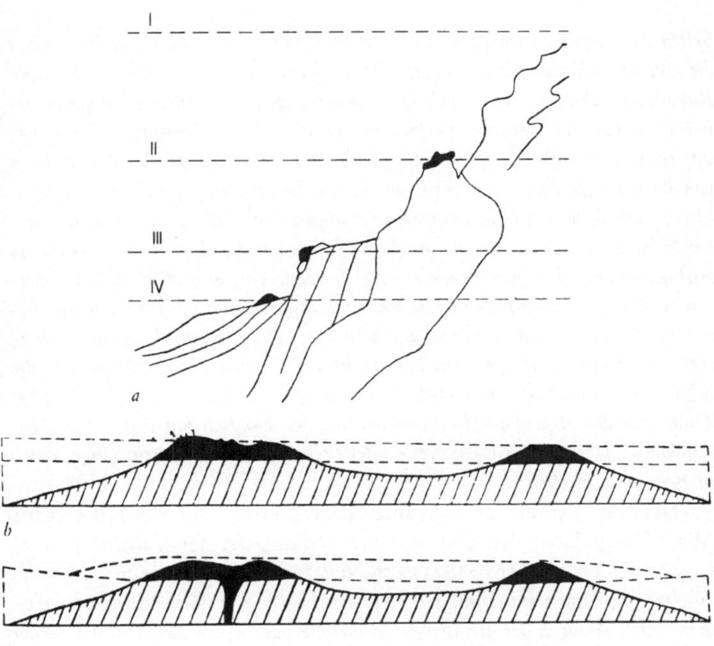

Abb. 10. *a* Skizze GOETHES über die Bildung von Basalt (›Trapp‹), der sich jeweils in Höhe des sinkenden Ozeanspiegels *(I–IV)* vorzugsweise auf Kuppen niedergeschlagen haben soll, während WERNER u.a. *b–c* schon richtig Reste ausgedehnter Basaltlager annahmen, die sie sich allerdings ebenfalls sedimentär entstanden dachten. (Aus GOETHE, Cotta-Gesamtausg. Bd 20, 1960; *b, c* aus WAGENBRETH 1955)

GOETHES Denken auch hier gegen Zerstörungen solchen Ausmaßes. Ihm galten vielmehr heute existierende meist für von jeher schon gegebene Formen, und so versuchte er in einer Skizze, die Basaltkuppen als lokalen Niederschlag auf schon im absinkenden Urmeer vorhandenen Kuppen zu deuten. (Abb. 10). WERNER hielt diese These, obwohl sie in seine Theorie eigentlich paßte, nach GOETHES eigenen Worten für »*Grillen*«, was die gegenseitige Sympathie indessen nicht störte.

GOETHE sah das geologische Geschehen also noch weit ruhiger und stetiger als WERNER. Als es nach dessen Tod um den Neptunismus dann still wurde, geriet er in Bedrängnis: »*Ich kann nicht aus meinem Neptunismus heraus*«, hatte er schon 1815 am Laacher See geäußert. 1823 bekennt er: »*Die Verlegenheit kann vielleicht nicht größer gedacht werden als die, in der sich gegenwärtig ein fünfzigjähriger Schüler und treuer Anhänger der sowohl gegründet scheinenden als über die ganze Welt verbreiteten WERNERischen Lehre finden muß, wenn er, aus seiner ruhigen Überzeugung aufgeschreckt, von allen*

Seiten das Gegenteil derselben zu vernehmen hat. Der Granit war ihm bisher die feste unerschütterte Basis, auf welcher die ganze bekannte Erdoberfläche ihren Ruhestand nahm; er suchte sich die Einlagerungen und Ausweichungen dieses wichtigen Gesteins deutlich zu machen; er schritt über Schiefer und Urkalk, unterwegs auch wohl Porphyr antreffend, zum Roten Sandstein und musterte von da manches Flöz zeitgemäß, wie es die Erscheinungen andeuten wollten. Und so wandelte er auf dem ehmals wasserbedeckten, nach und nach entwässerten Erdboden in folgerechter Beruhigung. Traf er auf die Gewalt der Vulkane, so erschienen ihm solche nur als noch immer fortdauernde, aber oberflächliche Spätlingswirkung der Natur. Nun aber scheint alles ganz anders herzugehen; er vernimmt: Schweden und Norwegen möchten sich wohl gelegentlich aus dem Meere eine gute Strecke emporgehoben haben; die ungarischen Bergwerke sollten ihre Schätze von untenauf einströmenden Wirkungen verdanken, und der Porphyr Tirols solle den Alpenkalk durchbrochen und den Dolomit mit sich in die Höhe genommen haben; Wirkungen freilich der tiefsten Vorzeit, die kein Auge jemals in Bewegung gesehen. ...«

GOETHE und
HUMBOLDT

Dennoch bemüht er sich unter dem Einfluß von A. v. HUMBOLDTS Abhandlung ›Über den Bau und die Wirkungsart der Vulkane in verschiedenen Erdstrichen‹ (1823) um Verständnis für die neue Richtung: *»Gelingt es, dann wird es mir nicht zur Beschämung, vielmehr zur Ehre gereichen, mein Absagen der alten, mein Annehmen der neuen Lehre in die Hände eines so trefflichen Mannes und geprüften Freundes niederzulegen«* (1823). Aber er kann im Gespräch später (1828) auch wieder sagen: *»Wenn* ALEXANDER VON HUMBOLDT *und die anderen Plutonisten mir's zu toll machen, werde ich sie schändlich blamieren; schon zimmere ich Xenien genug im stillen gegen sie; die Nachwelt soll wissen, daß doch wenigstens ein gescheiter Mann in unserem Zeitalter gelebt hat, der jene Absurditäten durchschaute.«*

GOETHES
Protest

In einer der »Zahmen Xenien« stehen in diesem Zusammenhang die bekannten Verse:

> *Kaum wendet der edle Werner den Rücken,*
> *Zerstört man das poseidaonische Reich;*
> *Wenn alle sich vor Hephästos* bücken,*
> *Ich kann es nicht sogleich ...*
> *Ursprünglich eignen Sinn*
> *Laß dir nicht rauben!*
> *Woran die Menge glaubt,*
> *Ist leicht zu glauben ...*

* *Gott des Feuers*

Er spricht auch von der *»vermaledeiten Polterkammer«* der Vulkanisten und den *»neuesten geologischen Theoristen, die ohne feuerspeiende Berge, Erdbeben, Kluftrisse, unterirdische Druck- und Quetschwerke* [er denkt hier wohl an Gebirgsfaltung], *Stürme und Sündfluten keine Welt zu erschaffen wissen«*, und er vergleicht sie mit den Mythen der Naturvölker, die mehr das Furchtbare als das Erfreuliche zum Inhalt haben.

In diesem manchmal sichtlich gequälten Ringen GOETHES zwischen _Kammerbühl_
alter und neuer Denkweise ist eine kleine Episode auf dem Kammerbühl
charakteristisch, einer kleinen Basaltkuppe in der flachen Tertiärlandschaft
bei Eger, die er von Karlsbad aus oft besuchte. Die dort auch von anderer
Seite schon Jahrzehnte zuvor aufgeworfene Frage ging darum, ob schlak-
kenartige Gesteinspartien und der ebenfalls schlackige Basalt nur von
brennenden Kohlenflözen in geringer Tiefe ›pseudovulkanistisch‹ ange-
sengt seien oder ob es sich um einen – durch eine Vertiefung in der
Kuppe noch kenntlichen – echt vulkanischen Kraterberg handle. (Wir
wissen heute, daß letzteres zutrifft.) GOETHE schwankte jahrelang zwischen beiden Deutungen: »_Denn wo ein bedeutendes Problem vorliegt, ist es
kein Wunder, wenn ein redlicher Forscher in seiner Meinung wechselt_« (1820).
Als er nun bei seinem letzten Besuch 1823 darüber an Ort und Stelle mit
»_einem jungen munteren Badegast_« in Diskussion geriet und dessen pseudo-
vulkanischer seine eigene, damals gerade vulkanische Deutung entgegen-
setzte (die Bescheidenheit der Erscheinung erleichterte es ihm, beeinflußt
übrigens von BERZELIUS,[42] hier einmal auf die vulkanistische Seite zu treten) berichtet er darüber:

> »_Und so standen wir gegeneinander durch ein doppeltes Problem geschieden,_ _Wunderliche_
> _durch Klüfte, die keiner zu überschreiten sich getraute, um zu dem andern zu_ _Worte_
> _gelangen; ich aber, nachdenklich, glaubte freilich einzusehen, daß es mehr_
> _Impuls als Nötigung sei,_ [er meint hier die Nötigung vom Objekt her] _die_
> _uns bestimmt, auf die eine oder die andere Seite hinzutreten._
>
> _Hierdurch mußte bei mir eine milde, gewissermaßen versatile Stimmung_
> _entstehen, welche das angenehme Gefühl gibt, uns zwischen zwei entgegenge-_
> _setzten Meinungen hin- und herzuwiegen und vielleicht bei keiner zu verhar-_
> _ren. Dadurch verdoppeln wir unsere Persönlichkeit_ ...«

Das sind wunderliche und doch charakteristische Worte des damals
74-Jährigen. Vielleicht werden wir, wenn wir einen literarisch-psycholo-
gischen Bezug herstellen wollen, an das Fernando-Syndrom in dem
janusgesichtigen Schauspiel ›Stella‹ seiner Jugendzeit erinnert. In der
weniger tragischen vulkanistisch-pseudovulkanistischen Doppelliebe hier
am Kammerbühl zerbricht GOETHE-Fernando jedoch nicht, sondern sucht
seine Persönlichkeit an dem Doppelaspekt der Natur sogar zu steigern,
wissend, daß es oft genug Sache des eigenen Impulses, der eigenen geistigen Konstitution ist, mit der wir die Antworten der Natur auf unsere Fragen von Fall zu Fall annehmen oder ablehnen.

Aus dem allen aber spricht sicher auch ein gutes Stück Resignation, _Resignation_
die Einsicht nämlich, daß er mit dem Fortschritt der Wissenschaft nicht
mehr mithalten könne und sich mit seinen Erfahrungen, seinem unter
anderen Auspizien erarbeiteten Weltbild zu begnügen habe – ein sich
hundertfach wiederholendes Altersschicksal. »_So nahm ich auf, was mir
gemäß war, lehnte ab, was mich störte, und da ich öffentlich zu lehren nicht_

nötig hatte, belehrt' ich mich auf meine eigene Weise, ohne mich nach irgend etwas Gegebenem oder Herkömmlichem zu richten.«

In seiner Dichtung hat GOETHE den Widerspruch seines Innern gern auf zwei Personen verteilt, wie auf Faust und Mephisto. In der Klassischen Walpurgisnacht des ›Faust II‹ läßt er sich die Philosophen THALES und ANAXAGORAS über die kühle Ruhe der aus Wasser und die Gewaltsamkeit der aus Feuer geborenen Natur unterhalten, wie der geneigte Leser dort selbst aufschlagen möge.

GOETHES geistige Welt bedurfte des Überschaubaren, Begreiflichen, ›Vernünftigen‹, wie es ihm der Neptunismus, einigermaßen wenigstens, bot. Er vermochte sich die Natur nicht anders denn als ruhig und aufbauend schaffende Macht zu denken, der er seinerseits allerdings gerade darin Gewalt antat, daß er ihrer wirklichen Gewalt mit zunehmendem Alter immer weniger gerecht zu werden wußte.

WAGENBRETH hat in einem Katalog der GOETHE-Zeichnungen darauf hingewiesen, daß manche seiner geologischen Skizzen eine Illustration der »so selten zeitgenössisch zeichnerisch dargestellten« Theorie des Neptunismus sind und somit »stellvertretend als originale Zeugnisse der Anschauung einer ganzen Geologengeneration oder -schule gelten können«. Die Skizzen lassen übrigens erkennen, daß GOETHE nicht nur einen Niederschlag geneigter Schichten aus dem Urmeer für möglich hielt, sondern – als Ankristallisation oder ›Seitenschlag‹ (S. 39) – auch senkrechter Lagen, wie das auch für DE SAUSSURE vor dessen Entdeckung des steilgestellten Konglomerats von Vallorcine (S. 75) galt.

Wir werden GOETHE als Geologen noch wiederholt zu erwähnen haben. Dabei soll es uns nicht darauf ankommen, ob er die geologische Erkenntnis da und dort fortschrittlich bereichert hat, die auch ohne ihn sicher keinen anderen Gang genommen hätte. Es ist vielmehr seine fast lebenslange, in zahlreichen Aufsätzen, Notizen und Briefstellen überlieferte intensive Teilnahme an dieser Wissenschaft, die uns fesselt und auch Licht auf ihr wesenhaftes Eigenverständnis zu werfen vermag.

Eine ebenso kritische wie unter dem Aspekt von GOETHES Künstlernatur auch würdigende Beleuchtung seiner naturwissenschaftlichen Studien verdanken wir KOHLBRUGGE (1913).[45]

Wie über GOETHE zwischen Neptunismus und Plutonismus, so ließe sich auch ein Kapitel über KANT zwischen WERNER, BUFFON und HUTTON schreiben. Wie WERNER nahm KANT Niederschlag aller Gesteine aus dem – anfangs heißen, Granit ausscheidenden – Urmeer an. Mit BUFFON teilte er die Meinung, daß die Gewässer des absinkenden Urmeers in der (noch weichen!) Erdoberfläche das Talrelief schufen, und mit HUTTON (S. 67) eines auf das menschliche Wohl bezogenen Erdgeschehens (E. ADICKES: Kants Ansichten über Geschichte und Bau der Erde. Tübingen 1911). Im freien Gedankenfluß großer Geister spiegeln sich die anderweitig begrenzteren und oft einseitigen Gedankenbahnen in vielfältiger Weise!

10 Kataklysmen- und Katastrophentheorien

> *Dennoch ward zu der Zeit die Welt mit der Sindfluth ver-*
> *derbet ... und wird kommen des Herrn Tag als ein Dieb in*
> *der Nacht, in welchem die Himmel zergehen werden mit*
> *großem Krachen, die Element aber werden von der Hitze*
> *schmelzen, und die Erde und die Werk, die drinnen sind,*
> *werden verbrennen.*
>
> 2. PETRUS-Brief, Vers 6 und 10.

Die Wurzeln der Katastrophentheorien liegen im Weltbild der Bibel, an das die Naturwissenschaften Jahrhunderte lang gebunden waren. Aber lesen nicht auch wir die Texte heute mit neuem Schaudern? Ist uns die Erfüllung der feurigen Zukunftsvision nicht erschreckend nahe gerückt, wenn der Mensch nicht »Buße tut«? Und rührt der uns seit Kindesbeinen vertraute, fast bilderbuchhafte Sintflutbericht nicht an eine unbekannte, schon frühe Bedrohung der Menschheit? Das im 1. Buch MOSE geschilderte Ereignis, auf das wir bereits in den Kapiteln 3 und 5 zu sprechen kamen, wird an seinem Beginn als Kataklysmus (griech. = Überschwemmung) dargestellt, an seinem Ende aber als ein eher ruhiges Sich-Verlaufen des Wassers. Anhaltspunkte für den geologischen Hintergrund der Sage sah man in früheren Jahrhunderten sowohl in der Aufschichtung, Zerreißung und Verbiegung (Abb. 11) der Gesteine als auch in den Fossilien, soweit man sie als organismische Reste zu deuten verstand. Noch

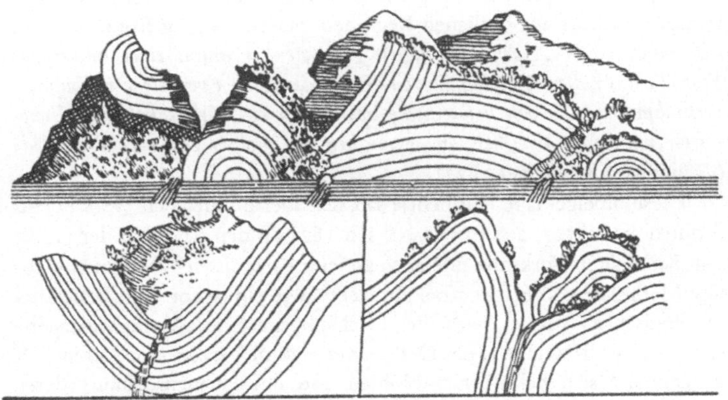

Abb. 11. Gebirgsfaltung am Vierwaldstätter See, von JOHANN SCHEUCHZER 1708 als Folge der Sintflut gedeutet. (Veröffentlicht von dem Bruder J. J. SCHEUCHZER und später von MORO [1740] als »Zeichen einer erschrecklichen unterirdischen Gewalt«)

VOLTAIRE[46] sah sich in seinem Bestreben, mit dem biblischen Weltbild auch den Sintflutbericht zu widerlegen, dazu veranlaßt, Versteinerungen auf hohen Bergen als Naturspiele oder von Pilgern hinterlassene Jakobsmuscheln zu erklären. Der Bericht gilt der verheerenden Steigerung der in der meernahen mesopotamischen Stromniederung vielfach erlebten Fehde zwischen Wasser und Land sowie zwischen Geschöpf und Schöpfer. Er zeigt damit einen Doppelaspekt, dessen natürlicher Seite sich auch die Geologie bis heute annehmen kann. EDUARD SUESS gab im 1. Band seines ›Antlitz der Erde‹ (1892) einen Deutungsversuch, der mit einem auf den Unterlauf von Euphrat und Tigris begrenzten, durch Erdbeben und einen Wirbelsturm verursachten Ereignis rechnet und unter leicht novellistischer Ausmalung auf Bau und Fahrt der Arche Noah unter Leitung eines vorsichtigen, gottesfürchtigen Mannes schließt. – M. PFANNENSTIEL hat in der Einleitung seiner Diluvialgeologie von Dardanellen, Marmarameer und Bosporus (1944) die griechischen Flutsagen dargestellt, von denen vor allem die Deukalionische Flut viel Ähnlichkeit mit der Sintflutsage hat, und dabei auch den denkbaren geologischen Hintergründen nachgespürt.[93b]

Deukalionische Flut

BUCKLAND J. BUCKLAND (1784–1856), anekdotenumrankter englischer Geologe und als Oxforder Professor zugleich dem geistlichen Stande angehörend, hatte – als einer der letzten Vertreter der Sintfluttheorie – zunächst alle Landformen und auch die Knochenlagerstätten innerhalb und außerhalb von Höhlen auf die Sintflut zurückgeführt. Er bezog sich dabei sogar auf Experimente eines A. CATCOTT (1761), der Wasser eines großen Glasbehälters durch Löcher der Wände abströmen und dabei auf seinem Boden gelagerte Sedimentschichten ausfurchen ließ! (DAVIES 1969). Auch die Knochen von Elephanten, Nashörnern und Flußpferden sollten auf Fluttransport weither aus südlichen Regionen weisen. Es ging BUCKLAND um *die durch größte Augenscheinlichkeit gestützte Erkenntnis einer universalen Flut, die uns hoffen läßt, daß die von großen Autoritäten vertretene Behauptung verstumme, die Geologie liefere keine Beweise für die Wirklichkeit eines Ereignisses, mit deren Wahrheit die mosaischen Berichte so eng verknüpft sind* (›Reliquiae Diluvianae‹ 1823).

Diese bibelgemäße Fluttheorie sah sich aber im gleichen Werk bereits dadurch erschüttert, daß BUCKLAND seit 1821 an den Knochen der Höhle von Kirkdale in Yorkshire und auch anderer europäischer Höhlen eindeutige Merkmale von Hyänenfraß entdeckte, wie ein (schon echt aktuopaläontologischer!) Vergleich mit der Fleckenhyäne einer Wandermenagerie ergab, der er dazu eigens ein Ochsenviertel zum Verzehr vorwerfen ließ. Es handelte sich bei solchen Höhlen also um Hyänenschlupfe, deren Bewohner das z. T. zerstückelte Aas der in der Umgebung – *in den vordiluvialen Wäldern von Yorkshire* – lebenden Tierwelt in ihre Behausung geschleppt hatten. Das Fehlen menschlicher Reste ließ dabei auf eine *schon*

56

vormenschliche Schöpfung und ihren Untergang schließen. Bei der biblischen Sintflut konnte es sich dann – entgegen dem Protest der Orthodoxie – nur noch um eine spätere, schon in die Zeit menschlicher Existenz fallende, *»vergleichsweise ruhige Überschwemmung«* gehandelt haben, welche die schon vorhandenen Täler erfüllte und den die Knochen umhüllenden Höhlenlehm ablagerte. *»Millionen und Abermillionen Jahre«*, so BUCKLAND, *»mögen von der ersten Schöpfung des Himmels und der Erde bis zu jenem Abend und Morgen des ersten Tages der mosaischen Schöpfungsgeschichte vergangen sein.«* Seine Frau Maria schrieb damals in einem Brief: *»Mein armer Mann – vor hundert Jahren hätte man ihn verbrannt!«*[47]

Es ist erstaunlich, wie sich in BUCKLANDS Denken zukunftsweisende paläobiologische, stratigraphische und glazialgeologische (S. 121) Studien mit schon weitgehend überwundenen Ansichten begegnen, vor allem seiner streng teleologischen Sicht, wenn er etwa die Falten und Verwerfungen der Kohlenflöze für eigens zum Zwecke der leichteren Zugänglichkeit durch den Bergbau geschaffen hielt. Von 1845 bis zu seinem Tode 1856 widmete er sich, naturwissenschaftlich wohl etwas resigniert, aber hoch angesehen, als Dekan von Westminster ganz dem geistlichen Beruf.

Der französische Geologe D. DE DOLOMIEU,[48] dessen Lebensschicksal von schweren Schatten verdunkelt war, hinterließ uns nicht nur eine von Ordnungssinn zeugende Mineraliensystematik, sondern auch das auf einen Feuerkopf weisende Paradebeispiel katastrophistischen Denkens: *»Ich schreibe die Bildung unserer Gebirgslager nicht dem ruhig in seinen Behältnissen ... verweilenden Meere zu, sondern seinen Wassern im Zustande der heftigsten Bewegung, die möglich ist. Nicht durch schwache Ströme lasse ich unsere Täler entstehen, sondern durch die ganze Kraft, die das Wasser aus der Vereinigung des Gewichtes einer sehr großen Masse mit einem jähen Falle erhalten kann. Ich lasse die Muscheln des Meeres nicht auf Berggipfeln leben, sondern aus seiner größten Tiefe hinaufschleudern. Ich nehme meine Zuflucht nicht zu ruhig vor sich gehenden Veränderungen, um die Produkte des Ozeans mit denen der Erde zu vermischen, sondern lasse hierzu eine solche Unordnung entstehen, daß die unähnlichsten und verschiedenartigsten, die leichtesten und die schwersten Stoffe durcheinander zu liegen kommen. Nicht die Zeit nehme ich zu Hilfe, sondern die Kraft. ...*

Wenn der Naturforscher sich überzeugt hat, daß der Grund von allem, was er sieht, nicht in dem gewöhnlichen Gange der Begebenheiten liegt, so wird er berechtigt sein, ihn in einem davon verschiedenen Gange zu suchen. Bis zu den Ursachen freilich will ich mich nicht erheben.« (1791)[48]

Halten wir DE DOLOMIEUS Eindruck von der Natur eine GOETHESCHE Äußerung entgegen: *»Merkwürdiger ist nichts in der Welt der Meinung, als daß man, um Phänomene zu erklären, die gewaltsamsten Mittel zu Hülfe ruft, anstatt daß man bei ruhiger Umsicht das nächste Natürliche bei der Hand gehabt hätte«* (1823).[49]

57

Auch die um den Beginn des letzten Jahrhundertviertels – nach HOOKES Vorgängerschaft um 1700 – erstmals wieder formulierte Einsicht, daß die Erde einst mit Lebewesen anderer Art bevölkert war, ließ sich so oder so deuten. G. SOULAVIE registrierte nur (S. 169), L. DE BUFFON (1778) ließ Ammoniten, Belemniten und Nummuliten infolge der Abkühlung des Urmeers erlöschen. Für den Göttinger Naturforscher J. F. BLUMENBACH (1752–1840) dagegen schien das Übereinander verschiedener Versteinerungen in den Gebirgsformationen am leichtesten mit Untergang und Neuerschaffung von Faunen und Floren durch katastrophale Ereignisse erklärbar zu sein. In seinem ›Handbuch der Naturgeschichte‹ (1782) gelangt er zunächst zu der katastrophistischen Hypothese mindestens *eines* von der Erde schon einmal erlebten Jüngsten Tages, dem sie ihre jetzige Gestalt zu verdanken habe: »*Diese große Katastrophe ist wohl bloß durch unterirdisches Feuer bewirkt worden, das vermutlich den Boden des Meeres hoch in die Höhe getrieben, mithin das trockene Land mit einem Mal überschwemmen müssen ... wodurch die nun außer ihr Element versetzten Wassertiere im Vertrocknen umgekommen sind. Daher also die Menge ... der versteinerten und noch nie in der heutigen Natur entdeckten und schwerlich je zu entdeckenden Conchylien usw. auf hohen Bergen, die nur wie Blasen im Brot durch innere Glut emporgehoben wurden. An tausend Stellen aber ist das Feuer durch die Rinde der Erde durchgebrochen, daher die unzähligen ausgebrannten Vulkane, die in neueren Zeiten erst wieder dafür erkannt worden sind, und deren man allein von Göttingen bis zum Ufer des Rheins auf 50 bemerkt hat. Vielleicht daß auch der Granit durch diese große Katastrophe sein jetziges Aussehen erhalten hat.*« All das – Petrefakten, ausgebrannte Vulkane, Basaltsäulen, Gebirge, Granit – erscheinen so nur *als Ruinen einer präadamitischen Erde*, ehe der Schöpfer sie entsprechend der mosaischen Schöpfungsgeschichte *mit den gegenwärtigen Geschöpfen neu belebt hat.*

Später rechnete BLUMENBACH mit einer Reihe katastrophaler Phasen. Genaues Studium der Petrefakten, schreibt er, ist »*eins der wichtigsten Hilfsmittel für die ganze Geognosie ..., da es z. B. über die genau zu unterscheidenden Verschiedenheiten der successiven Erdkatastrophen, das relative Alter der Gebirgsarten und über die Entstehungsart mancher Flözgebirgsarten die lehrreichsten Aufschlüsse gibt.*«

Auch G. CUVIER schloß aus dem mehrfachen Wechsel von Meeres- und Landtieren in den tertiären Ablagerungen rings um Paris auf wiederholte, die Faunen vernichtende Überflutungskatastrophen.[50] Er hielt sie allerdings, entgegen verbreiteter Meinung, nicht für weltweit, sodaß die Möglichkeit der Zuwanderung fremder Faunen offenblieb, also nicht jedesmalige Neuschöpfung erforderlich schien. Eine letzte Katastrophe vermutete er zu der Zeit, als schon der Mensch lebte, vor *nicht viel über 5 bis 6000 Jahren* (1828; vgl. BUCKLAND 1823).

58

Abb. 12. GEORGES CUVIER (1769–1832) Skizze nach einer Lithographie

Und weiter: »*Man glaubte lange, mit den gegenwärtigen Ursachen die einstigen Umwälzungen erklären zu können, gleich wie man in der politischen Geschichte die vormaligen Ereignisse leicht erklärt, wenn man mit den Leidenschaften und Triebkräften der Gegenwart vertraut ist. Wir werden indes bald sehen, daß das für die physische Geschichte leider nicht zutrifft; der Faden erscheint zerrissen, der Gang der Natur verändert, und keine der Kräfte, deren sie sich heutzutage bedient, würde zugereicht haben, die einstigen Wirkungen hervorzubringen.*«

Vulkanisches
Salz

Selbst Salz- und Gipslager galten manchen Geognosten jener Zeit als vulkanisch gefördertes Material, so F. v. ALBERTI, dem hochverdienten Ersterforscher der von ihm so benannten Trias und ihrer württembergischen Salzlager. Er schreibt (1834): »*Nachdem der Sturm* [der Salzeruptionen im Mittleren Muschelkalk] *zum Schweigen kam, glättete sich die Flut. Der herrlich gestaltete Encrinus liliiformis entfaltete die zehnstrahlige Lilie. Millionen dieser merkwürdigen Geschöpfe nisteten auf dem Grunde des Meeres und bildeten durch die Masse ihrer Stiele und Wurzeln mächtige Schichtenreihen.*«[51] (Vgl. S. 132)

Der französische Stratigraph und Paläontologe A. D'ORBIGNY, der wertvolle Werke über die Gliederung der Erdgeschichte auf paläontologischer Grundlage schrieb, rechnete 1849 mit nicht weniger als 28 erdweiten, die jeweilige Fauna und Flora vernichtenden Umwälzungen und anschließender Neuschöpfung (vgl. S. 170).[52]

Aktualistischer
Katastrophis
mus

Reine Katastrophisten sind nur die allein mit Kometen und ähnlichem agierenden Kosmogonisten und die Anhänger der Lehre von der Sintflut als einziger Ursache der heutigen Formen der Erdoberfläche. Für die Anhänger einer stärker historisch gesehenen Katastrophentheorie – mit der Annahme einer Anzahl von Katastrophen also – bleibt in den

59

langfristigen Pausen zwischen den kurzfristigen Katastrophen für aktualistische, dem gegenwärtigen Geschehen entsprechende Vorgänge umso mehr Zeit, je länger die Gesamtspanne der Erdgeschichte angesetzt wird.

Aber wir müssen noch weiter differenzieren: Für Katastrophisten wie DE DOLOMIEU und CUVIER sind die Ursachen vorzeitlicher Katastrophen von ganz anderer Natur als die heute wirkenden Kräfte. Für J. HUTTON (S. 63) handelt es sich dagegen um ein in seiner Intensität an- und abschwellendes, für E. DE BEAUMONT (S. 80) um ein durch Revolutionen unterbrochenes Geschehen, das nicht prinzipiell aus dem Rahmen der heutigen Natur fällt, sodaß die Gegenwart dem Gesamtablauf völlig einbeschlossen erscheint, ohne daß ein aktualistisch-anaktualistischer Gegensatz bestünde. HOOYKAAS (1970) unterscheidet deshalb einen nichtaktualistischen von einem aktualistischen Katastrophismus, welch letzteren CUVIER abgelehnt hat.

Das Wort Katastrophentheorie verdeckt die vielen Fäden, die auch diese mit dem Aktualismus verknüpfen. Es ist wie in der Menschheitsgeschichte, gemäß einem Wort der Historikerin B. TUCHMANN[52a]: »Das Unglück und der Schrecken können aber wohl kaum so verbreitet gewesen sein, wie es nach der Überlieferung scheinen mag. Denn nur diese läßt sie so allgegenwärtig erscheinen. Dabei ist anzunehmen, daß sie zeitlich und räumlich nur sporadisch auftraten. Die Beharrungskräfte des Normalen sind eben doch größer als die Wirkung von Störungen ...« (die auch in der Presse unserer Zeit ein zum Überwiegen des Katastrophalen hin verzerrtes Bild ergeben).

Seit der Mitte unseres Jahrhunderts wird nach der zuvor schon fast für selbstverständlich gehaltenen Anwendung des aktualistischen Prinzips wieder viel über den Einfluß weltweit wirksamer Katastrophen auf den Gang der Erdgeschichte diskutiert (›Neokatastrophismus‹). Dazu trugen die bekannterwerdenden Gefahren der kosmischen Strahlung, verstärkt etwa durch eine Supernova, und die zunehmende Entdeckung irdischer Krater bei, die durch kosmische Projektile (Meteorite, Asteroide, Kometen) entstanden. C. H. UREY (1973)[52b] suchte die gesamte lebensgeschichtliche Gliederung auf Großereignisse solcher Art zurückzuführen, welche Wasser und Luft z. B. durch Cyanide aus Kometen vergiftet, plötzlich aufgewärmt und sodann durch Staubverfinsterung der Atmosphäre lebensfeindlich abgekühlt hätten. Schwermetall-Anreicherungen, z. B. von Iridium, an der viel diskutierten Kreide/Tertiär-Grenze, mehrten die Anhänger dieser Hypothese. Soviel aber auch für sie spricht, soviel spricht auch dagegen. Iridium muß nicht aus Kometen, kann auch aus dem Erdmantel stammen. Der Untergang mancher der zu Ende der Tertiärzeit aussterbenden Organismengruppen, z. B. der Ammoniten, zeigt sich durch allmähliche Abnahme schon lange vorher vorbereitet. Die seltsamen Rudisten-Muscheln und die Dinosaurier, bei deren letzten Vertretern sich Anomalien der Eischalen-Bildung erkennen ließen (ERBEN 1970)[52c] scheint der Untergang allerdings plötzlicher getroffen zu haben. Ange-

60

sichts der Vielzahl der für ein Aussterben meistens verantwortlichen Faktoren bedarf es noch weiterer Erforschung dieses interessanten, aber schwierigen Fragenkreises. Daß dieser ›Neokatastrophismus‹ mit naturgesetzlichen, auch in der Gegenwart jederzeit möglichen, also keineswegs grundsätzlich anaktualistischen Vorgängen rechnet, braucht nicht besonders betont zu werden.

11 Aktualistische Erdgeschichte

Die Zeit, die so enge Grenzen für uns hat, hat keine für die Natur.

J. F. D'AUBUISSON 1821.

11.1 HUTTONS Theorie der Erde

Unter der Sonne geschieht nichts Neues.
Prediger SALOMO 1. Kapitel, Vers 9

JAMES HUTTON (1726–1797, Edinburgh) schlug mit dem Studium der Chemie und Anatomie den Weg des Mediziners ein, wandte sich dann aber – zunächst in Südengland – der landwirtschaftlichen Ausbildung zu, wobei ihn dort zugleich die fossilführenden Meeresablagerungen zu fesseln begannen. Von 1754 bis 1768 führte er eine Farm in Südostschottland und lebte später als unabhängiger, eheloser Gelehrter in Edinburgh. Mit seiner geologischen Theorie suchte er sich Fragen zu beantworten, die seiner deistischen Weltanschauung entsprangen. Die Erde galt ihm als des Menschen Heimstatt, die nach einem vorgegebenen göttlichen Plan ohne weitere übernatürliche Eingriffe auf Selbsterhaltung angelegt sei. Dabei bereitete auch ihm noch, zumal als Landwirt, das schon erwähnte Denudations-Dilemma Schwierigkeiten: Einerseits Bodenbildung durch Verwitterung, andererseits aber immer weiteres Umsichgreifen nackten Felsgrundes und Abschwemmung fruchtbaren Landes ins Meer. Das konnte nur Sinn haben, wenn die Erde solchen Schaden selbst zu reparieren vermochte, das ins Meer transportierte Material also in einem Kreislauf erneut der Bodenbildung zugeführt wurde, wozu es der Verfestigung des abgelagerten Materials zu Gestein, der Hebung des Meeresbodens zu Land und dessen erneuter Verwitterung und Abtragung bedurfte.

Diesem Postulat entsprachen

1. versteinerte Meerestiere in den meisten Sedimenten;
2. Übergänge nichtkristalliner in kristalline Gesteine, die auch letztere als ursprünglich sedimentäre Ablagerungen auf dem Meeresgrund (also eigentlich neptunistisch!) deuten ließen;
3. Granit- und Basaltgänge als offensichtliche Injektionen von Glutfluß aus der Tiefe (Abb. 13); und
4. Diskordanzen, die gestörtes liegendes von ungestörtem hangenden Gestein trennen. (Abb. 15).

Glutfluß aus der Tiefe unter dem Meeresboden verbuk, faltete und hob demnach, selbst aufsteigend, die dort abgelagerten Sedimente zu

62

Abb. 13. Gefaltete Sedimentgneise, von hellen Granitadern durchschwärmt, am Cape Wrath, NW-Schottland. (Zeichnung nach J. MACCULLOCH: ›The Western Islands of Scotland‹ 1819)

gebirgigen Kontinenten. Die einebnende Abtragung und die küstenzerstörende Brandung gaben sie, verbunden mit einem die Meeresbodenhebung ausgleichenden Absacken, dem Meer wieder zurück: ein zyklisches Widerspiel also erdinnerer und erdäußerer Kräfte in endlosem Wechsel des irdischen Geschehens in endloser Zeit, wobei die vulkanische Hebung zwar mit regionalen Konvulsionen, nicht aber erdweiten Katastrophen verknüpft war.

Bei immerwährend gleichem Kreislauf genügt aber das Studium der gegenwärtigen Dinge, um auf das zu schließen, was gewesen ist und was sein wird, wie HUTTON schon im ersten Teil der Erstfassung seiner ›Theory of the Earth‹ (1785, erschienen 1788) feststellt. Sie schließt mit dem berühmten Satz, »... *that we find no vestige of a beginning, – no prospect of an end*« (keine Spur eines Anfangs, kein Anzeichen eines Endes). HUTTON (Abb. 12, 14) unterließ also die Frage nach einem naturwissenschaftlich s. E. nicht faßbaren Beginn und Ende des irdischen Geschehens, wies aber auch den Vorwurf zurück, er mißbrauche den Begriff der Ewigkeit, der für ihn eine naturwissenschaftlich unfaßbare andere Dimension besaß. Im irdischen Geschehen aber gab es für HUTTON einfach alles schon immer. Kalkstein z. B. entstand von jeher aus Trümmern schon vorhandenen Kalksteins oder aus kalkigen Tierskeletten. Nach der erstmaligen Entstehung von Kalkstein, etwa aus dem Kalkgehalt des Urgesteins, fragte HUTTON so wenig wie bei organischem Kalk. Hielt er doch auch das Leben für schon immer gegeben und mit seinen kalkigen Skeletten in den immerwährenden Kreislauf einbeschlossen (Uniformismus, s. u.). HUTTONS Theorie unterscheidet sich von MOROS vulkanistischen Zyklen dadurch, daß sich bei diesem die Umbrüche von Meer zu Land katastro-

Kein Anfang,
kein Ende

Leben schon
immer

Abb. 14. JAMES HUTTON vor den Gesichtern (lat. facies) des Gesteins. Der Karikaturist JOHN KAY (Edinburgh 1787) nahm hier den späteren Faziesbegriff visionär vorweg, aber noch nicht in dem von GRESSLY auf die horizontale Veränderung von Schichtgesteinen bezogenen Sinn. (Nach einer Lithographie in J.KAYS Portraits Edinburgh 1837.)[53b]

phaler vollziehen. Von der eigentlichen Katastrophentheorie trennt beide die Annahme eines auch gegenwärtig und zukünftig weitergehenden länderschaffenden zyklischen Geschehens.

Maschine oder Organismus Erde

Die Erde ist demnach eine weise Konstruktion, die ihr widerfahrene Beschädigungen zu beheben vermag, vergleichbar einer sich selbst in Gang haltenden Maschine – HUTTON war mit WATT, dem Erfinder der Dampfmaschine, befreundet – oder mit einem anderen von HUTTON ebenfalls gebrauchten Bild: ein mit Kräften der Selbsterhaltung ausgestatteter Organismus, wie er ihn in seiner Leydener medizinischen Dissertation 36 Jahre zuvor für den menschlichen Körper mit seiner Blutzirkulation beschrieben hatte und wie es der mittelalterlichen Lehre vom Makro- und dem (menschlichen) Mikrokosmos entsprach. (ELLENBERGER 1973).

Heilsplan

Der Endzweck der in diesen Plan eingebauten Denudation ist nicht Vernichtung, sondern Heil; sie ist in HUTTONS lebensbejahenden Deismus eingefangen. Er selbst hat dieses Ziel seines Forschens klar umrissen:

64

»Was ist der Zweck dieser allgemeinen Landzerstörung? Soll sie das System der lebendigen Welt vernichten, oder aber dieses System in Gang halten, das in anderer Sicht mit so viel Weisheit ausgedacht erscheint? Hier liegen die Fragen, die eine Theorie der Erde zu lösen hat ... Meine Theorie will zeigen, daß dieser Zerfall der festen Erde ihrer Erhaltung als Ort des Lebens aufs vollkommenste dient.«

HUTTONS geologische Veröffentlichungen (1785–1795; er hat auch Diskordanz auf anderen Gebieten einschließlich metaphysischer Themen publiziert) stehen also unter einem stark deduktiven Vorzeichen. Als Zeugnisse für die intrusive Natur magmatischer Gänge (Granit und Basalt) hatte er bis zur ersten Veröffentlichung seiner geologischen Ideen nur einen Bericht von anderer Seite und ein Handstück zur Verfügung, und auch die diskordante Lagerung hatte er zunächst nur postuliert (1788, S.255). Doch bestätigten sich seine Erwartungen auf Exkursionen bald glänzend. Noch im Jahr 1785 bekam er im Glen Tilt bei Aberdeen Adern roten Granits in von ihnen durchbrochenen kristallinen Schiefern zu Gesicht. Der Edinburgher Mathematiker J. PLAYFAIR, der durch HUTTON zum Geologen wurde, erzählt, daß dessen Freude und Begeisterung dabei so groß Begeisterung
HUTTONS war, als hätte er Adern von Silber oder Gold gefunden. War doch damit bewiesen, daß Granit nicht das Älteste, sondern in noch älteres Gestein emporgedrungener Glutfluß war. Das Erlebnis der Entdeckung einer Diskordanz (Oldred-Sandstein über steilgestelltem Silur) am Siccar Point (Abb. 15) an der schottischen Südostküste 1788 schildert PLAYFAIR so: *»Wir hatten eine der außerordentlichsten und wichtigsten Tatsachen der Naturgeschichte handgreiflich vor Augen. Sie bestätigte die zwar wahrscheinlichen, aber noch nie durch das Zeugnis der Sinne gesicherten Spekulationen. Wir hätten von der unabhängigen Bildung der hier übereinanderliegenden Formationen nicht einmal dann einen klareren Eindruck erhalten können, wenn wir bei ihrem Aufsteigen aus dem Meeresgrund selbst dabeigewesen wären. Wir fühlten uns in* ›Abyssus der
Zeit‹ *die Zeit zurückversetzt, in der der Schiefer, auf dem wir standen, noch Meeresgrund war und sich der Sandstein vor uns soeben darauf abzulagern begann. ... Eine Epoche weiter zurück sahen wir den jetzt vertikal stehenden Schiefer in noch horizontaler Lage am Meeresboden, ehe er durch jene unermeßliche, die Rinde des Erdballs sprengende Kraft aufgerichtet wurde. Ja uns erschienen in so außerordentlicher Perspektive noch weit frühere Revolutionen. Uns schwindelte beim Blick in den Abyssus der Zeit.«*

Auch heute noch kann der Besucher dieses einsam gelegenen Küstenaufschlusses von rotem über schwärzlichem Gestein zwischen blauem Meer und grünem Wiesenhang den ersten Eindruck voll nacherleben.

Ein anderer Begleiter dieser Exkursionen war der Maler Sir J. CLERK, der das Gesehene in anschaulichen Skizzen festhielt. Es bleibt merkwürdig, daß keine dieser Illustrationen in das große Werk ›Theory of the Earth‹ (1795) einging. HUTTON behielt sie einem dritten Band vor, der

65

Abb. 15. Die Diskordanz am Siccar Point (südostschottische Küste). Devonischer Alter roter Sandstein auf steilgestelltem Silur. (Skizze nach Photographie in ›Edinburgh Geology. An Excursion Guide‹, 1960) – *Unten links* Skizze aus Lyells ›Geologie‹ (deutsch 1857)

aber erst mehr als ein Jahrhundert später, 1899, als Torso erscheinen konnte, – und zwar ohne Clerks Zeichnungen, die erst 1968 wiederentdeckt wurden. (Craig 1978)[53]

Playfairs
IllustrationsHuttons Werk fand nur wenige Leser und wurde erst durch Playfairs ›Illustrations of the Huttonian Theory‹ (1802) [›Illustrations‹ hier = Erläuterungen] bekannter.[53] Im Vorwort heißt es: »*Unter den physikalischen Wissenschaften ist diese [von der Erde] die schwierigste. Bei keiner anderen ist der Gegenstand so komplex, sind die Erscheinungen so außerordentlich verschiedenartig, treten so weit zerstreut auf und bei keiner liegen die verursachenden Faktoren so weit außerhalb des Bereichs der gewöhnlichen Beobachtung. Der hier vorgelegte Versuch einer Theorie der Erde ist von sehr moderner Art, und wie die Astronomie entsprechend der Einfachheit ihres Gegenstandes die älteste der Wissenschaften ist, so die Geologie in Ansehung der Komplexität ihres Gegenstandes die jüngste.*« Das ist zwar eine vergangene Wertung. Sie kennzeichnet aber das vor der Aufteilung in Einzeldisziplinen nicht zu bewältigende Geflecht erdwissenschaftlicher Probleme und zugleich das Selbstbewußtsein einer Wissenschaft, die soeben im Begriffe war, sich aus der Spekulation zu erheben – gerade auch durch Playfair, der Huttons deistisch-metaphysischen Aspekt aus den ›Illustrations‹ ausklammerte und

66

sie damit auf die rein naturwissenschaftliche Thematik beschränkte. Das Schlußkapitel betont, daß »Theorie und Beobachtung stets Hand in Hand arbeiten müssen«, wobei es immer noch besser sei, über Fakten ohne Theorie zu verfügen, als über eine Theorie ohne Fakten.

HUTTONS Stellung in der Geologie seiner Zeit umreißt PLAYFAIR[53] folgendermaßen: »*Die Systeme des Mineralreichs werden gewöhnlich auf zwei Klassen reduziert, nämlich die Erklärung der Gesteine durch Feuer oder durch Wasser. Ihre Anhänger werden neuerdings phantastischerweise Vulkanisten* [hier = Plutonisten!] *und Neptunisten genannt. Dr.* HUTTON *gehört weit mehr zu den ersteren als den letzteren. Da er aber sein System sowohl auf die Tätigkeit des Feuers als auch des Wassers stützt, kann er gerechterweise keiner Seite allein zugeordnet werden.*«

HUTTON gilt, zumal dank PLAYFAIRS ›Illustrations‹, vielen als der Begründer der modernen Geologie (GEIKIE 1897; BAILEY 1967). Erkannte er doch die ›plutonische‹ Natur von Intrusivgängen, Diskordanzen, die Gesteinsumwandlung (›consolidation‹, von LYELL später Metamorphose genannt) sowie endlose Zeiträume als Grundlage geologischen Denkens. Darin sowie in der später ›Uniformi(tariani)smus‹ genannten Theorie des geologischen Zyklus hatte er jedoch – worauf BLEI (1977)[53a] hinwies – einen Vorgänger in dem naturwissenschaftlich fast unbegreiflich vielseitigen KANT. In dessen ›Allgemeiner Naturgeschichte und Theorie des Himmels‹ (1755) heißt es, daß sich »in Millionen Jahrhunderten ... immer neue Welten und Weltordnungen nacheinander bilden«, und dann, auf die Erde bezogen: »Beträchtliche Stücke des Erdbodens, den wir bewohnen, werden wiederum in dem Meer begraben ... aber an andern Orten ergänzet die Natur den Mangel und bringet andere Gegenden hervor, die in der Tiefe des Wassers verborgen waren ... um neue Reichtümer ihrer Furchtbarkeit über dieselben auszubreiten.« Ob diese erstaunliche Übereinstimmung mit HUTTONS Theorie ein Hinweis auf dessen KANT-Lektüre ist, wissen wir nicht. Sollte das zutreffen, so gelang es doch erst ihm, durch Postulierung und Entdeckung der Diskordanzen Belege dafür beizubringen.

Auch in der richtigen Wertung erdäußerer Kräfte hatte HUTTON Vorgänger, so GAUTIER s.S. 30) und den Engländer BOURNE. Stratigraphie lag HUTTON fern, und auch Fossilien hat er nur ganz allgemein als Zeugen einstiger Meere an Stelle heutiger Länder gewertet.

Harte Kritik widerfuhr HUTTON schon zu Lebzeiten von neptunistischer Seite sowie von der Kirche, die sich im Widerstand gegen die französische Revolution auf die biblische Orthodoxie zurückzog und in dem historisch-gerichteten neptunistischen Erdbild größere Bibelnähe sah. Auch hatte dort die Sintflut Platz, was bei HUTTON nicht der Fall war. Dem irischen Neptunisten R. KIRWAN erschien die Zyklentheorie als »*ein Abyssus, vor dem die Vernunft zurückbebt*«. Man warf HUTTON, unbesehen seiner deistischen Frömmigkeit, gar Atheismus vor, und J. WILLIAMS, Mineraloge und Steinkohlengeologe, sah eine Natur ohne ständiges Eingreifen Gottes in anarchischer Bedrohung, während HUTTON gerade umgekehrt sein auf einer vorgegebenen Ordnung beruhendes System den Katastrophentheorien gegenüberstellte, in denen ihn solche Ordnung durch übernatürliche Eingriffe aufgehoben dünkte.

Der alte HUTTON   Die Persönlichkeit des alternden HUTTON, dessen Haushalt seine drei Schwestern führten, scheint nicht ganz ohne Skurrilität gewesen zu sein. In seinem Edinburgher Gelehrtenkreis war er aber ein geist- und auch humorvoller Partner vielseitiger ernster und heiterer Gespräche (PLAYFAIR).

11.2   Zeiten statt Kräfte – VON HOFF und LYELL

> ... *Fragte noch: »Hat er was rausgekriegt?« Sprach der Knabe: »Daß das weiche Wasser in Bewegung mit der Zeit den mächtigen Stein besiegt.«*
>
> BERT BRECHT: Legende.

Aktualismus   Im Unterschied zum Uniformismus (engl. ›uniformitarianism‹) gilt der – in Deutschland übrigens auch für jenen gebrauchte – Begriff des Aktualismus einem weniger anspruchsvollen Prinzip bzw. der, von jeher übrigens, naheliegenden Methode, Vergangenes aus den noch heute zu beobachtenden Vorgängen zu erschließen. Dazu gehören neben Erdbeben und Vulkanausbrüchen, in denen sich plötzliche Naturgewalten äußern, vor allem auch *»die weniger zur Beobachtung sich aufdringenden stillern, langsamern, in einem ununterbrochenen Kreislaufe fortwirkenden Veränderungsmittel* TREBRA   *[z. B.] der alles durchdringenden Feuchtigkeiten ...«* (TREBRA 1785). Dabei kann der Schein trügen. *»So ein Berg«*, schreibt der Freiberger Professor J. F. W. v. CHARPENTIER über die granitischen Blockhalden im Riesengebirge, *»hat durchaus das Ansehen eines großen aufgestürzten Steinhaufens, in welchem die Steine nach allen möglichen Richtungen unordentlich auf- und untereinander geworfen liegen ... Wer gewaltsame Revolutionen liebt, ist freilich mit der Antwort bald fertig ... Mir scheinet es jedoch, daß man die Erklärung dieser eigenen Erscheinung in dem allenthalben langsamen Gange der Natur finden könnte«* und vermutet sie in Nebelwolken, Regengüssen und Schnee.[54]

GOETHE   Auch GOETHE schreibt 1820 über die Luisenburg im Fichtelgebirge, es sei *»niemandem zu verargen, der, um sich diese Erstaunen, Schrecken und Graun erregenden chaotischen Zustände zu erklären, Fluten und Wolkenbrüche, Sturm und Erdbeben, Vulkane und was nur sonst die Natur gewaltsam aufregen mag, hier zu Hülfe ruft. Bei näherer Betrachtung jedoch und bei gründlicher Kenntnis dessen, was die Natur, ruhig und langsam wirkend, auch wohl Außerordentliches vermag, bot sich uns eine Auflösung dieses Rätsels dar, welche wir gegenwärtig mitzuteilen gedenken ...«*

v. HOFF   Das erste, ausschließlich dem aktualistischen Prinzip geltende Werk stammt aber von C. E. A. VON HOFF (Abb. 16), dem herzoglichen Beamten

Abb. 16. Drei Begründer des Aktualismus. James Hutton (1726–1797), Karl Ernst Adolf von Hoff (1771–1837) und Charles Lyell (1797–1875). von Hoffs Porträt aus der Einladungskarte zur Gedächtnisausstellung in Gotha 1987; die beiden Skizzen aus Geotimes 1976

am Hof von Gotha mit geologischen Interessen, der schon 1814 über die klastischen Gesteine des Rot- oder »Todtliegenden« im Thüringer Wald geschrieben hatte: »*Um die Bildung des Todtliegenden und die Einmengung der Trümmer in dasselbe zu erklären, dürfte man weniger zu großen Kräften als zu großen Zeiten seine Zuflucht zu nehmen haben … Die Zeit hinter uns ist so endlos als die vor uns, aber die größten Naturkräfte sind doch in Regeln und Gesetze gezwängt. Gewiß gilt in der Geologie gar sehr das: gutta cavat lapidem non vi sed saepe cadendo*« (Ovid: steter Tropfen höhlt den Stein).[55] So fühlte von Hoff in sich die Eignung, sich um 1820 an die Bearbeitung einer von J. F. Blumenbach formulierten Preisfrage der Königlichen Gesellschaft der Wissenschaften zu wagen, nach welcher die historisch nachweisbaren Veränderungen der Erdoberfläche und die Anwendung untersucht werden sollten, »*welche man von ihrer Kunde bei Erforschung der Erdrevolutionen, die außer dem Gebiete der Geschichte liegen, machen kann*«. Die Formulierung zeigt, daß Blumenbach vom Katastrophismus herkommt, das Verhältnis gegenwärtiger und einstiger Ursachen dabei aber offen läßt. Von Hoff sah in der Fragestellung eine Gelegenheit, seine Annahme zu verfolgen, daß allein die Summation der heute wirkenden Naturkräfte in langen Zeiten hingereicht haben könnte, die »*äußeren Formen der Erdoberfläche und einen bedeutenden Teil der die oberste Rinde bildenden Massen so hervorzubringen, wie man sie jetzt findet.*«

Von Hoffs auf umfangreichen historischen Studien beruhende ›Geschichte der durch Überlieferungen nachgewiesenen natürlichen Ver-

69

änderungen der Erdoberfläche‹ (3 Bände 1822–1834, 4. Bd. posthum 1841) ist das Werk eines Schriftgelehrten unter den Geologen seiner Zeit. Er nimmt sich darin aller auf der Erde gegenwärtig wirkenden, damals bekannten Kräfte an und erkennt dabei auch schon dem Aktualismus gesetzte Grenzen. Während er die Talbildung und die Aufschüttung junger Alluvionen mit der auch heute zu beobachtenden Kraft des Wassers für voll erklärbar hält, bleibt er mit dem Rückschluß auf die tiefere Vergangenheit vorsichtig. Schon die Bildung mächtiger Sedimentmassen, vor allem die Entstehung der Grundgebirgsgesteine und der Gebirge vermochte er sich nicht aus den gegenwärtigen Befunden zu erklären und hielt quantitativ und qualitativ andere als die heute tätigen Kräfte für möglich.

Kommt VON HOFFS Werk die Priorität einer systematisch-aktualistischen Darstellung zu, so CHARLES LYELLS noch konsequenteren, strenger uniformistischen ›Principles of Geology‹ (1830–1833) die weit größere Berühmtheit und Durchschlagskraft. Sohn eines schottischen, botanisch interessierten Gutsbesitzers, bildete sich LYELL (Abb. 16) neben und nach einem juristischen Studium und vorübergehender Anwaltspraxis weitgehend autodidaktisch zum Geologen aus. Abgesehen von einer kurzfristigen Professur in London, die er trotz seiner auch die Öffentlichkeit begeisternden Vorlesungen bald als Belastung empfand, blieb er unabhängiger Gelehrter und konnte dank vielfältiger europäischer Reiseerfahrungen, die Sizilien, Spanien, Schweden, Norwegen und später mehrmals auch Nordamerika einschlossen, zunehmend aus dem vollen schöpfen. Was er an gegenwärtigen und historischen Veränderungen, hier auch unter Verwertung VON HOFFscher Beispiele, sowie an geologischen Phänomenen der Vorzeit allein oder gemeinsam mit berühmten Zeitgenossen (AGASSIZ, DE BEAUMONT, BRONGNIART, BRONN, BUCKLAND, CHARPENTIER, CONYBEARE, CUVIER, GEMMELLARO, A. v. HUMBOLDT, MANTELL, H. v. MEYER, MURCHISON, PRÉVOST, SCROPE; Männern aus ganz verschiedenen Lagern also) sah, erarbeitete und besprach, das alles ging in die dem wachsenden Erkenntnisstand immer neu angepaßten zwölf Auflagen der ›Principles of Geology‹ (1. Aufl. 1830–1833) und der ›Elements of Geology‹ (1838) ein. Er war sich all der Anregungen von Vorgängern und Mitstrebenden immer dankbar bewußt. Doch niemand vor ihm vermochte das aktualistische Prinzip auf die Fülle auch der vorzeitlichen Erscheinungen so systematisch anzuwenden. Überall sah er Kräfte am Werk, die in langen Zeiten die so großen, ins Auge fallenden Veränderungen der Natur nach sich ziehen konnten. Und auch da, wo unmittelbare Beobachtung ausschied, wie bei den (von ihm so benannten) metamorphen Gesteinen und dem Granit, rechnete er allein mit auch heute noch in der Erde sich vollziehenden Vorgängen. Ein sich abkühlendes Zentralfeuer hätte nicht in sein stets gleichen Bedingungen unterworfenes

Erdbild gepaßt. Er nahm deshalb lokaler entstehende und vergehende
Schmelzherde des Vulkanismus an und führte Niveauänderungen des
Landes (Pozzuoli bei Neapel, Skandinavien) auf ein damit verbundenes
Wechselspiel von Erhitzung und Abkühlung in der Tiefe zurück. Für die
aus den Fossilien abzulesenden vorzeitlichen Klimaschwankungen vermutete er überwiegend irdische Ursachen wie langsamen, auf jenen
Niveauänderungen beruhenden Wechsel von Meer und Land. Im großen
aber blieb trotz ständiger örtlicher Veränderungen immer alles beim
Alten. Es gab in der Vorzeit weder qualitativ noch quantitativ andere Faktoren als heute, ja einmal abhanden gekommene Zustände mußten
irgendwann wiederkehren.

Der von HUTTON konzipierte Uniformismus, auf den LYELL schon ›Brillen‹
früh gestoßen war, nahm bei ihm also eigenartig dogmatische Züge an.
DE LA BECHE hat LYELL, der ja einmal Advokat war, karikierend als einen
solchen dargestellt, wie er im Anblick eines Gebirges einem Geländegeologen seine Brille reicht, damit er die Dinge in seiner Weise sehe.
(Abb. 17). Freilich – wer von uns kann sagen, daß er am Schreibtisch oder
im Steinbruch nicht auch oft eine solche »Brille« aufhat oder sich aufset-
zen läßt?

Abb. 17. LYELL, wie er einem Geländegeologen seine Brille anbietet: »Blicken Sie
durch diese Brille, mein Herr, und Sie werden die ganze Welt indigoblau sehen.« (Kari-
katur von DE LA BECHE aus RUDWICK 1975)

71

Den Menschen allerdings und seine Geschichte sah Lyell lange Zeit von der Natur völlig abgehoben und keineswegs unter uniformitarisch-zyklischem, sondern von Geisteskraft bestimmtem progressiven Vorzeichen.

Politisch stand Lyell im Gegensatz zu seinem Vater auf Seiten der liberalen Whigs, die – soweit sie das für solche Probleme damals verbreitete Interesse hatten – dem Aktualismus und Uniformitarismus geneigter waren als die konservativeren Torys, die das bibelnähere neptunistische Weltbild bevorzugten. Der für Naturwissenschaften sehr aufgeschlossene F. Engels rühmte, »*daß* Lyell *die plötzlichen, durch Launen des Schöpfers hervorgerufenen Revolutionen durch die allmählichen Wirkungen einer langsamen Umgestaltung der Erde ersetzte*«, kritisierte aber das Fehlen des Entwicklungsgedankens anstelle eines nur zusammenhanglos erscheinenden Geschehens (denn mit stetiger Wandlung verbundene Evolution paßte lange Zeit nicht in Lyells uniformistisches Weltbild; s. S. 189).

Zwischen Geologie und Politik bestehen offenbar mehr Beziehungen als nur die Rohstoffbeschaffung durch die Geologen – es gab und gibt da Kongruenzen und Dissonanzen der Anschauungen, die weit über das wissenschaftliche Feld hinausreichen. Eine Auseinandersetzung mit der Theologie seiner Zeit vermied Lyell, stellte aber klar, daß Gott nicht als naturwissenschaftlich erfaßbare Ursache eingesetzt werden könne, wie das vielfach noch geschah, sondern »*daß physikalisch-geologische Forschung so vorzunehmen sei, als ob es die Heilige Schrift gar nicht gäbe, und zwar auch in theologischem Interesse, weil die Religion ja sonst von den sich wandelnden wissenschaftlichen Erkenntnissen*

abhängig würde.« Rupke (1983) hat auf den Gegensatz der auf Hutton zurückgehenden ›schottischen Schule‹, in der man Geologie, Geschichte und Theologie zu trennen verstand, zu den theologisch geprägten Universitäten Oxford und Cambridge hingewiesen, wo die Geologie nur als Bestätigung oder allenfalls als rückwärtige Erweiterung der biblischen Geschichte Anerkennung zu finden vermochte.

12 Nochmals: Werner und Hutton

Coincidentia oppositorum (s. Schlußwort)

Es bedurfte der gesamten bisherigen Ausführungen, um die gegensätzlichen Konzeptionen von Werner und Hutton in ihrer bis heute nachwirkenden Bedeutung für die Geologie vergleichend verstehen zu können.

Werner war der erste Systematiker der Mineralien, der Gesteine und der Terminologie der Gesteinslagerung (Streichen und Fallen, ›Wechsel‹, Gänge usw.). Er übte eine ordnende, ja gesetzgebende Wirksamkeit aus. Er schuf mit der angenommenen Herkunft aller kristallinen Gesteine aus dem sinkenden, physikalisch und chemisch gerichtet sich verändernden Urozean und dem Folgegeschehen ein geschlossenes System, das einfach zu überschauen war. In der Wernerschen Gestalt längst aufgegeben, wirkt dieses System doch bis heute weiter: Wie für Werner alle Kristallingesteine in einem erst- und einmaligen Akt dem heißen Urozean entstammten, also juvenilen Charakters waren, so für viele spätere Forscher die durch Differentiation an die Oberfläche gelangenden Produkte aus einem erdinneren Magma (»das zwar in den Schriften vieler Autoren, nicht aber in der Natur nachgewiesen werden kann« [Wegmann]). Und es wirkt weiter als Leitbild eines historisch aufgefaßten, irreversiblen Erd- und Lebensgeschehens von einem an(ti)aktualistischen Anfang bis in die Gegenwart. Man wird dabei wohl auch an die mit dem Urknall der Astrophysik beginnende kosmische Expansion denken, die allerdings mit der möglichen Rückführung in den Ausgangszustand höchster Dichte und einem denkbaren Neuanfang zugleich auf einen Zyklus anderer Größenordnung weist, wie er für die Erde als kosmischen Einzelkörper undenkbar erscheint.

Hutton entwarf dagegen ein offenes System ohne Anfang und Ende. Er war kein Systematiker der Mineralien und Gesteine. »Seine physikalischen Überlegungen waren teilweise recht unbestimmt.« Er entsprach damit aber mehr als Werner dem geologischen Befund, in dem sich das Werden eines Gesteins nicht wie im physikalischen Experiment nachvollziehen, sondern nur in – oft verwischten – Spuren lückenhaft ertasten läßt. Wegmann (1958)[56] hat in einem selbst sehr verflochtenen Gedankengefüge dargelegt, für welches Ausmaß von Komplikation in den Zyklen der Gesteinswerdung und -zerstörung, Wiederaufschmelzung und Stoffwanderung im Auf- und Abstieg von Rindenteilen der Blick späterer Forschergenerationen durch Hutton geöffnet wurde und wie die Geologie der Tiefe weitab von aller Wernerschen Vereinfachung in ein immer größeres Netz niemals voll zu meisternder Schwierigkeiten gerät. Überall spielen ja unerforschte Bedingungen mit. Alles Gesicherte kann nur einem Teilbild, einem Ausschnitt entsprechen. »Das Beziehungsgefüge ist vielfach und muß daher von den verschiedensten Seiten angegangen werden.« Das Ganze aber ist zu groß.

Doch auch diese Anerkennung nicht zu bewältigender Kompliziertheit der Natur statt zu meisternder Einfachheit hängt von der geistigen Konstitution eines Forschers ab, ohne daß das mit unterschiedlichen Graden des Intellekts zu tun hätte. Vielmehr wirken beide Forschertypen beim Fortschritt der Erkenntnis zusammen, ebenso wie sich auch historische und zyklische Betrachtung nicht ausschließen. Auch bei WERNER gab es Wiederholungen, und auch die Kreisläufe der auf HUTTON rückführbaren Zyklizität wiederholen sich nur im Sinne einer sich stets verschiebenden, also einer historischen Spirale entsprechenden Entwicklung, weil die Voraussetzungen eines jeden neuen Kreislaufs infolge der Komplikation der Vorgänge immer wieder andere sind.

W. v. ENGELHARDT,[57] der Beziehungen des Neptunismus zum Weltbild der Stoa und der Bibel (ständige Veränderung) und von HUTTONs Grundideen zu ARISTOTELES und THEOPHRAST (ständige Wiederholung) erkennt, lesen wir: »Im Grunde aber wurde die Kontroverse zwischen dem neptunistischen und dem plutonistischen Weltbild nicht zugunsten der einen oder der anderen Seite entschieden. Vielmehr haben sich die Disziplinen der Geowissenschaft gerade aus den unterschiedlichen Denkmöglichkeiten entfaltet, die sich aus den zwei Modellen ergaben ... Die historisch-neptunistische Leitidee blieb lebendig und wurde regulativ für Disziplinen, die die Geschichtlichkeit des geologischen Geschehens im Auge haben ... Die uniformitarisch-plutonistische Leitidee war und ist konstitutiv für die den physikalisch-chemischen Wissenschaften näher stehenden Disziplinen, die das geologische Geschehen hinsichtlich seiner immerwährenden Gesetzmäßigkeit und der Zyklen von Werden und Vergehen erforschen ...«. Es geht daher um »die immer neu zu leistende Synthese des dialektischen Gegensatzes zwischen historischer und ahistorischer Betrachtungsweise«.

ZITTEL (1899) nannte die Jahre 1790–1820 das Heroische Zeitalter der Geologie. »Mit wahrem Feuereifer studierte man Zusammensetzung und Aufbau der zugänglichen Teile der Erdkruste. Kühne Forscher wagten es, in die wildesten Theile der Hochgebirge einzudringen ...«. Das anschließende halbe Jahrhundert galt manchem als der Geologie Goldenes Zeitalter, dem dann das berufsmäßige Forschen in stillerem Fahrwasser – freilich nicht ohne manch neuen Geistes- und Tatensturm (A. WEGENER!) – folgte, bis die Plattentektonik einen weiteren Akt revolutionären Ausmaßes in die Wege leitete (ohne daß zumal hier die in jeder revolutio enthaltene evolutio übersehen werden dürfte; s. S. 148).

74

13 Gebirgsbildung durch Hebung

Besonders das Studium der Gebirge vermag den Fortschritt der Theorie der Erde zu beschleunigen. Denn die Ebenen sind zu einförmig ... Um aber Zusammenhänge zu verfolgen, muß man die festen Straßen verlassen und auf die erhabenen Gipfel steigen, von denen ein einziger Blick eine Vielzahl von Erscheinungen zu erfassen erlaubt. Man hat große Ermüdung auszuhalten und auch ziemliche Gefahren zu gewärtigen. Aber welche Worte könnten die Empfindungen schildern und die Gedanken ausmalen, mit denen der Anblick der großen Erscheinungen die Seele des Philosophen erfüllt!

H. B. DE SAUSSURE: Voyages dans les Alpes, Bd. 1, 1779.

Gebirge: seit der Schöpfung gegeben, ein im Urozean niedergeschlagenes Relief, aus der Sintflut hervorgegangen oder durch spätere Hebung entstanden – das sind die ersten an dieses irdische Phänomen geknüpften Ideen. Was das Relief betrifft, hohe Berge und tiefe Täler, so wußte der in Argentière in der Ardèche geborene Abbé J. L. G. SOULAVIE[58] die Sintflut als Ursache leicht zu widerlegen (1780): »*Eine vorübergehende Flut kann keine Berge spalten, ihre Eingeweide nicht aufreißen, Täler nicht senkrecht einschneiden und Gerölle nicht lostrennen, runden und polieren ... Wir sehen im Wasser der Flüsse den nagenden Meißel der Zeit.*« Er dachte also als Fluvialist schon ganz aktualistisch. Die von ihm in den französischen Alpen beobachtete Faltung der Gesteine machte ihm wohl mehr Kopfzerbrechen. Er versuchte sie auf einen bei der Verfestigung der Schichten unterschiedlichen Wassergehalt zurückzuführen, ähnlich der Blasenbildung in einem Stoß angenäßter und trocknender Papierblätter. Welcher Weg bis zum »Gehwerk einer Falte« (H. CLOOS 1948)[59]! Die Sintfluttheoretiker wie die Brüder SCHEUCHZER in Zürich hatten die Faltung dagegen mit den Turbulenzen der Sintflut erklärt (S. 55).

H. B. DE SAUSSURE, der große Alpenforscher,[60] dachte zunächst mit WERNER an urozeanischen Niederschlag, bei dem er aber ohne die von diesem mit herangezogene Verstürzung auszukommen meinte: »*Wären die Schichten der Berge nur durch Anhäufung von eigentlichen Sedimenten entstanden, wie gemeinhin geglaubt wird, so hätten sich keine Lagen in vertikaler Richtung bilden können ... Da aber nach meinem Dafürhalten die meisten Felsbänke durch eine Art unruhiger Kristallisation entstanden ..., so ist es kein Wunder, mit dem Horizonte perpendikuläre oder auch gewundene Lagen zu sehen*«, die DE SAUSSURE auch mit der (durch Wasseraufnahme entstehenden) Kleinfaltung von Gips (Alabaster) vergleichen zu können meinte. Diese aus dem ersten Band der ›Voyages dans les Alpes‹ (4 Bände,

Faltung durch Kristallisation

1779–1796) zitierte Deutung war freilich bei seinem Erscheinen für den Verfasser bereits überholt. Denn schon 1773 hatte sich ihm angesichts muschelführender Sedimente in Italien die einfachere Deutung horizontaler Ablagerung auf altem Meeresgrund aufgedrängt, was sich ihm dann 1776 durch Entdeckung senkrecht an Granit anstoßender Konglomeratbänke bei dem savoyischen Gebirgsdorf Vallorcine bestätigte. *»Man wird*

Gewaltsame Aufrichtung *meine Verwunderung begreifen, wenn man bedenkt, daß Konglomerate unmöglich in dieser Stellung entstanden sein können. Kopfgroße Steine inmitten einer senkrechten Wand können nicht abgewartet haben, bis sie umhüllt und hier verbacken wurden. Diese absurde Vorstellung beweist uns, daß sich diese Lagen horizontal gebildet und erst später nach ihrer Verfestigung aufgerichtet haben. Die Ursache dieses Vorgangs kennen wir noch nicht.«* Zugleich schloß DE SAUSSURE neben dieser gewaltsam gedachten Aufrichtung aus der granitischen Natur der Gerölle auf ein noch älteres, den Granit zertrümmerndes Ereignis, also – wie einst schon STENO – auf wiederholte Umbrüche der Erdrinde, wobei er für die Faltung – nach Aufgabe der Kristallisationsdeutung – erstmals horizontalen Druck als Ursache heranzog (CAROZZI).

Folge von Revolutionen Ja er sprach von einer *»Folge großer Revolutionen, denen unsere Erde unterworfen war«*, in deren Verlauf es auch zum Aufbruch des zentralalpinen Granits kam, an den die jünger entstandenen Schichtgesteine angelehnt blieben. Im Rahmen dieses katastrophischen Bildes ließen sich sogar die Erratika erklären, indem gewaltsame Wasserströmungen *»jene ungeheuren Blöcke, die wir in unseren Ebenen finden, über große Strecken mit sich gerissen«* haben können. Trotz DE SAUSSURES Festhalten an der primären Bildung des Granits durch kristallinen Niederschlag aus wässeriger Lösung ließ er doch 1796 von der Deutung des Matterhorns als einheitlichen Riesenkristalls ab: *»Wenn ich auch Anhänger der Kristallisationslehre bin, so erscheint es mir doch nicht möglich, daß ein solcher Obelisk in dieser Form aus den Händen der Natur hervorgegangen sei ... Denn das ist kein Kristall und kein einheitlicher Stein, sondern das sind Massen übereinander gelagerter Schichten von sehr verschiedener Natur.«*

Magmatische Hebung L. v. BUCH übertrug seine vulkanische Hebungstheorie (S. 48) 1822 auf die Südalpen. *»An vielen Orten sieht man gar deutlich, wie der Augit-Porphyr plötzlich in die Tiefe geht und Kalk und Sandstein sich an dieser Masse plötzlich abschneiden ... Dann aber folgt auch, daß die über dem Augit-Porphyr stehenden furchtbaren Dolomitspitzen* [Dolomitisierung nach v. BUCH durch vulkanische Hitze!] *durch ihn in die Höhe gehoben, zerspalten und zerbrochen sind. Wie könnten solche Formen auch anders als durch so gewaltsame Mittel aus den Händen der Natur kommen!«* (Abb. 18a).[61]

Und noch viel weiter ausholend: *»Es wäre vielleicht nicht unmöglich ... zu erweisen, daß alle Gebirgsreihen, daher die ganze äußere Gestalt der Oberfläche der Erde, dem Augit-Porphyr ihre Entstehung verdanken. Die Gebirgsketten, so groß sie auch sein mögen, würden dann nichts anderes sein als Spalten,*

76

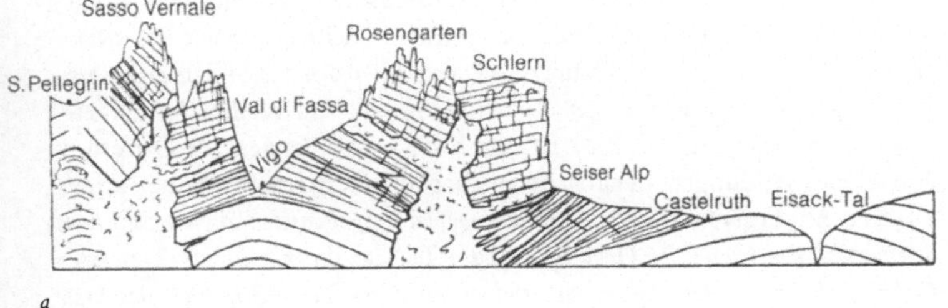

Abb. 18. a Schwarzer Augitporphyr durch den permischen roten Quarzporphyr des Eisacktals in die triassischen Sedimente der Dolomiten emporsteigend. (Aus POULETT-SCROPE nach L.v.BUCH 1823) – *b* Skizze der Gebirgshebung von POULETT-SCROPE (1825), mit v.BUCHS Vorstellung übereinstimmend

wie die vulkanischen Reihen, aus denen der Augit-Porphyr sich erhebt. ... Es wäre vielleicht nicht unmöglich zu erweisen, daß die Flözformation alle primitiven Gebirgsreihen bedeckt haben könne ... In den Alpen liegen solche Flötzgebirgsreste auf den höchsten Spitzen der Berge von Granit und Gneus an der Kette der Jungfrau, am Titlis und anderen.«

Diese Theorie der Hebungsgebirge erinnert an HUTTONS Gedankengänge, hat aber auch mit WERNERS Theorie der Erzgänge zu tun, die (nach WERNER freilich von oben her gefüllten) Spaltensystemen bestimmter Richtung folgen. Nach v.BUCH erhoben sich auch die Gebirgssysteme über riesigen Spalten, wobei das aufsteigende Magma – gleich ob es nur zur Aufpressung älterer Kristallingesteine führte oder zum Ausbruch gelangte – auch Seitendruck ausübte und dadurch die Verlagerung und Faltung der aufliegenden Sedimente bewirkte. Eine dieser BUCHSchen Vorstellung ganz entsprechende Skizze vulkanischer Gebirgshebung stammt von G.POULETT-SCROPE (Abb. 18 b).

Wohl unabhängig davon kam DARWIN aufgrund von Beobachtungen nach dem von ihm miterlebten und in seiner ›Reise um die Welt‹ 1842, 14.Kap.) dramatisch geschilderten chilenischen Erdbebens vom März 1835 zu einer ähnlichen Auffassung. Gleichzeitige Ausbrüche benachbarter Vulkane ließen ihn die Ursache der mit dem Beben verbundenen Bodenzerreißungen und Landhebungen in aufdringender Lava suchen und die Entstehung der Andenkette auf zahlreiche solche Ereignisse zurückführen.

Daß A. v. HUMBOLDT und später E. DE BEAUMONT aus den Gebirgsrichtungen eine Geometrie der Erde zu ermitteln suchten – nach PFANNENSTIEL (1969)[62] war das der Hauptzweck von HUMBOLDTs Südamerikareise 1799–1804 – sei hier nur am Rande vermerkt. Von bleibender Bedeutung war es dagegen, daß E. DE BEAUMONT[63] Diskordanzen zur Datierung von Gebirgsbildungen heranzuziehen begann. Er schrieb darüber schon 1832 an A. v. HUMBOLDT: »*So wie die Lage der aufgerichteten älteren Schichten den besten Beweis von der Hebung der zum Teil aus ihnen zusammengesetzten Gebirge abgibt, so liefert auch das geologische Alter dieser Schichten das beste Mittel zur Bestimmung des relativen Alters eben dieser Gebirge; denn es ist klar, daß die Epoche des Aufsteigens einer Bergkette notwendig zwischen die Ablagerungszeiten der daselbst aufgerichteten und der bis zum Fuß der Berge sich horizontal erstreckenden Schichten fallen muß.* «

Doch bürgt eine richtige Methode noch nicht für ein richtiges Ergebnis. DE BEAUMONT hatte schon 1829 im Rheintal, von dessen tektonischer Natur er damals noch nichts wußte, Oberen Buntsandstein an den Fuß der Vogesen angelagert beobachtet, deren Höhen ihm irrtümlicherweise nur Mittleren Buntsandstein zu tragen schienen. Daraus leitete er eine Diskordanz im Buntsandstein ab. Das korrigierte dann der schwäbische Pfarrer EDUARD SCHWARZ, indem er aus dem Zerstörungscharakter der Stufenränder (s. S. 108) schloß, daß noch der Jura einst horizontal über

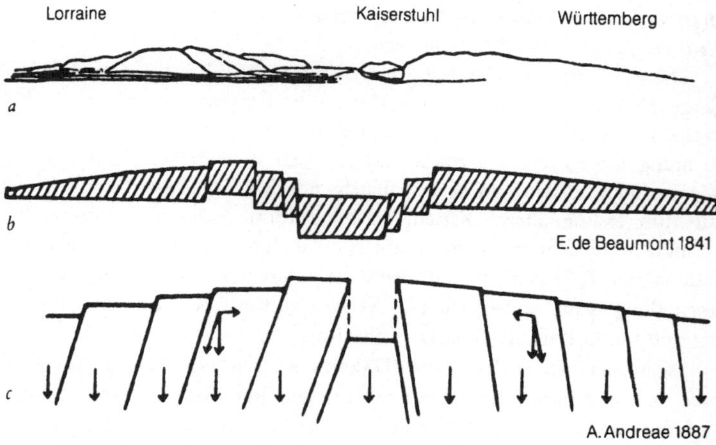

Abb. 19. *a* Blick von der Rötifluh im Schweizerjura nach Norden in den Oberrheintalgraben (DE BEAUMONT 1836), *b* die dazu gegebene tektonische Skizze (DE BEAUMONT 1841), die aber im Gegensatz zu seiner Deutung durch Kontraktion tektonische Zerrung (Raumerweiterung) voraussetzt, *c* Pressung durch Kontraktion (ANDREAE 1887). (Aus HÖLDER 1960, Abb. 34)

dem erst später gehobenen Schwarzwald-Vogesen-Gebiet zur Ablagerung gelangt sein müsse und die gesuchte Diskordanz erst zwischen Jura und (oberschwäbischem) Tertiär liege. SCHWARZ hat auch als erster das Ober- Das Ober-
rheintal als
Einbruch rheintal als einen (›in Ruhe‹) zurückgebliebenen Einbruch zwischen den, wie er annahm, gewaltsam gehobenen Randgebirgen erkannt.

Unabhängig von der Datierungsfrage ergab sich für DE BEAUMONT der richtige Eindruck, als er am 28. Juli 1836 bei Sonnenaufgang seinen Blick vom Gipfel der Röthifluh im Schweizer Kettenjura zuerst auf die gletscherbedeckten Alpen und dann auf Schwarzwald und Vogesen schweifen ließ: »*In Gedanken ließen sich anstelle dieser Ebene ... zwischen Schwarzwald und Vogesen ohne Mühen Massen auftürmen, die zusammen mit jenen Gebirgen eine einzige, leicht gewölbte Aufbauchung bilden ... Es scheint, als fehle nur der Schlußstein in diesem Gewölbe, weil er eines Tages eingestürzt sei, um die Rheinebene entstehen zu lassen.*« (Abb. 19)

14 Kontraktion, Isostasie, Erdalter

Zur Deutung des Schwarzwald-Vogesen-Gewölbes standen E. DE BEAU-
MONT zwei Gedankengänge zur Verfügung: Hebung und Einbruch im
Sinne der Erhebungskrater, wofür der Kaiserstuhl-Vulkan sprechen
konnte, oder aber die schon 1829 von ihm – und allerdings auch schon
von LEIBNIZ (S. 24) – erwogene Kontraktion durch Abkühlung der Erde.
Obwohl es sich hierbei um einen langsam ablaufenden Vorgang handelt,
gelangte DE BEAUMONT unter sorgfältiger Abwägung dieses Gesichtspunk-
tes doch zu einer katastrophischen Deutung, und zwar angesichts der großen Erscheinungen, welche die Gebirgswelt bot, und der scharfen, von
HUTTON und schon früher von STENO (DE BEAUMONT hat dessen Prodromus ins Französische übersetzt!) entdeckten Diskordanzen. DE BEAUMONT
(1829–30) schreibt:

> *Wenn wir die Ursachen der Erdrevolutionen zuerst in der vulkanischen
> Aktivität selbst gesucht haben, so sehen wir uns nun entsprechend auf das viel
> größere Phänomen der hohen Temperaturen des Erdinnern als Ursache hinge-
> wiesen ... Die Ungleichheit der Abkühlung zwingt die Hülle zu ständiger Ein-
> engung, damit die Fühlung mit der schwindenden Innenmasse nicht verloren-
> geht.*« Das aber nicht allmählich, sondern unter Summierung der
> Druckspannung in Form von »*plötzlicher Entstehung von Gebirgsrücken und
> Aufwölbungen ...,*« wie sie sich von Zeit zu Zeit in der äußeren Kruste der Erde
> und wahrscheinlich aller planetarischen Körper bilden«. ›Hebung‹ ist hier frei-

lich allenfalls noch relativ zu verstehen. Denn es geht ja um Raumverlust
der Erdrinde, der sich durch Sinkschollen und Faltung ausgleicht.

Die beiden von DE BEAUMONT dazu veröffentlichten Skizzen (in ›Les
Vosges‹ 1841) zeigen, daß er sich noch keine Rechenschaft über die bei
solcher Deutung erforderliche Stellung der Randverwerfungen gab. Sie
müßten, wenn die Aufwölbung durch Pressung infolge Raumverlusts
entstanden war, abwärts divergieren, wie das ANDREAE und SALOMON später auch dargestellt haben (Abb. 19 b–c). Daß sich das im folgenden Jahrhundert als nicht zutreffend erwies, machte zusammen mit vielen anderen Indizien den Weg zur Überwindung der Kontraktionstheorie und zur
Erkenntnis der im ›Oberrheinischen Schild‹ vorliegenden Zerrung frei
(S. 140).

Springen wir aber von diesem Vorausblick einen Augenblick um fast
drei Jahrhunderte zurück: Schon GIORDANO BRUNO soll die Gebirge der
Erde mit den Falten eines schrumpfenden Apfels verglichen haben! Die-

80

ses Bild wurde auch im 19. Jahrhundert noch verwendet, von K. Fr. Klö-
den allerdings eher im Sinne eines Bratapfels, weil er von einer sich
abkühlenden und über dem heißgebliebenen Kern daher platzenden
Rinde ausging – und später wieder bei A. Heim (S. 86) – obwohl sich die
gleichmäßigen Runzeln der Apfelhaut von den schmalen und isolierten
Gebirgsketten der Erde doch erheblich unterscheiden.

E. Schwarz und E. de Beaumont, der die Diskordanzen überdies mit
faunistischen Veränderungen (›Faunensprünge‹ nach der heutigen Terminologie) zu verknüpfen suchte, haben (s. oben) die später so wichtig
gewordene, aber bis heute uneinheitlich beurteilte Lehre von der Phasenhaftigkeit tektonischer und stammesgeschichtlicher Vorgänge in die Wege
geleitet.

Der Amerikaner J. D. Dana führte 1873 das Einsinken der ozeanischen Becken zwischen den Kontinentalblöcken auf regional unterschiedliche Abkühlung zurück, verursacht durch unterschiedliche thermische
Leitfähigkeit der Gesteine und andere Faktoren.[64] Sein Landsmann
J. Hall aber hatte schon 1858 auf die erhöhte Mächtigkeit, also einstige
Sedimentschüttung, längs der Achse des Appalachengebirges hingewiesen,
ohne daß die Sedimentation von Anfang an in einem entsprechend tiefen
Trog erfolgt wäre. Denn alle diese Gesteine weisen Flachwasser-Merk-
male auf, woraus sich ergibt, daß der Meeresboden erst allmählich unter
ihrer Last einsank. Die Krümmung des Trogbodens aber ließ Spalten entstehen, aus denen basaltischer Glutfluß aufstieg, und ließ die Sedimente
in Falten zusammensacken. Dana (1878) hat diesen Typus eines der
Gebirgsbildung vorangehenden Troges Geosynklinale genannt: »*Faltung,
Schub und Pressung sind Ursache der Hebung, die der geosynklinalen Absenkung folgt.*«

Halls Annahme der Absenkung durch Sedimentbelastung brachte
einen ganz neuen Gesichtspunkt ins Spiel. Erforderte sie doch, statt eines
sich abkühlenden starren, einen plastischen oder gar flüssigen Untergrund, eben jenen, aus dem das Magma in den Geosynklinalboden hinein aufsteigen sollte. Mochte das auch an schon ältere Vorstellungen erinnern, so entsprach es doch viel mehr dem damals ganz modernen, 1855
von dem englischen Astronomen Airy erkannten Prinzip der Isostasie
(des Tauchgleichgewichts), dem zufolge verdickte Erdrindenstücke in die
Tiefe wie schwimmende Baumstämme oder Eisschollen in Wasser eintauchen. Airy deutete damit das Ergebnis von Schweremessungen mit
Lot und Pendel, die der englische Mathematiker Pratt im gleichen Jahr
im Himalaya-Vorland ausgeführt hatte und die keine wesentliche Anzie-
hungskraft des Gebirges, also nicht den wegen des Höhenunterschieds
zunächst erwarteten Schwerkraft-Unterschied zwischen Gebirge und
Umland, ergaben. Der durch Pressung, also Faltung (s. Hall) sich erhe-
bende Gebirgswulst mußte dann aber nicht nur wie ein Eisberg in erheb-

Geosynklina-
len

Isostasie

liche Tiefe reichen, sondern infolge der dem Schmelzverlust des Eisbergs entsprechenden Abtragung reziprok zu der einst unter Belastung erfolgten Absenkung auch zusätzlich isostatisch aufsteigen.

Das Prinzip der Isostasie trat mit jenem der Kontraktion von nun an in Konkurrenz. Es blieb zwar zumal in der europäischen Geologie noch lange im Hintergrund, wurde dann aber zum tragenden Pfeiler von WEGENERS Verschiebungstheorie (S. 141) und ist auch in die Plattentektonik voll integriert.

ErdalterAn die Theorie der Kontraktion durch Abkühlung knüpfen sich auch die ersten experimentell untermauerten Versuche der Bestimmung des Erdalters (s. BUFFON S. 29). Der englische Physiker W. THOMSON (1892 als Lord KELVIN geadelt) kam unter gegenseitiger Aufrechnung von Abkühlung und Sonneneinstrahlung erst auf 100, später aber (1897) auf nur noch 20–40 Mio Jahre. Das wich nicht nur von der aktualistischen Annahme endloser Zeiträume ab, sondern war auch weit weniger, als sich aus der Rückrechnung von heutigen Sedimentationsraten schon im 19. Jahrhundert bereits ergeben hatte. Doch Lord KELVINS um die Jahrhundertwende als physikalisch unanfechtbar geltende Daten — es sei denn, wie er selbst einräumte, daß sich eine noch unbekannte Wärmequelle fände — gerieten schnell ins Wanken. 1904 hielt sein Nachfolger RUTHERFORD eine Vorlesung (Lord KELVIN war unter den Zuhörern) über radioaktive Wärmeerzeugung in der Erde, und 1913 publizierte A. HOLMES als erst 27jähriger sein Buch ›The Age of the Earth‹, in dem er archäischen Gneisen ein Alter von 1300 bis 1600 Mio Jahren zuschrieb.[65] Das höchste bis heute bekannte irdische Gesteinsalter beträgt 3,8 Milliarden Jahre, wie sich aus der Zerfallszeit radioaktiver Mineralien ergibt.

Die Entdeckung der Radioaktivität zog also einen Umbruch der Vorstellungen von Erdgeschehen und Erdalter nach sich. Seither konnte kein Geologe mehr versuchen, mit ein paar Jahrmillionen auszukommen. Wenn bibelfeste Fundamentalisten, aber auch der Anthroposoph RUDOLF STEINER noch mit einer viel kürzeren Erdzeit rechnen, so mag man ihnen das menschliche Bedürfnis nach Begreiflichkeit zugute halten. Aber Geologie und Astronomie führen nun einmal ins Unbegreifliche von Zeit und Raum.

15 Alpen – Erforschung

*In den Alpen liegt das Geheimnis des Werdens der halben
Welt. In lebendiger, in blendender, in gewaltiger Schönheit
erzählen uns ihre Gipfel von ihren Schicksalen …*
RUDOLF STAUB 1924.

Die Alpen sind ein Gebirge von großer Komplikation. Ihrer geographischen Lage gemäß boten sie das erste Objekt intensiver Gebirgsforschung.
Das erscheint im Rückblick problematisch, wie der Tektoniker
E.C. ABENDANON (1914)[66] beim Vergleich mit dem tektonisch einfach
gestalteten Roten Becken Innerchinas betont hat: »*Das Studieren der ver-
wickelten alpinen Tektonik durch die heutigen Geologen hat viel Ähnlichkeit mit
einem archäologischen Studium der schwierigsten Inschriften durch die Pioniere
jener Wissenschaft. Man hat sozusagen ein schwieriges Buch lesen wollen, ehe
man einfachere Lektüre hat verstehen lernen.*« Der wirkliche Gang der Forschung hat sich darum aber nicht gekümmert. Ihr Schicksal war es vielmehr, daß die Alpen mit ihrem komplizierten Gefüge auf die junge tektonische Wissenschaft wie ein Magnet wirkten und daß die hier sich
auftürmenden Fragen die Geschichte der geologischen Problematik mindestens auf dem europäischen Arbeitsfeld maßgeblich bestimmt haben.
»*Fast alle tektonischen Theorien sind auf irgendeine Weise mit den Alpen verbunden. Sie sind entweder aus deren Problemen entwickelt worden oder sie wurden in die Alpen hineingetragen, um ihre Gültigkeit an ihnen zu erweisen.*«[66]

Magnet
der Forschung

Die Faltung, früher oft als Folge der Sintflut-Turbulenzen angesehen,
von DE SOULAVIE (1782) auf unterschiedlichen Wassergehalt der Gesteins-
schichten bei der Setzung zurückgeführt, von DE SAUSSURE zunächst mit
kristallinem Niederschlag erklärt (S.75), ließ sich nach v. BUCH mit der
Natur der Alpen als Erhebungsgebirge erklären. Die an Längsspalten unter
›Erdconvulsionen‹ glutflüssig hochgestiegenen kristallinen Kerne der
Zentralalpen sollten die auflagernden Gesteine durch Seitendruck ver-
schoben und gefaltet haben: Faltung also als Hebungsfolge. Auch
J. THURMANN von Porrentruy betrachtete die Faltenketten des Schweizer
Juras 1832 als Hebungsphänomen, sah aber schon in der Fortsetzung desselben ›Essai sur les soulèvements jurassiques de Porrentruy‹ (1836) keine
andere Möglichkeit mehr, als die Ursache in horizontal wirkendem Seitendruck zu vermuten.

Faltung

Die Alpen sind aber im Unterschied zu den ihnen vorgelagerten
Juraketten nicht nur ein Falten-, sondern auch ein Deckengebirge, in dem
es zur Überlagerung jüngerer über ältere Gesteinspakete kam. HANS CON-
RAD ESCHER,[67] dem für seine Verdienste um die Bändigung des Linth-
Flusses der erbliche Adelstitel »VON DER LINTH« verliehen wurde,

Entdeckung
einer Decke

gewahrte bei seinen Bergwanderungen im ersten Jahrzehnt des 19. Jahrhunderts im Linthtal (dessen oberen Anfang er »*einer scheußlichen Felsenkluft ähnlich*« nennt) eine merkwürdige Tatsache. Dort, im Hochgebirge der Glarneralpen, lag nämlich ›Grauwacke‹ (nach heutiger Definition permzeitlicher Verrucano, ein Trümmergestein des Rotliegenden) über statt wie sonst unter dem (trias- und jurazeitlichen) ›Alpenkalkstein‹ (Abb. 20). »*Der Auslauf des Sernfttals ins Linthtal ist ganz in diese merkwürdige Formation eingeschnitten.*« (1809).

Deduktion
gegen
ErfahrungESCHER ließ es bei dieser Feststellung beruhen, ohne sie weiter auszuwerten. Der Gedanke an wirkliche Lagerungsumkehr entbehrte noch jeder Einordnungsmöglichkeit. Es liegt einer der Fälle vor, wo eine neue induktive Erkenntnis schweigen muß vor der auf älterer Erfahrung beruhenden Deduktion, die von der herrschenden Meinung ausgeht. Zu ihrem Sprecher machte sich im Bewußtsein vermeintlicher Überlegenheit v. BUCH in einer Erwiderung auf die Mitteilung ESCHERS: »*Nur an der Lagerung sollen wir die Gebirgsarten erkennen. ... Herr Escher sagt, an mehreren beobachteten Stellen läge dies Konglomerat unmittelbar auf dem Kalkstein des Glärnisch... Um so weniger darf Herr Escher dies Konglomerat Grauwacke*

Abb. 20. Ein Stück der Glarner Überschiebung, über ein Schneefeld hinweg gesehen. Erstmals erkannt und koloriert gezeichnet von H. C. ESCHER VON DER LINTH 1812. (Skizze nach einer Schwarz-Weiß-Wiedergabe in R. STAUB 1954)

*nennen, wie er doch wirklich und sehr bestimmt tut. Grauwacke ... darf und
kann nie auf Alpenkalkstein ruhen.*« (1809).

Wir wissen längst, daß ESCHER gegenüber v.BUCH im Recht war. Dieser deutete gemäß seiner deduktiven Anschauungsweise den unter der Überschiebungszone eingefalteten tertiären Flysch als jene alte ›Grauwacke‹. Auch die Schweiz hatte sich dem nach v.BUCH erdweit gültigen System der Gesteinslagerung zu fügen, »*es gibt keine besondere Natur in der Schweiz*«.

Sieg der
Erfahrung

H.C. v.ESCHERS Sohn ARNOLD ESCHER[67] konzipierte aufgrund der Beobachtungen seines Vaters und nicht ohne Zögern »*eine gewaltige Überschiebung*«, eine ›Decke‹ älteren Gesteins auf jüngerem und griff bald auch weiter aus. Im einem Sitzungsprotokoll der Naturforschenden Gesellschaft Zürich 1841 lesen wir: »*Der Vortragende* [ESCHER] *sucht aus den Verhältnissen bis an den Säntis darzutun, daß die durch die ganze Schweiz sich erstreckende abnorme Unterteufung des sekundären Kalkgebirges durch Tertiär die Folge der Überschiebung des selbst gefalteten Kreidegebirges sei*« – womit, wie A. HEIM später einmal bemerkte, die Helvetischen Decken erkannt waren, die im Säntisgebiet mit prachtvoller Eigenfaltung auf dem jüngeren Flysch ›schwimmen‹. »*ESCHER war der erste, der die Alpen als einen Faltenwurf der Erdrinde, bestehend aus zahllosen Falten mit nur untergeordneten Verwerfungen, aber bedeutenden Überschiebungen erkannt hat*« (HEIM 1929).

Kein alpiner
›Urkalk‹

Fossilfunde im alpinen Kalkstein ließen A. ESCHER weiterhin erkennen, daß es sich hier nicht um – einst dem alpinen Grundgebirge zugerechneten – ›Urkalk‹, sondern um Kalke mesozoischen Alters handelte, wie sie auch im Umland der Alpen vorkommen.

A. ESCHERS Hinterlassenschaft besteht vor allem in sorgfältig geführten Tagebüchern. Gegenüber Bitten um Veröffentlichungen pflegte er »*Es ist noch alles viel zu unvollkommen*« zu antworten. Er hat, mit Worten HEIMS, »*seinen Bergen die mechanische Gesteinsumformung durch Gebirgsbildung angesehen und sie völlig mitempfunden*«. Ausdrücke wie ›verschürfte‹, ›verquetschte‹, ›verwalzte‹, ›laminierte‹, ›verstreckte‹, ›verwurstelte‹, ›verknetete‹ Gesteinsmassen hat erstmals ESCHER verwendet. Als ›Stöcke‹ und ›Erdscherben‹ im Flysch bezeichnete er 1839 das, war wir heute die ›Klippen‹ der Schweiz nennen, die als Reste einer weitgehend abgetragenen, noch höheren tektonischen Einheit auf oder im Flysch schwimmen. ESCHERS Schüler A. HEIM[68] brachte die Forschungen seines Lehrers in dem Werk ›Mechanismus der Gebirgsbildung im Anschluß an die Untersuchung der Tödi-Windgällen-Gruppe‹ (1878) zur Reife, obwohl auch er es »*eine nicht am Ziele, sondern unterwegs geschriebene Arbeit*« nennt.

Glarner
›Doppelfalt‹

Das Emporsteigen von permischem Verrucano und Porphyr (A.C. ESCHERS ›Grauwacke‹) sowie von mesozoischen Kalken über jüngeren Flysch sowohl vom Norden aus dem Tal des Walensees wie von

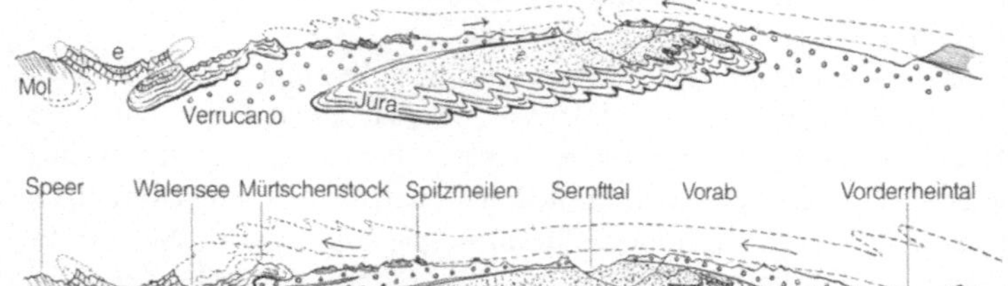

Abb. 21. Die Glarner Überschiebung als Doppelfalte nach A. HEIM 1878, 1891 und als Decken-Überschiebung nach BERTRAND 1883 und A. HEIM 1906. *MoL* = Molasse, *e* = eozäner Flysch. Zwischen dem überschobenen permischen Verrucano *(Ringe)* und Flysch *(punktiert)* das verwalzte Juraband des Lochseitenkalks als Relikt des ausgequetschten Mittelschenkels. *Ganz rechts* Unterer Jura auf Verrucano. (Aus HÖLDER 1960)

Süden her – während das mittlere Flyschgebiet unbedeckt war – führte HEIM zu der aufsehenerregenden Deutung der ›Glarner Doppelfalte‹ (Abb. 21): zweier sich mit ihren Umbiegungsstirnen entgegenwandernder und -schiebender, liegender Falten, die sich jedoch nicht ganz erreichten und von denen nur noch die verkehrten liegenden Schenkel, z. T. in klippenartige Restberge aufgelöst, erhalten seien. Die unmittelbar auf der Überschiebungsfläche bewegten Kalke wurden dabei unter der ungeheuren Last zu einem dünnen, laminierten Bande, dem nach einer dortigen Lokalität (›Luchsite‹) benannten ›Lochseitenkalk‹ ausgequetscht: »*Man sieht ihn oft schon aus großer Ferne als auffallende gerade Linie an den Berghängen hinziehen.*«

Die Ursache des alpinen Faltenwurfs hatte schon K. F. SCHIMPER[69] 1840 im Horizontaldruck als Folge der Erdkontraktion gesucht, was ihm damals die vernichtende Kritik L. v. BUCHs eintrug (MÄGDEFRAU 1968). HEIM stand nun ganz auf dem Boden der Deckentheorie: »*Es bleibt uns nichts anderes übrig, als zuzugeben, daß der Erdumfang vor der Stauung der Gebirge um denjenigen Betrag größer gewesen sei, welcher sich aus dem Ausglätten der Kettengebirge im Vergleich zur jetzigen Breite der Gebirgszone ergibt.*« Auch HEIM zieht hier, wie schon erwähnt die Haut eines austrocknenden Apfels als Bild heran, obwohl die Erdrinde ein viel ungleichmäßigeres Relief zeigt: »*Kontinente verhalten sich zu den Kettengebirgen wie eine weite Schichtbiegung zu engerer Fältelung. In den Kontinenten behauptete die Erdrinde in größeren Schollen noch einen gewissen Grad von Steifheit. In den Kettengebirgen ist diese Steifheit überwunden, weil der Horizontaldruck sich nun in einzelne Rindengebiete vorwiegend konzentrieren konnte. Die* [vulkanischen] *Eruptionen sind gelegentliche Erscheinungen auf*

86

den Brüchen oder schwachen Stellen der Rinde, sie helfen sekundär zur Verkleinerung des von der Rinde umschlossenen Kernes mit, sie vermehren selbst wieder Abkühlung und Erstarrung, sie sind der Ausweg der durch Erstarrung ausgeschiedenen Gase. ... So erscheint uns das ewige Schwanken der Erdrinde, die große vertikale Gliederung durch ungleichförmiges Nachsinken und dadurch bewirkte Stauung der Erdrinde gegeben. ... Die Alpen sind selbst nur durch eine lokale Phase des allgemeinen Kontraktionsprozesses der Erdkugel gestaut — unermeßlich groß und reich für uns und unser Erfassen, verschwindend klein im Vergleich zur Erdkugel. Ihre Stauung war gleich einer Minute, ihre Abspülung wird gleich einer zweiten Minute in der Geschichte des Planeten sein, der selbst nach Raum und Lebensdauer unter den anderen Sternen zwischen der Ewigkeit der Vergangenheit und der Ewigkeit der Zukunft verschwindet« (HEIM 1878).
Wer dächte hier nicht an HUTTONS Schau!

Die Alpen –
so groß,
so klein

Da der Granit des Aarmassivs am Nordabsturz von Eiger, Mönch und Jungfrau in die mesozoischen Sedimente entgegen früherer Annahme nicht als Glutfluß eindrang, sondern als schon erstarrtes Hartgestein mit diesen verschuppt und verfaltet wurde, mußte er älter als die alpine Faltung sein. Im Montblanc-Massiv entpuppte er sich als tief unter der alten Oberfläche erstarrter Schmelzfluß der varistischen Gebirgsbildung (GERLACH 1871),[70] der durch die Erosion später freigelegt und erst in der Jurazeit vom Meere bedeckt wurde, wie mitteljurassische Küstenkonglomerate bezeugen. Es sind alpine, ihrer Natur nach dem oberrheinischen und böhmischen Kristallinmassiv gleichende ›Zentralmassive‹, die in die alpine Gebirgsbildung einbezogen wurden, welche gegen die unverrückt gebliebenen Vorlandpfeiler (Französisches Zentralplateau, Schwarzwald-Vogesen, Böhmische Masse) gleichsam »*anbrandete*«, wie ED. SUESS in seiner ›Entstehung der Alpen‹ (1875) sagt.

Kristalline
Massive

Der Unterschied von SUESS' Darstellung zu HEIM liegt darin, daß SUESS anstelle allseitiger Pressung die Einseitigkeit der Bewegung in den Alpen und anderen Gebirgen und zwar in den europäischen Gebirgen gegen Nord, in den Hochgebirgen Innerasiens gegen Süd gerichtet erkennt. » *So erhalten wir ein Bild des Antlitzes unserer Erde*«, das, so sagt er, der Wahrheit entspricht, ohne daß sich schon Gesetzmäßigkeiten erkennen ließen (SUESS 1875). Eines freilich erschien sowohl HEIM als auch SUESS gewiß: daß es nämlich die Kontraktion sei, die hier zu tangentialer Faltung, dort zu vertikaler Schollenabsenkung führe, wobei sich Hebung nur passiv infolge Aufstauung oder nur scheinbar durch Zurückbleiben hinter den Sinkschollen ergäbe. »*Der Zusammenbruch des Erdballs ist es, dem wir beiwohnen.... Er hat freilich schon vor sehr langer Zeit begonnen.... Nicht nur im Hochgebirge sind die Spuren vorhanden. Es sind große Schollen Hunderte, ja in einzelnen Fällen Tausende von Fußen tief gesunken ... Die Zeit hat alles geebnet ... an zahlreichen Orten zieht der Pflug ruhig seine Furchen über die gewaltigsten Brüche.*« (SUESS: ›Antlitz der Erde‹ Bd. 1, 1894).[71]

Einseitige
Bewegung

Der Zusam-
menbruch
des Erdballs

Die Theorie der alpinen Faltung hatte mit den beiden gegeneinander bewegten Faltenstirnen der ›Glarner Doppelfalte‹ einen Höhepunkt erreicht, der sich aber als Irrtum erwies. Der französische Geologe M. Bertrand war 1883 im südbelgischen Kohlengebirge auf erhebliche Überschiebungen vorkarbonischer auf gefaltete karbonische Sedimente gestoßen und übertrug diese Erfahrung, einer Eingebung folgend, auch auf das Glarnerland, indem er die beiden scheinbaren Liegefalten in eine einheitliche, nur durch Erosion aufgerissene und in zwei Teile getrennte Überschiebungsdecke umdeutete. Die umgebogenen Faltenstirnen gab es demnach nur im Geist und auf dem Papier. Bertrand war sich klar darüber, daß die damalige Vorstellungskraft vor der Bewegung so ungeheurer Gesteinspakete versagte, »*die sich wie wahrhaftige Basaltströme an der Oberfläche hingewälzt haben*«, und er wunderte sich nicht darüber, daß dieser Augenschein lange brauchte, um sich Geltung zu verschaffen. Denn: »*Um die Dinge zu sehen, muß man sie für möglich halten*« (Bertrand 1892).[72]

›Decken‹ und ›Klippen‹

Bertrand hält sie für möglich und erkennt darüber hinaus, daß bei Zerstückelung solcher ›Decken‹ (»nappes« – er hat diesen Begriff geprägt) durch die Erosion isolierte Teile wie Inseln oder Klippen übrigbleiben, die dem Untergrund nur aufgesetzt sind. Sie waren zuvor, soweit man sie bereits kannte, für Aufragungen des alten Meeresbodens gehalten worden.

Überschiebungsdecken und Klippen waren fortan das beherrschende Thema der westalpinen Geologie. Das Chablais westlich vom unteren Wallis und darüber hinaus die gesamten Romanischen Voralpen zwischen Arve und Aare erwiesen sich aufgrund der im Vergleich zu ihrer Nachbarschaft und Unterlage völlig anderen Fazies als großer, weit nach Norden vorgeschobener Rest eines über den Zentralalpen längst zerstörten Deckenstapels. Ihrer Fazies entsprechende Gesteine gab es nur südlich vom Montblanc-Massiv, wo also ihr Ursprung gelegen haben mußte (H. Schardt).[73]

Gebirge als Deckenflut

Aber nicht nur einzelne und auch nicht nur unter dem Einfluß der Schwerkraft (woran man auch gedacht hatte) abgeglittene Gebirgsteile, sondern die ganzen Alpen gerieten im Geist – und nicht nur in ihm – in die Bewegung einer steinernen Flut wandernder Decken, in der allein die kristallinen Massive noch Kerne des Widerstands bildeten. M. Lugeon (Lausanne) unterschied 1901 die Helvetischen Decken, die am Südrand dieser Massive ›*wurzeln*‹ und sie ›*überfuhren*‹, von den zentralen Decken, die weiter vom Süden her gegen diese Massive anbrandeten, und von den noch weiter südlich am Innenrand des Alpenbogens beheimateten Decken, die als die höchsten freie Bahn hatten und über das ganze Gebirge hinweg nach Norden wanderten. »*Diese letzten Gedanken*«, so Lugeon, »*sind freilich nur Hypothesen; sie sind aber nötig für den menschlichen*

Geist, und diese Notwendigkeit ist meine einzige Entschuldigung, wenn ich meine Auffassung eines Tages erneut modifizieren müßte.«

Es ist ein Bild überwältigender und in bezug auf die beteiligten Kräfte noch unbegreiflicher Größe. HEIM schrieb dazu 1901 in einem Brief an LUGEON: *»Jedenfalls verdient Ihre überraschende, fürs erste beinahe bestürzende Theorie objektive und sehr aufmerksame Prüfung. Einst hat man gelacht, als ich im ›Mechanismus der Gebirgsbildung‹ von der ›Glarner Doppelfalte‹ sprach. Dann kam die Theorie der Klippen, kamen die kühnen Entwürfe* SCHARDTS *über den Deckentransport (carriage) und jetzt kommen Ihre Fernüberschiebungen (surchevauchements). Man kann über unseren Geist also aussagen, daß er sich in diesen aufeinanderfolgenden Studien schrittweise darin geübt habe, den Mechanismus der Alpenentstehung immer besser zu begreifen. Die neuen Theorien bauen auf den älteren auf.«*

Auch die Deckentheorie bezog, gemäß der bekannten Übersteigerung erfolgreicher Theorien, manches nicht Dazugehörende in ihre Erklärung ein. So vermeint M. BERTRAND in der Provence den Resten einer ausgedehnten Decke (›nappe de Provence‹) auf die Spur gekommen zu sein,[74] die sich aber nur als salztektonisch emporgestoßene und geringfügig überschobene Schollen von Trias auf Jura und Kreide erwiesen.

Die westalpine Tektonik war zum ›Nappismus‹ geworden, und so ist es verständlich, daß man sich angesichts solcher Überspitzungen – und der Vorstellungsschwierigkeiten überhaupt – in den Ostalpen, wo die Verhältnisse unübersichtlicher als im Westen liegen, reserviert verhielt.

15.1 Abwendung von der Kontraktionstheorie

Die Erkenntnis so weitreichender Deckenschübe, wie sie LUGEON postu- Die Rolle
liert hatte, mußte früher oder später auch Zweifel an der Kontraktions- der Tiefe
theorie als hinreichender Erklärung solch gewaltiger Erscheinungen wekken. Der Wiener Geologe O. AMPFERER[75], wie HEIM ein unermüdlicher Bergsteiger, schloß in einer Abhandlung ›über das Bewegungsbild der Faltengebirge‹ (1906) gegen diesen, daß die sich nur in so schmalen Rindenstreifen wie den Kettengebirgen auswirkende Pressung nicht durch Kontraktion verursacht sein könne. Denn die Erdrinde könnte Druckkräfte keinesfalls über so große Entfernungen hinweg summieren, sondern müßte sich der sich abkühlenden und deshalb weichenden Unterlage allerorts sogleich anpassen, sich also viel gleichmäßiger – der Apfelhaut entsprechend! – runzeln. AMPFERER nennt die Annahme HEIMS, daß sich in den Alpen die Kontraktionskraft eines ganzen Erdringes gesammelt habe, sogar ›ungeheuerlich‹. Er sucht deshalb die Ursache in Kräften, die nicht in der Erdrinde, sondern in plutonischer Tiefe ausgelöst werden. Dort sollen Unterschiede chemischer und physikalisch-thermi-

scher Art zu vertikalen Ausgleichsströmungen führen, die sich in der Erdrinde in horizontale Bewegungen mannigfacher Art, vor allem auch in Abgleitungen, umsetzen.

Unterströmung

» *Wir sehen* «, schreibt AMPFERER, »(in den Formen der Erdoberfläche) *Wirkungen von tieferliegenden Vorgängen und fassen so die gesamte Erdhaut als die Abbildung ihres lebendigen beweglichen Untergrundes auf. Wir suchen, so könnte man sagen, die Begründung der Züge und des Mienenspiels im Antlitz der Erde aus den verborgenen Nervenregungen des Inneren abzuleiten ... Von dieser Überlegung geleitet, kommen wir zur Gleithypothese ... Die Gleitung selbst stellt sich in dessen nur als ein Teilfall einer viel umfassenderen Massenbewegung dar, welche wir unter dem Namen der › Unterströmung ‹ begreifen.* « Die alte Hebungstheorie sieht sich hier in abgewandelter Form zu neuem Leben erweckt.

Oszillation

Der kritische deutsche Geologe E. HAARMANN[76] wandte sich mit seiner ›Oszillationstheorie‹ (1930) gegen » *die kontraktionstheoretische Problematik, welche den Fortschritt der Wissenschaft hindert* «. Denn viele Erscheinungen der Kettengebirge, so auch ihre Bogenform, ließen sich durch Kontraktion nicht erklären. HAARMANN vermutete, dabei über die Erde hinausgreifend, Gleichgewichtsstörungen des irdischen Rotationsellipsoids » *im rhythmischen Ablauf kosmischer Einflüsse* «, die ausgleichende Massenverlagerungen des Magmas der Tiefe und dadurch ausgelöste Aufbeulungen, Depressionen und Abgleitungen großen Stils an der Erdoberfläche nach sich ziehen sollten. Es wäre demnach die Schwerkraft, welche die Sedimente im großen ebenso übereinandergleiten läßt wie den Tonschlick an einer Uferböschung. Aber auch HAARMANN mußte sich fragen lassen, wie denn ein rhythmisches Auf und Ab von ›Tumoren‹ und Depressionen die Faltengürtel verständlich machen sollte, welche die halbe Erde umspannen. Und gab es wirklich die erforderlichen Höhen, um all die mächtigen Deckenstapel durch, den Reibungswiderstand überwindende, Abgleitungen zu erklären?

›Verschlukkung‹

AMPFERER (1911) hatte hier einen Ausweg gefunden: Es könnte nämlich sein, daß die Kettengebirge weder einer Zone der Rindenpressung noch – wie er früher selbst angenommen hatte – der Hebung entsprechen. Sie könnten im Gegenteil über einer unter ihnen absteigenden (also in der Nachbarschaft aufgestiegenen) thermischen Strömung liegen, welche die Erdrinde nach unten abzieht, einsaugt, ›verschluckt‹, wobei es oben zur Zerknitterung, Faltung und Stapelung einzelner Bewegungshorizonte der »Erdhaut« kommt: Darunterwegziehen also, › *Unterschiebung* ‹, und das bei voller Bejahung über weite Strecken bewegter Schubdecken. Die ›Wurzeln‹ aber, aus denen solche Decken nicht, wie man bei der Wurzelsuche meinte, hervorwachsen, sondern an denen sie der Saugstrom der Tiefe erfaßt, wurden › *verschluckt* ‹ und sind also niemals zu finden. Die Gebirge bauen sich demnach › *hinab* ‹.[77] E. KRAUS, der AMPFERERS

90

Ideen aufnahm, schrieb ein Werk über den ›Abbau der Gebirge‹ (1936),
(Abb. 31a, S. 146).

Übermaß und Aufschmelzung der abgesogenen leichteren Krustenmassen führen dann zu partieller Strömungsumkehr, lassen die Schmelze
als granitisches Magma in den Faltenwulst emporsteigen (intrudieren)
und können an seiner Hebung zum Gebirge in morphologischem Sinne
beteiligt sein.

Durch Sog entstehende Großdecken gehen nicht aus liegenden Falten
hervor. OBERHOLZER (1933)[78] konnte zeigen, daß der vermeintlich invers
gelagerte Liegendschenkel (›Lochseitenkalk‹ s. S. 86) der Glarner Überschiebungsdecke kein solcher ist, sondern nur eine Auswalzungszone darstellt. Somit war AMPFERER im Recht, wenn er hier im gleichen Jahr von
einer reinen Gleitdecke sprach, die er übrigens als ›Reliefüberschiebung‹
über ein Stück alter, dabei aber ausgeglätteter Erdoberfläche gedeutet hat
(die jener Gleitdecke gemäß der Verschluckungstheorie in umgekehrter
Richtung gleichsam unter den Füßen weggezogen wurde).

Der Gedanke der Unterströmung und Verschluckung fand auch bei Polemische Bitternis
den Schweizer Geologen Anhänger, sodaß die scharfe, ja hämische
Ablehnung, die AMPFERER einst von HEIM erfahren mußte, etwas Tragisches an sich hat.

Die Ostalpenforschung führte aber nicht nur zur Infragestellung der
Kontraktionstheorie, sondern der Deckentheorie überhaupt, die AMPFERER
– wenn auch unter Umkehr des angenommenen Bewegungsablaufs –
theoretisch ja bestätigt hatte. War sie, in den Westalpen noch unangefochten, in den Ostalpen nicht unhaltbar? Mindestens darüber, ob sie auch für
die Ostalpen Geltung habe, erhob sich ein erbitterter Streit. Waren die
dortigen nördlichen Kalkalpen von Süden her über den Tauerngneis hinweggeschoben, – entsprach dieser in einem großen Erosions-›Fenster‹
auftretende Gneis mit seiner Schieferhülle den weithin offenliegenden
Gneis- und Schieferdecken der Westalpen (P. TERMIER) –, oder einem
autochthonen kristallinen Massiv, vielleicht nicht einmal einem alten?
Handelte es sich bei dem Granitgneis der Tauern gar um eine junge, erst
bei der alpinen Gebirgsbildung im Tertiär aufgedrungene granitische
Schmelze? Sollte dieses jugendliche Alter vielleicht auch für die gewaltigen Gneisschollen der penninischen Decken in der Schweiz zu gelten
haben?

Es geht dabei letztlich um nichts Geringeres als um die Einheit von Ostalpen Westalpen
West- und Ostalpen. Sie schien um die Mitte unseres Jahrhunderts zumal
durch einige Kartierende deutsche Geologen ins Wanken zu geraten, die
in den Allgäuer und Lechtaler Alpen statt einheitlicher Decken nur örtlich
hochgepreßte Schuppen und pilzartig aufgepreßte Sättel zu erkennen vermochten, deren nur lokaler Überschiebungscharakter zu Unrecht auf weitere Erstreckung verallgemeinert worden sei (M. RICHTER, R. SCHÖNEN-

BERG, C. W. KOCKEL). Es schien also zu einer Art von ›Ent-deckung‹ der vermeintlichen Decken zu kommen, zumal sich die Lokalbeobachtungen als stichfest erwiesen. Aber waren nun vielleicht von ihnen aus zu weitgehende Schlüsse auf den Gesamtbau des Gebirges gezogen worden? Während manche Forscher den Deckenbau der Ostalpen also ablehnten, den für die Westalpen aber bestätigten Deckenbau mit deren ungleich stärkerer Unterschiebung durch ihr nordwestliches und nördliches Vorland zu erklären suchten, hielten andere, wie besonders L. KOBER in Wien, immer an großzügigem Deckenbau auch der Ostalpen fest.[79]

In Angriff und Gegenangriff verbindet sich manchmal sarkastische Formulierung mit Spott, hymnische mit Arroganz:

»Die Schweizer Geologen stellen sich die Alpen wie lauter Omelettes und Pfefferkuchen vor« (M. VACEK).[80]

»Mehr als je sind heute die Hohen Tauern ein penninisches Fenster der Ostalpen, und ihre Gipfel sind ein flammendes Wahrzeichen gegen die Autochthonie, die immer noch von den östlichen Geologen behauptet wird. Mögen sie das Licht der Erkenntnis über den wahren Bau des Alpengebirges bald auch in österreichischen Landen verbreiten.« (R. STAUB 1924). Ein anderer Schweizer, der schon fast seherisch interkontinental denkende E. ARGAND, schrieb im gleichen Jahr in einer Abhandlung über die Alpen und Afrika: *»So läßt sich die Auflagerung Afrikas auf Europa von den Toren Wiens bis Graubünden und darüber hinaus in den Préalpes verfolgen, die den Horizont von Bern, Neuchâtel und Genf begrenzen.«*[80]

P. CORNELIUS (1940) hat dem oft streitbar geführten Disput die folgende ausgleichende Betrachtung gewidmet: *»Die nappistische Revolution [d.h. die Deckentheorie als Dogma] hat ihr ursprüngliches Programm nicht restlos durchführen können: darüber sind sich heute alle einig. Die einheitliche Bewegung von S nach N in den Ostalpen löst nur einen Teil der Rätsel, die der Bau dieses Gebirgsabschnitts aufgegeben hat...*

Trotzdem ist auch heute noch der Grundgedanke: die Wanderung der Nordalpen von S her über das Tauernfenster hinweg keineswegs ein überwundener Standpunkt ...

Sollte sich aber wider mein Erwarten in Zukunft herausstellen, daß ... die Deckentheorie für die Ostalpen überhaupt aufgegeben werden muß — auch dann ist diese keineswegs ein überflüssiger Umweg gewesen. Denn sie hat uns eine Fülle von Fragen zu stellen gelehrt ...

Darum müssen wir auch dankbar der Männer gedenken, die uns die Deckentheorie geschenkt haben. Davon darf es uns nicht abhalten, wenn wir heute vielleicht klarer als die Zeitgenossen ihre Schwächen und Irrtümer erkennen. TERMIER z. B. war gewiß auf dem Gebiete der Mechanik naiv im höchsten Grade; aber diese Naivität war vielleicht gerade die notwendige Voraussetzung dafür, daß er den schöpferischen Gedanken fassen und aussprechen konnte, den tausend andere vielleicht eben wegen mechanischer Bedenken nicht zu denken wagten! Und E. SUESS *– gewiß stand er vielen Dingen, die abseits seines Weges lagen, verständnislos gegenüber; und ebenso gewiß ist sein Erdbild heute zusammengebrochen … Dies darf uns aber nicht abhalten, zu bekennen, daß vor allen anderen er uns die Beweglichkeit der Erde in horizontaler Richtung gelehrt hat; ja daß darüber hinaus er uns überhaupt erst gelehrt hat, regionale Geologie zu treiben, wie wir sie heute verstehen. Wer das verschweigt, der hat die Geschichte der Geologie nicht begriffen.*

Irren ist menschlich. Darum sei niemand getadelt um seines Irrtums willen, den er in gutem Glauben begangen hat. Sondern es sei vielmehr der Mut derer gepriesen – woher immer sie kamen –, die es gewagt haben, auch einer zunächst unwahrscheinlichen Wahrheit den Weg frei zu machen.«[81]

Die Abwendung von der Kontraktionstheorie vor allem in der ostalpinen Forschung ging mit ihrem weiteren Ausbau von anderer Seite einher, wobei Kontraktion allerdings nicht mehr allein, wie bei Ed. SUESS, mit Pressung verbunden schien. Der holländische Physiker C. E. ABENDANON legte in seinem Buch über ›Großfalten der Erdrinde‹ (1914) dar,[62] daß beim Einsinken zurückbleibende leichtere Rindenteile – Kontinente, aber auch Teilbereiche von solchen wie Alpen oder Oberrheinischer Schild – gegenüber ihrer abgesunkenen Umgebung der ›Distraktion‹, also Zerrung unterlägen, woraus sich Zerrungs- neben Pressungstektonik ergäbe. Schon STILLE (1912) hatte in der jurassisch-kretazischen ›Saxonischen Tektonik‹ im südlichen Niedersachsen[82] sogar ein enges Ineinander von Pressung (Faltung mit begrenzten Überschiebungen) und Zerrung nachgewiesen, woraus sich erschließen ließ, daß es im Gesamtgeschehen der sich verkürzenden Erdrinde unter lokalen Bedingungen immer wieder zu ausweitend-zerrenden Bewegungen käme. In größerem Rahmen unterschied STILLE zwischen zwei tektonischen Bewegungsbildern: dem des labilen Geosynklinalbereichs einerseits, aus dem ein Falten- und Deckengebirge, und dem des versteiften Vorlands andererseits, aus dem ein Bruchfaltengebirge hervorgeht.

Bedeutender Vertreter einer ›Neokontraktionstheorie‹ (SCHMIDT-THOMÉ), die nicht mehr nur auf die Erdabkühlung bezogen ist, sondern dem verdichteten Erdinnern entspringende radioaktive Vorgänge berücksichtigt, war der schon erwähnte Wiener L. KOBER.[79] In seinem fast hymnisch eingeleiteten, insgesamt höchst informativen Werk ›Tektonische Geologie‹ (1942) lesen wir: »*Die Erde … ist erkaltet – an der Oberfläche schon seit langer Zeit. Sie trägt Leben, den Menschen, den Geist. Sie befindet sich in der Hochphase der Evolution, in der Vollendung und Erfüllung zum Größten und Gewaltigsten wird, das im Kosmos möglich ist … Die Evolution geht weiter fort … Wird sich die Erde noch weiter verdichten?*«

Heute ist die alpine Geologie in die Plattentektonik eingebaut. Doch bleibt den Alpen dank der wohl einzigartigen Komplikation ihres Baus und ihrer schon zwei Jahrhunderte währenden Erforschung unter allen

Kettengebirgen eine Sonderrolle. Ihre meso- und känozoischen Sedimente entstanden in den Randgebieten der Tethys, die ihrerseits als Meer mit ozeanischem Boden aus dem Auseinanderdriften der einstigen Pangaea in verschiedene Platten hervorgegangen war. Daher die mit der Sedimentation in der frühen (altjurassischen) Tethys einhergehenden, auf Zerrung weisenden Abschiebungen in der (unterjurassischen) Frühzeit der alpinen Geosynklinale, die sich dann – unter erneuter Annäherung der afrikanischen und europäischen Platte – in Pressung mit Faltung, Überschiebungen und Deckenbildung umkehrte. Dabei wurde der ozeanische Boden großenteils verschluckt, kleinerenteils aber tektonisch (nicht als Glutfluß am Meeresboden schon während der Sedimentation, wie man früher annahm) als Grünstein zwischen die sedimentären Stapel eingebracht, während die Abtragung von oben her eine Sedimentsäule von vielen Kilometern entfernte. Weiteres zur alpinen Gebirgsbildung in der Sicht der Plattentektonik in Kapitel 18.7 und 8.

15.2 Das Gebirge im exogenen Zerfall

> *Bergrauh war, wo man niederstieg, die Stätte … wie bei Trient der Bergsturz, welcher sich der Etsch in ihre Seite hat geschoben durch Erdstoß oder weil der Boden wich …*
> DANTE: Göttliche Komödie, Hölle 12. Gesang. (Bergsturz von 1309 unterhalb Rovereto, heute mit Gedenktafel)

Täler L. v. BUCH schrieb 1809 über die alpinen Täler. »*… an Entstehung solcher Täler durch spätere Auswaschungen denkt niemand, wenn er die Größe und Tiefe eines solchen Tales überlegt und seine Breite, das Senkrechte und die Höhe der Felsen, die es umgeben*« – obwohl doch schon AVICENNA, AGRICOLA sowie LEONARDO DA VINCI und später etwa GUETTARD (1774) und SOULAVIE (1780–1784) im Wasser die nahezu einzige Kraft der Talbildung gesehen hatten. Aber als ein den endogenen Gewalten verschriebener Geognost unterschätzte er die exogenen, obwohl sie der Erfahrung doch eigentlich weit zugänglicher sind. v. BUCH denkt, wie auch A. v. HUMBOLDT, an Einsturztäler mit beiderseitig steil zum Talgrund einfallenden Bruchflächen. Der schon völlig aktualistisch denkende J. F. d'AUBUISSON erkannte dagegen schon 1821, daß Richtung und Gestalt alpiner Täler von der Schichtlagerung unabhängig seien und »*daß diese Täler nur nachträgliche Auflösungen des Zusammenhangs aus einer Zeit sind, nachdem die Gebirgslager ihre jetzige Gestalt und Lage schon angenommen hatten … Wie hätten sonst Senkungen alle jene Verzweigungen hervorbringen können, mit welchen sich die Täler unvermerkt auf den Jochen und Kämmen verlieren?*«[83]

94

J.L. Heim hatte schon 1796 in seiner ›Geologischen Beschreibung des Thüringer Waldgebürgs‹ zu bedenken gegeben, daß das ›wasserpaß‹ sich verhaltende Niveau der Täler, und zwar auch solcher ohne jede Aufschüttung oder Aufschwemmung des Talgrunds, nicht durch doch gewiß unregelmäßig erfolgende Einbrüche, sondern nur durch die Arbeit des Wassers selbst zu erklären sei. »*Jedes rinnende Wasser gräbt sich bekanntlich seine Rinne selbst.*« (C. E. A. v. Hoff 1822, s. S. 49).

Der Sicht dieses Problems in unserem Jahrhundert hat R. Staub [Urrelief] (1924)[84] Ausdruck verliehen. Demnach war die erste Anlage der alpinen Längstäler mit dem Faltenwurf längst abgetragener Decken hoch über dem heutigen Relief gegeben. »*Die heutigen Täler sind also nur das mehr oder weniger modifizierte Erbe jener alten Anlagen, denn die einmal bestehenden Talläufe schnitten sich in der Folge, unbekümmert um den nun in der Tiefe erscheinenden Bau des Gebirges, meist mehr oder weniger senkrecht, zumindest in derselben Richtung, weiter ein*«, während die mächtigen Quertäler, vielleicht in tektonisch angelegten Depressionen, durch seitliche Anzapfung entstanden.

Aber legte, ganz abgesehen von den großen Tälern, nicht die Zerris- [Spaltenfrost] senheit der Gipfelregionen gewaltsame Vorgänge nahe? Der Schweizer A. Höpfner führt ihre Bildung 1787 in der Tat auf »*Erderschütterungen*« zurück, nennt für ihre Zerstörung aber aktualistisch »*die Kälte das vornehmste Werkzeug ... Nicht bloß im Winter frieren die in den Ritzen der Felsen stehenden Feuchtigkeiten und des darin zusammengelaufenen Wassers zu. Die daher entstandene Ausdehnung der Wasserteilchen und die beim Auftauen sich entwickelnde Luft zerstören nach und nach die festen Teile des zwischen den Schichten liegenden Küttels (Mörtels), welcher der beständigen Wirkung dieser Kräfte am wenigsten widerstehen kann ... So droht die Natur durch eine langsame Zerstörung jene kolossalischen Gipfel der Alpen im Laufe von Jahrtausenden in Staub zu treten, wenn nicht stürmische Auftritte noch vorher ihren Untergang herbeiführen.*«[85] Hier ist die Wirkung des Eises im Spaltenfrost klar erkannt. Bis zur Einsicht in seine Wirkung als Gletschereis aber sollte noch manches Jahrzehnt vergehen (S. 118).

15.3 Das Juragebirge

Das schweizerisch-französische Juragebirge, mit seinen jungen nordwärts unsymmetrischen und teilweise überschobenen Faltenketten auch für den Laien von modellhaft eindrucksvollem Bau, gilt heute als eine auf triassischem Salz als Gleithorizont abgescherte Gesteinsdecke, der – im Unterschied zu den Alpen, die den Druck ausübten – der tektonische Tiefgang fehlt (Buxtorf 1907; neue Forschungen durch Laubscher, Basel). Wegmann (Neuenburg)[86] suchte als Kenner des finnischen Grundgebirges den

Motor des oberflächlichen Zusammenschubs zwischenzeitlich in der bewegten Tiefe darunter: wieder ein Beispiel regionaler Bindung geologischer Theorien, in diesem Fall eines Forschers an die ihm vertrauteste geologische regio. Aber auch ein irrtümlicher, in hier vermutlich trügerische Tiefe eingeschlagener Weg muß beschritten werden, um die Probleme allseitig anzugehen und auszuloten.

Zur frühen Deutungsgeschichte des Gebirges gehört es, daß die Juraketten zur Zeit der plutonischen Hebungstheorie v. BUCHS von dem Schweizer THURMANN[86] in Pruntrut 1832 in deren Sinne erklärt wurden; doch gab er jene vertikale Deutung 1853 zugunsten des Seitenschubs auf. Die berühmten Klusen der Quertäler zu beiden Seiten der Flüsse (Birs, Doubs), die amphithetralisch erodierten, gewaltigen Trichtern gleichen, sah GRESSLY (1838) als Explosionskrater an! Die Frage der ursprünglichen Anlage der die Ketten meist schräg durchschneidenden Quertäler hat sich neuerdings kompliziert. Dachte man früher an einfaches Einschneiden eines vorhandenen (antezedenten) Flußsystems in das sich hebende Gebirge oder in manchen Fällen auch an seitliche Anzapfung von den (synklinalen) Längstälern aus, so untersucht man heute das nicht leicht durchschaubare Zusammenspiel ober- und unterirdischer Erosion unter Karstbedingungen.

Die Quer- (= Blatt)verschiebungen, die das Gebirge schon während oder noch nach der Faltung unter fortdauerndem alpinen Druck durchsetzten, wurden A. HEIM 1915 bei einer Freiballonfahrt in mehreren tausend Metern Höhe zum unvergeßlichen Erlebnis: »Die große Transversalverschiebung von Montricher bis Pontarlier sah aus, als ob ein Gott mit einem gewaltigen Messer durch die ganze Schar von Runzeln der Erdrinde einen gewaltigen Schnitt gezogen hätte.«

16 Wasser und Geologie

CONRAD FERDINAND MEYER: Gesang des Meeres.

16.1 Herkunft des Wassers[87]

Schon die Menschen der Antike haben sich, zumal angesichts der zahlrei- Antike
chen Karstwasser-Phänomene der Mittelmeerländer (Flußschwinden,
Höhlen, Quellen) viele Gedanken teils mythologischer, teils rationaler
Art über die endo- oder exogene Herkunft und die unterirdischen
Zusammenhänge des Wassers gemacht. D. PFEIFFER (1963) unterscheidet:

Die *Reservoirtheorie* läßt die oberirdischen Gewässer vorwiegend aus Viele
dem Erdinnern aus riesigen Behältern speisen. Theorien

Nach der *Filtrationstheorie* schwimmt der Erdkörper auf Wasser. Das
Wasser sickert von unten durch Höhlen und Poren in die Erde, bildet die
Meere und speist – nachdem es seine Salzteile abgesetzt hat – Quellen,
Flüsse und Brunnen.

Die *meteore* oder *Versickerungstheorie* leitet alles fließende Wasser von
den Niederschlägen des Himmels ab: Das in den Untergrund einsik-
kernde Wasser sammelt sich in mehr oder weniger großen Behältern, aus
denen dann Flüsse und Bäche gespeist werden.

Die *Schwammtheorie* läßt das Grundwasser sich stets durch Umbildung
von Luft neu erzeugen; die meteoren Wässer erhalten nur eine sekundäre
Bedeutung.

Bei der *Wasseraderntheorie* durchziehen die Wässer in Adern den Leib
der Erde, beleben und ernähren diese; das Wasser bildet sich in der Tiefe
stetig neu.

Die *Umwandlungstheorie* läßt Wasser durch Umwandlung von Luft,
Feuer und Erde entstehen; sie faßt die Erde als Organismus auf, wobei
die meteoren Wässer eine nur untergeordnete Bedeutung haben.

PLATO legte seine hydrographischen Ansichten, in denen sich Reser- PLATO
voir- und Filtrationstheorie begegnen, im Phaedon-Dialog SOKRATES in ARISTOTELES
den Mund. Danach ist das Erdinnere von einem Geflecht von Adern, SENECA
Höhlen, Röhren und Schächten durchzogen, in denen Wasser neben
Feuer, Schlamm und Luft umhergetrieben wird und die Flüsse und Meere
speist. Die Schwammtheorie stammt dagegen von dem rationaler argumentierenden ARISTOTELES. SENECA gab in seinen ›Naturales Quaestiones‹

Mittelalter

(1. Jhd. n. Chr.) die verschiedenen antiken Theorien wieder und fügte ihnen die Umwandlungstheorie hinzu. Gegen eine atmosphärische Herkunft des Wassers, also gegen die meteorische Theorie, schien ihm ›als fleißigem Weinbauern‹ die Unregelmäßigkeit der Niederschläge und die geringe Sickertiefe zu sprechen.

All diese Anschauungen gingen auch in das Denken des Mittelalters ein. Dazu kam die Annahme der Aufwölbung des Ozeans zu einem ›Wasserberg‹ (ALBERTUS MAGNUS), um das Eindringen des – in der Erde dabei vom Salz gereinigten – Meerwassers bis hinauf auf die Berge der Festländer erklären zu können. Schon im 11. Jahrhundert hatte aber der arabische Schriftsteller ALI MAS'UDI den Transport des Wassers an Land und die Umwandlung in Süßwasser mit Verdampfung aus dem Meere erklärt. Mit diesem Argument trat später auch DANTE in einer Schrift mit dem Titel ›Quaestio de aqua et terra‹ den ›Wasserbergen‹ entgegen.

VINCENZ DE BEAUVIS, französischer Dominikanermönch (geb. 1190), erkannte die Kondensation warmer Luft beim Aufsteigen an Bergen als Ursache des Regens und damit den vorher noch nie so klar konzipierten Wasserkreislauf, bei dem das dem Meer entstammende Wasser auf dem Weg über die Flüsse wieder ersetzt wird. Doch griff er damit seiner Zeit weit voraus.

Neuere Zeit

L. DA VINCI und J. KEPLER verglichen das Wasser mit dem Blut der als Organismus aufgefaßten Erde (Wasser-›Adern‹!), einer schon im alten Griechenland und bei SENECA auftretenden Vorstellung entsprechend. A. KIRCHER (1664) leitete die Speisung erdinnerer Wasserbehälter gemäß jener alten und noch durch das ganze 17. Jahrhundert vorherrschenden Meinung aus dem Meerwasser und seinen Aufstieg zu den Quellen in hohen Bergen von der erdinneren Wärme her. Daneben gab es aber auch jetzt, wie schon bei VINCENZ DE BEAUVIS, vorurteilsfreiere und realistischere Vorstellungen, so bei B. PALISSY (1580) und P. PERRAULTS (1674). Letzterer schreibt in den ›Essais de physique‹:

Ich halte es für wahrscheinlicher, die Entstehung von Quellen und Flüssen mit Regen und Schneewasser zu erklären, anstatt sie allein auf Destillation in der Erde zurückzuführen. Auch der gesunde Menschenverstand denkt zunächst an den Regen ... und nicht an einen so undurchsichtigen Vorgang wie innere Destillation. Ich will deshalb rohe Schätzungen ... über das Verhältnis der Regenmenge zur Wasserführung der Flüsse anstellen ..., was dann auch in recht überzeugender, durch Zahlen belegter Weise erfolgt.

Auf der Schwäbischen Alb beobachtete der Laichinger Pfarrer M. J. MEYER (1681), obwohl auch er noch mit unterirdischem Wasserzustrom vom Meer her rechnete, das Versickern des Niederschlagswassers in den Dolinen der Hochfläche und seinen Wiederaustritt in der bei Regenwetter sich trübenden Quelle der Blau (dem Blautopf bei Blaubeuren, der durch EDUARD MÖRIKES Märchen von der Schönen Lau in ähnlicher

Weise in die Literatur einging wie die Arethusa-Quelle zu Syrakus in die griechische Mythologie).

Erst im Laufe des 18. Jahrhunderts klärte sich das Bild des vom Nie- Karstwässer derschlag abhängigen Grundwasserverhaltens in Karstgebieten, und erst im 19. Jhdt. kam es zu Schätzungen der Geschwindigkeit der Kalklösung und zur Erkenntnis der nicht deckungsgleichen ober- und unterirdischen Karstwasserscheide, z. B. der Schwäbischen Alb, bis der österreichische Geologe E. TIETZE 1880 zusammenfassend schreiben konnte: »Trotz äußerer Mannigfaltigkeit in den Vorgängen der Verkarstung sind die inneren Gesetze derselben außerordentlich einfache. Die kombinierten Wirkungen einer teils oberirdischen, teils unterirdischen Wasserzirkulation nach den gewöhnlichen hydrostatischen und hydrodynamischen Gesetzen, Erosionseffekte im Innern von Kalkgebirgen, chemische Auslaugungen, mechanische Auswaschungen, Bildung von Hohlräumen und Einstürze der Decken dieser Hohlräume, Gleichgewichtsstörungen und Wiederherstellung des Gleichgewichts, das sind die Ursachen, auf welche der Karstprozeß zurückzuführen ist.«

1909 aber griff ED. SUESS das Thema der Wasserherkunft unter dem Juvenil
und vados Vorzeichen eines großen Sowohl-als-auch von neuem auf, indem er zwischen (von dem böhmischen Lagerstättenkundler POŠEPNÝ so genanntem) vadosem (lat. = seichten), also oberflächenbürtigen, und juvenilem tiefenbürtigem Wasser unterschied, wobei er allerdings dem juvenilen Einfluß bei Thermen im Vergleich mit späteren Erkenntnissen einen zu großen Einfluß zumaß.[88]

16.2 Meeresgeologie

Niemand hat indirekt so viel mit dem Meer zu tun wie der Geologe, für den die Meeresböden in marin entstandenen Gesteinen ein Hauptarbeitsfeld sind. Seine direkte Beziehung zum Meer blieb aber, abgesehen von der Meereszoologie, lange Zeit gering. LYELL bemerkte einmal, der Mensch »würde weit eher richtige Ansichten in der Geologie erlangen«, wenn er ein amphibisches Lebewesen geblieben wäre. Erst neuerdings hebt die Technik diesen Mangel mehr und mehr auf. Dennoch ist auch die Meeresgeologie nicht ohne wichtige historische Akzente, über die der Freiburger Geologe M. PFANNENSTIEL (1902–1976), der selbst vieles zur Kenntnis der eiszeitlichen Spiegelschwankungen des Mittelmeers beitrug, unter dem Titel ›Das Meer in der Geschichte der Geologie‹ (1970) aus großer Belesenheit, mit Verständnis auch für die fortschreitende Technik des Lotens und Dredgens sowie mit feinem Sinn für den Wert auch vergänglichen Wissens berichtet hat.

Die ›Laterne des Aristoteles‹, jener Kauapparat von Seeigeln also, warf wohl den ersten kleinen Lichtkreis der mit ARISTOTELES beginnenden Meeresbiologie, die dann PLINIUS d. Ältere – so PFANNENSTIEL – vier Jahrhunderte später seltsam voreilig für schon weitgehend abgeschlossen erklärte. Aber staunen nicht auch wir manchmal über neue Ergebnisse auf Gebieten, die längst ausgeschöpft zu sein schienen?

MARSILI ›Vater der submarinen Geologie‹ war der Italiener L. F. CONTE DI MARSILI mit einer »an Höhen und Tiefen reichen Lebensgeschichte... als erregender Hintergrund seiner großartigen Leistungen«. Er erkannte 1681 mit Hilfe eines von ihm konstruierten Strömungsmessers den Ober- und den salzreicheren Unterstrom im Bosporus, also eine der Grundlagen der späteren Geologie der Salzlager. Nach Soldatengeschick und -unbill als österreichischer General in den Türken- und Franzosenkriegen zeichnete er 1704 in der Schweiz zusammen mit J. SCHEUCHZER die Faltungen der Felswände am Urner See (Abb. 11). An der provençalischen Mittelmeerküste erkannte und kartierte er mit Hilfe einfacher Lotungen den Schelf und den Schelfrand sowie die submarinen Cañons (›Histoire physique de la Mer‹, 1725; ital. schon 1711). Außerhalb des Schelfs erreichten Lotungen mit einfachen, eisenbeschwerten Hanfseilen lange Zeit keinen Grund, ehe man ihn 1773 im Polarmeer erstmals erreichte und dabei sogar etwas blauen Ton als erstes Tiefmeersediment fördern konnte. Die erste wissenschaftliche Dredge konstruierte ein dänischer Zoologe 1779, den ersten Bodengreifer der englische Seefahrer Sir J. ROSS 1818; einen einfachen Sedimentkernapparat gab es seit der ersten Hälfte des 19. Jahrhunderts.

LAVOISIER Der Pariser Chemiker A. L. LAVOISIER, Entdecker des Sauerstoffs, der Oxydation und der chemischen Verbindung des Wassers, der 1794 den Tod unter der Guillotine fand (ROBESPIERRE: »Wir brauchen keine Gelehrten mehr!«), war auch »ein nicht minder guter Geologe«. In seinem in den ›Mémoires de l'Académie Royale de Paris‹ 1793 erschienenen Vortrag über ›Littorale und pelagische Sedimente‹ lesen wir (in deutscher Übersetzung):

»Wo heute bewohntes Land, war einmal Meer; die marinen Fossilien in den horizontalen Schichten beweisen es ...

Ich nenne die einen Schichten pelagische Schichten, die in der Küstennähe entstandenen litorale Schichten. Diese 2 Schichten haben sehr verschiedene Charaktere, die nicht verwechselt werden können.

Die pelagischen Schichten sind kalkig, enthalten auch Schill von Tieren, Muscheln und sedimentieren langsam und ruhig während unendlich langer Zeit.

Die litoralen Schichten sind Bildungen der Zerstörung und des Tumultes, und es sind sehr verschiedenartige Gesteine, je nach dem Ausgangsmaterial der Küste. Die Küstensedimente aber mischen sich nicht regellos. ... Das heißt: Das grobe Material, die Gerölle, bleiben in der Küstenlinie, bis zur Hochwassergrenze. Dann folgen meerwärts zu: Grobsande, Feinsande und schließlich Ton, pulverisiertes Material, welches dann lange im Wasser in der Schwebe bleibt und ganz küstenfern zur Ablagerung kommt, wo es keine Wasserbewegung mehr gibt.«

LAVOISIER schuf aber nicht nur den Begriff der litoralen und pelagischen Sedimente einschließlich der daran gebundenen Faunen, sondern gelangte rein gedanklich sowie durch Beobachtungen an der nordfranzösischen Küste auch zu der Erkenntnis, daß die in flachem und tieferem Wasser nebeneinander entstandenen Sedimente bei Küstenverschiebung übereinander zu liegen kommen müssen, und damit bereits zu J. WALTHERS späterem ›Faziesgesetz‹ (CAROZZI 1965).

GRESSLY und PRÉVOST entdeckten die Erscheinung der faziellen Verschiedenheit unabhängig von LAVOISIER (S. 183). A. v. CHAMISSO sowie DARWIN, der Amerikaner J. D. DANA und später Vater und Sohn L. und A. AGASSIZ begannen im 19. Jahrhundert mit der Erforschung der Korallenriffe. A. v. CHAMISSO[89] nahm noch beginnendes Wachstum der Riffe »selbst im kalten lichtlosen Meeresgrund« an (wofür er allerdings nur auf von Kapitän ROSS aus tiefem Grundschlamm gedredgte Würmer hinweisen konnte). DARWIN erkannte, daß Riffkorallen nur in durchlichtetem Wasser leben können. Seine Theorie des schritthaltenden Emporwachsens von weiträumig sinkendem Meeresgrund hat sich für alle Riffe mit hohem, submarinem Sockel (Wallriffe, viele Atolle) bestätigt. DARWINS Kritiker (ausführlich bei ZITTEL 1899) gingen von Gebieten mit fehlender Bodenbewegung oder mit Hebung aus, die aber beide auch er in den Bereich seiner Vorstellungen schon einbezogen hatte.

Der Schotte J. FORBES studierte in der Ägäis die je nach der Meerestiefe unterschiedlichen Faunenbereiche und zog daraus Schlüsse auf fossilführende Gesteine (1842). L. AGASSIZ erkannte in nordamerikanischen Küstengewässern daß es sich bei den fossilen Sedimenten zu Lande fast nur um Schelfablagerungen handelte. Die österreichische Fregatte ›Novara‹, 1857–59 im Indischen Ozean unterwegs, hatte mit F. v. HOCHSTETTER, dem Begründer der Geologie Neuseelands, erstmals einen Geologen an Bord. Sie war, gefolgt von der englischen »Challenger« (1872) und der deutschen ›Gazelle‹, Muster aller weiteren Hochseeexpeditionen.

Der Alltag auf den Schiffen verlief wie überall je nach zugefallenem Los verschieden. Des Seemanns war es, so klagt ein Seeoffizier in einer von PFANNENSTIEL aufgespürten Aufzeichnung, 10 oder 12 Stunden lang die Dredge zu bedienen; des Naturforschers dagegen, sich begeistert von irgend einem neuen Wurm, einer Koralle oder einem Stachelhäuter in seine komfortable Kabine zurückzuziehen, um das neue Tier zu beschreiben, das ohne solche Begeisterung im abstumpfendem Gleichmaß der Dredgemaschine vom Meeresboden heraufbefördert wurde.

Dredgen
und Bohren Sedimentnahmen der ›Challenger‹ vom Meeresboden ergaben erstmals einen Überblick der Verbreitung der Tiefseesedimente (Diatomeenschlamm, Globigerinenschlamm, roter Tiefseeton als Rückstand nach Auflösung organischen Kalks in großen Tiefen). Erste kurze Bohrkerne des deutschen Forschungsschiffs ›Gauss‹ (1908) zeigten überraschenderweise Schichtung und ließen daraus Geschichte ablesen, mit Schwierigkeiten freilich: Denn vergleicht man einen solchen Bohrkern mit einem Lesebuch, so sind »manche Seiten herausgerissen, manche sind doppelt enthalten. Oft genug sind völlig fremde Seiten eingeschaltet, viele sind buchstäblich wurmstichig und schwer lesbar geworden« (E. SEIBOLD 1961)[90] – Folgen von 1. unerwarteter Existenz erodierender Strömungen am Tiefseeboden, 2. Kalklösung, 3. Schlammrutschungen am Hang submariner Schwellen, 4. Trübeströmen, die allochthones Material herbei bringen, und 5. mancherlei Umarbeitung der jeweils obersten Bodenschicht durch bodenwühlende Organismen. Der Meeresboden zeigt plötzlich Gesicht und Geschichte! – letztere vor allem aufgrund wechselnder Sedimentlagen aus Eis- und Zwischeneiszeiten.

J. WALTHER   In Deutschland verlieh J. WALTHER, 1890–1930 Professor in Halle, der Meeresgeologie durch seine schon in jungen Jahren unternommenen sedimentologischen und biologischen Studien im Golf von Neapel (unter A. DOHRN) starke Förderung. Erst mit ihm kam, indem er die gewonnenen Erfahrungen, zunächst gemeinsam mit seinem Wiener Lehrer MOJSISOVICS, auf die Deutung der Sedimente anwandte, die LYELLsche aktualistische (WALTHER nannte sie ›ontologische‹) Arbeitsweise in der mitteleuropäischen Sedimentologie voll zur Geltung. Als 25jähriger schrieb er in einem Brief: »*Es ist mir immer wunderbar* [=sonderbar], *daß noch kein Geologe auf den Gedanken gekommen ist, dort einmal Meeresleben zu studieren und gleich mir einmal zu sondieren, was in Neapel zu machen sei.*« WALTHER erkannte auch das Zusammenspiel tektonischer und eustatischer (Meeresspiegel-) Bewegungen und übertrug später als Kenner der Wüste nicht weniger als des Meeres das dortige sedimentbildende Geschehen in ebenfalls aktualistischer Weise auf die Bildung terrestrischer Sedimente in den »Urwüsten« des Erdaltertums.[91]

Nordsee   Für die Nordsee sei auf die Forschungen des Lehrers Dr. h. c. H. SCHÜTTE hingewiesen, der anhand unzähliger Flachbohrungen in Marsch und Watt die Spiegelschwankungen der letzten Jahrtausende des im ganzen gefährlich sinkenden Küstenlandes ermittelte, und auf W. SCHÄFERS schon klassische »Aktuopaläontologie nach Studien in der Nordsee« (1962).

Horste mit
Gräben   In den Fünfzigerjahren ergaben Echolotungen, daß die vulkanisch sehr aktiven mittelozeanischen Rücken langgestreckte Horste mit tiefen

achsialen Gräben sind, also entgegen früherer Annahme keine Pressungsstrukturen nach der Art von Faltengebirgen, sondern Zerrstrukturen. Weiter entdeckte man, daß der basaltische Meeresboden zu beiden Seiten der
mittelozeanischen Rücken in zahlreiche schmale Streifen entgegengesetzter Polarität gegliedert ist, die sich nur zum Zeitpunkt des Erstarrens eingestellt haben konnte. Die Ozeanböden müssen demnach von der Erstarrungszone, d.h. von den mittelozeanischen Rücken, nach den Seiten hin
abwandern.

Weitere dramatische Fortschritte der modernen Meeresforschung
stellten sich seit 1968 ein, und zwar mit dem zunächst rein US-amerikanischen Tiefseebohr- (Deep Sea Drilling-) Projekt von dem neuen Bohrschiff ›Glomar Challenger‹ aus (1968–1683; ›Glomar‹ = Global Marine
Inc.). Seit der Internationalisierung des Projekts 1974 – heute als Ocean
Drilling Program weitergeführt – kam es auch zu deutscher Beteiligung.
Hauptergebnisse sind:

1. daß die heutigen Ozeanböden unter geringer, nur an den Kontinentalrändern mächtigerer Sedimentbedeckung aus Basalt bestehen;
2. daß dieser Basalt, der bis heute als Glutfluß in den mittelozeanischen
   Rücken emporsteigt, mit zunehmender Entfernung von diesen ein
   immer höheres Alter aufweist, aber nirgends über 180 Mio. Jahre (also
   höchstens Jura-Alter);
3. daß sich diese Alterszunahme mit horizontaler Bewegung des basaltischen Meeresbodens nach den Rändern hin, und zwar 1–18 cm pro
   Jahr(!), erklären läßt;
4. daß die mit der Entfernung von der achsialen Aufstiegszone sich einstellende Abkühlung zu starker vertikaler Absenkung des Meeresbodens führt, von der auch die durch die Brandung während des Versinkens oben abgeflachten Vulkanberge (Guyots)[92] zeugen. Dazu kommt
6. Einblick in die Klimageschichte und die Evolution der marinen Lebewelt anhand der Bohrprofile in den Meeresboden bedeckenden Sedimenten;
7. die Entdeckung heißer ozeanischer erzabscheidender Quellen entlang
   den mittelozeanischen Rücken, die von der Lösungskraft in die heiße
   Kruste eingedrungenen Meerwassers zeugen, und
8. daß sich auch in der Tiefsee Erdöl und Salzlager bilden können.

Die Konsequenzen aus diesen jüngsten Erkenntnissen finden sich in den
Abschnitten 18.6–8.

16.3 Meer und Land[93]

> *Und aber nach fünfhundert Jahren*
> *kam ich desselbigen Weges gefahren.*
>
> FRIEDRICH RÜCKERT: Chidher.

Grenzverschiebungen zwischen Meer und Land sind seit alters bekannt. Die Frage nach den Ursachen hat sich präzisiert, als man seit dem Ende des 17. Jahrhunderts auf ein Fallen des Wasserspiegels der nördlichen Ostsee aufmerksam wurde. Der schwedische Arzt U. HJÄRNE hat bei einer von ihm 1694 in die Wege geleiteten diesbezüglichen Umfrage bereits mehrere Ursachen zur Diskussion gestellt, was deshalb auffällt, weil nach ihm lange Zeit nur unikausale Deutungen versucht wurden. So nahmen A. CELSIUS (1743) und C. LINNAEUS (1745) eine allgemeine Wasserverminderung an, aus der LINNAEUS (ähnlich wie später A. G. WERNER) die allmähliche Landwerdung im sinkenden Urozean herleitete und das in der Art eines ersten kleinen Inselparadieses anschaulich schilderte: »*Daß das Trockene auf der Erde sich mehr und mehr ausdehnt, das ist unwiderlegbar, da die ganze Natur, Berge und Täler, Versteinerungen und Schichten des Erdreichs, der Abgrund des Meeres und alle Steine, selbst wenn alles andere schwiege, davon erzählen. Und wie das Erdreich jetzt zunimmt, so hat sich auch in gewissem Grade früher das Trockene ausgedehnt, und gehen wir den Weg dieser Vermehrung zurück, so gelangen wir schließlich zu einer kleinen Insel ... So war auf dieser kleinen Insel eine lebendige Naturalienkammer von Pflanzen und Tieren, darin nicht ein einziges fehlte von all dem, was es jetzt auf dem Erdball gibt. Hier hat also der erste Mensch alles gehabt ...*«

Als L. VON BUCH durch Skandinavien reiste, schien ihm die dortige Küstenverschiebung eine regional begrenzte Erscheinung zu sein, die sich daher nicht mit einem Sinken des Meeresspiegels vereinigen lasse: »*...die Anwohnenden glauben es noch zu erleben, den Boden des Meeresarmes in Äcker und Wiesen verwandelt zu sehen. ... Es ist ein äußerst sonderbares, merkwürdiges, auffallendes Phänomen! Wieviel Fragen drängen sich hier nicht auf ...! Gewiß ist es, daß der Meeresspiegel nicht sinken kann; das erlaubt das Gleichgewicht der Meere schlechterdings nicht. Da nun aber das Phänomen der Abnahme sich gar nicht bezweifeln läßt, so bleibt, soviel wir jetzt sehen, kein anderer Ausweg als die Überzeugung, daß ganz Schweden sich langsam in die Höhe erhebe ...*«

Das entspricht der v. BUCHschen Hebungstheorie. Ed. SUESS mußte die Dinge später im Zeichen der von ihm vertretenen Kontraktionstheorie sehen und deutete die Hebung Skandinaviens zunächst im Sinne einer ›*Erdfalte von großer Amplitude*‹. In seinem ›Antlitz der Erde‹ (Bd. 2, 1888) rückte er davon aber zugunsten nur relativer Landhebung infolge des sinkenden Meeresspiegels ab: »*Der Erdball sinkt ein; das Meer folgt. Während*

*aber die Senkungen des Erdballes örtlich umgrenzt sind, breitet sich die Senkung
der Meeresfläche über die ganze benetzte Oberfläche des Planeten aus. Es tritt
eine allgemeine negative Bewegung ein.*«

Er übersieht dabei allerdings, daß der durch Kontraktion sich verklei-
nernde Erdumfang ja auch zu einem Steigen des Meeresspiegels führen
müßte. Er vergißt indessen nicht die Frage nach der Ursache der großen
Transgressionen der Erdgeschichte und meint sie in der Auffüllung der
Meeresbecken mit das Wasser verdrängenden Sedimenten zu finden.
*»Jedes Sandkorn, welches heute im Weltmeere versinkt, drängt dasselbe um ein
Geringes aus seinem Bette.*« Dazu kommt aber auch die fortschreitende, das
Vordringen des Meeres erleichternde Erniedrigung der Festländer durch
die Abtragung.

Suess nennt erdweite Meeresspiegelschwankungen, zu deren Ursachen auch noch Wasservermehrung vulkanischer Herkunft sowie chemische Bindung von Wasser in Gesteinen treten können, ›eustatische Mee-
resbewegungen‹, der Amerikaner K. Gilbert (1890; s. Wegmann 1967)
langsame Hebungen und Senkungen von Festländern ›epirogenetisch‹
(von ›epeiros‹ = Kontinent).

Abseits von des Suessschen Vorstellungen war TH. F. Jamieson[93a]
schon 1865 auf den Gedanken gekommen, daß die der Hebung Skandinaviens vorausgegangene Landsenkung isostatisch (vgl. S. 81) unter der
Last des diluvialen Eises eingetreten sei.

*»Es ist bemerkenswert, daß wir in Skandinavien, Nordamerika und Schott-
land den Zeugnissen einer Landsenkung begegnen, die unmittelbar nach der
großen Eisbedeckung eingetreten ist. Auffallenderweise ist die Meereshöhe, bis
zu der sich in diesen Ländern marine Fossilien finden lassen, nahezu gleich. Es
kam mir daher der Gedanke, daß bei dieser Senkung das ungeheure Gewicht des
dem Lande aufgebürdeten Eises mit im Spiele sein könne. Agassiz nimmt an,
daß das Eis in einigen Teilen Amerikas eine Meile dick gewesen sei, und auch in
Skandinavien und dem nördlichen Britannien liegen alle Anzeichen für eine
beträchtliche Mächtigkeit vor. Der Zustand des Materials, das die feste Erdkruste
trägt, ist uns unbekannt. Sollte er aber schmelzflüssig sein, dann wäre eine
Landsenkung aus der oben genannten Ursache möglich und dann würde sich aus
dem Abschmelzen des Eises auch die Hebung des Landes erklären, die anscheinend auf den Rückzug der Gletscher folgte.*«

Abschmelzendes Eis entlastet aber nicht nur das von ihm zuvor
bedeckte Land, sondern führt dem Meere auch bisher gebundenes
Schmelzwasser zu. Eiswachstum läßt den Meeresspiegel also weltweit sinken, Eisrückzug aber steigen. Der Finne W. Ramsay hat 1924 (s. Wegmann 1967 b) gezeigt, daß diese schon früher erwogene Erscheinung mit
den Bewegungen des Landes interferiere und daß eine kombinierte
Betrachtung erforderlich sei. Der nacheiszeitliche Anstieg des Meeresspiegels, der das von Eis entlastete und sich daher hebende skandinavische

Landgebiet zuweilen überholt, zuweilen hinter ihm zurückbleibt, hat seit dieser Erkenntnis zu einem höchst dramatischen Bild der geologischen Geschichte der erst jungen Ostsee geführt. Freilich ist die Frage, ob es sich wirklich nur um ein passives Reagieren der plastischen Tiefe auf die Eislast handelt oder stattdessen – da es solche epirogenen Hebungen und Senkungen ja auch in eisfrei gebliebenen Gebieten gibt – nicht vielmehr aktive Kondensationsströme im Mantel ursächlich überwiegen, bis heute nicht verstummt.

Noch größere Spiegelschwankungen als in der Nacheiszeit ergaben sich innerhalb der Eiszeit selbst im Wechsel glazialer und interglazialer Phasen. Sie führten vor allem in Randmeeren wie der Nordsee zu großen Veränderungen (S. 102) und lassen sich an heute über- und untermeerischen Terrassen des Mittelmeers nachweisen, die tektonisch weithin ungestört blieben. In der Riß/Würm-, also der letzten Interglazialzeit, stand das Mittelmeer 15 m über dem heutigen, in der anschließenden Würmvereisung während des letzten Jahrhunderttausends vor unserer Zeitrechnung 90 m tiefer als sein heutiger Spiegel, wie eine geröllbedeckte Terrasse in 90 m Tiefe zeigt.

Es handelt sich um erdweite, vom prähistorischen Menschen miterlebte Küstenveränderungen, die zumal PFANNENSTIEL (1944, 1952)[93b] für das Mittelmeer erforscht und fesselnd dargestellt hat. Dabei greifen Land- und Meeresgeologie, Paläontologie, Tektonik, Ichthyologie (heutige Fischfaunen) und Urgeschichte eng ineinander. Eine nicht ganz sicher datierte Hornsteinklinge von der Dardanellenküste wirft die Frage auf, ob ihr einstiger Besitzer noch die breite Meeresstraße zwischen Mittel- und Schwarzem Meer im Riß-Würm-Interglazial gesehen habe oder ob er während der frühen Würmeiszeit zu Fuß im Dardanellen-Flußtal wandern konnte … »In Form von Mythen und Sagen ist der Nachwelt das große Erlebnis der Landschaftsveränderung überliefert worden.«

16.4 Landschaftsmorphologie[94]

EDUARD MÖRIKE über die Felsen am Albtrauf

Das häufige Mißverhältnis zwischen der Größe der Täler und ihrer heutigen Flüsse ließ am leichtesten an einstige Meeresströmungen als tal- und überhaupt reliefbildende Ursache denken (vgl. BUFFON, S. 30). Noch näher lag es, so für LYELL, Verebnungen durch marine Abrasion zu deuten, und in den langgestreckten Stufenrändern, welche Landschaften flach geneigter Schichtlagerung unterbrechen, einstige Küstenkliffe zu sehen.

Wer je auf den Kliffkanten der nordfranzösischen und südenglischen Jura- und Kreideküsten oder auf der Kante des ostpreußischen Samlandes stand, der kann sich dem Eindruck solcher Analogie nicht entziehen. Der Tübinger Geologe F. A. QUENSTEDT deutete so, wie aus einem frühen Vorlesungsskriptum von 1837 hervorgeht, den Nordsaum des Rheinischen Schiefergebirges und auch den Teutoburger Wald, vor allem aber den vor seinen Fenstern liegenden Nordwestabfall (›Trauf‹) der Schwäbischen Alb: »*Eine Menge von Busen, Hafen, Inlets, Scheeren sind darin auf ewige Zeiten ausgeprägt, so daß man die vollkommenste Anschauung von einer Steilküste erhält, sobald man sich nur vorstellt, daß eine Meeresfluth die niederen Vorberge überstiege ...*« QUENSTEDT hat sich von dieser Vorstellung bald freigemacht, ohne freilich auch schon eine andere Deutung parat zu haben. Es ging ihm zunächst vor allem um die Darstellung von Tatsachen. ›In der Theorie‹, so schrieb sein Enkel WERNER QUENSTEDT (1941),[94a] »lag seine Grenze, die für das damalige Bedürfnis der Wissenschaft aber nicht nur keine Grenze war, sondern im Gegenteil seine ganze Arbeitskraft für den Dienst an der Beobachtung freimachte und frei hielt.« Tatsa-

Abb. 22. Schwäbische Stufenlandschaft links und rechts des Neckars bei Rottenburg *(Rbg)* - WK Wurmlinger Kapelle – Tübingen *(Tbg)* – Reutlingen *(Rtl)*. *Links* Keuperstufe des Schönbuchs *(K)*; *rechts* die Jurastufen von Albvorland und zertaltem ›Trauf‹ (Nordwestabfall) mit abgeschnürten Zeugenbergen. *Ö* Österberg b. Tübingen, *A* Alteburg, rechts höher Roßberg, *SK* Salmendinger Kapelle, *M* Muschelkalk, *K* Keuper, *L* Lias, *B* Brauner Jura, *W* Weißer (oberer) Jura. (Aus HÖLDER 1960)

che aber war der einer flachen Treppe gleichende Bau des Landstrichs zwischen Schwarzwald und Alb mit weiten, von Stufenrändern unterbrochenen Ebenheiten (Abb. 22), für den QUENSTEDT in einem Aufsatz 1842 den Begriff ›Stufenland‹ prägte.

Stufenland Freilich kann auch ein so stark der Beobachtung verhafteter und darin sein Genüge findender Geist nicht ganz auf das Theoretisieren verzichten. QUENSTEDT näherte sich ihm nun auf seine eigene, ganz nahe an der Beobachtung bleibende Weise. Stufenränder entsprechen ja auch den Grenzen von Sedimentpaketen. Und obwohl schon BOULANGER (1753, s. S. 30) in Stufenrändern Frankreichs und der Pfarrer ED. SCHWARZ (1832)[94b] in denjenigen Süddeutschlands Zeugen der Zerstörung – wie sie annahmen, durch gewaltsame Fluten – erkannt hatten, meinte QUENSTEDT: »*Zuletzt bleibt uns kein anderer Weg offen, als anzunehmen, daß diese Ränder nur wenig Veränderung erlitten haben, vielmehr ursprünglich in jetziger Gestalt abgelagert wurden. Die erst später entstandenen Talfurchen abgerechnet, hätte demnach der alte Meeresgrund mit untergeordneten Ausnahmen dieselbe Beschaffenheit gehabt wie die heutige Oberfläche. Da nun nach Osten die jüngeren Formationen auftreten, so gewinnt es den Anschein, als wäre das Meer nach dieser Richtung immer weiter zurückgetreten und hätte den tieferen Kessel des schwäbischen Beckens* [also des Stuttgarter Raums] *leer gelassen ...... Wenn aber das Meer so hoch stand, daß es den Jurakalk absetzen konnte, so ist man notgedrungen anzunehmen, daß die Wogen bis zum Schwarzwald reichten. Reichte das Meer aber bis dahin, so sieht man wiederum nicht ein, warum der Jurakalk sich nur auf den Höhen* [der Alb] *absetzte und in den Tiefen nicht. Allein bei diesen Einwänden geht man von der falschen Voraussetzung aus, daß das Meer in allen seinen Teilen gleichviel Masse ablagern müsse, was nicht der Fall ist*« (1842).

Statische Morphologie Es fällt uns Heutigen schwer, QUENSTEDT hier überhaupt zu verstehen. Die Stufenränder als schon bei der Ablagerung auf dem Meeresgrund gebildete Steilränder? Für den Albtrauf stand hierfür freilich die »*Ansicht des größten Geognosten unserer Zeit, die Alp sei eine Korallenbank*« zur Verfügung, die L. v. BUCH 1837 in seiner Abhandlung »Der Jura in Deutschland« (erschienen 1839) konzipiert hatte.[94c] Schon er rechnete, wie dann auch QUENSTEDT, mit einer fast unveränderten Übernahme der Formen des einstigen Meeresgrundes in die heutige Landschaft, was (bei Überbewertung der erdinneren) eine Unterbewertung der erdäußeren Kräfte voraussetzt. Doch war es neben v. BUCHs Autorität QUENSTEDTs so völlig und fast ausschließlich empirische Natur, die ihn zu seinen seltsamen Vorstellungen führt. Das heißt, daß er die Beobachtung hier und auch sonst oft so nahm, wie sie sich ihm gab, und daß er sich deshalb dagegen sträubte, ohne Not einst vorhandene Schichtgesteine da anzunehmen, wo sie sich heute nicht mehr beobachten lassen. Noch 1856 (Sonst und Jetzt, S. 97) schreibt er: »*Wir müssen die Thatsachen in ihrer Nacktheit erfassen*«.

108

Nur so ist zu begreifen, daß er auch bei allen anderen Stufenrändern und an vielen Partien des Albtraufs selbst, wo von einer Riffstruktur des Gesteins (durch Korallen, ›Schwammkorallen‹ oder einfach durch massige Gesteinsausbildung) keine Rede sein konnte, nach einer Möglichkeit der Entstehung schon auf dem Meeresgrund suchte und sie in einer Argumentation, die uns freilich unnatürlich und erzwungen anmutet, auch zu finden meinte. Er denkt an Sedimentationsgrenzen materialbringender Meeresströmungen, deren Wege sich mit fortschreitender Hebung des Meeresbodens immer weiter nach Südosten auf die Flanken des Hebungsgebietes verlagert hätten.

Und weiter – über das Verhältnis von Muschelkalk, zu dem QUENSTEDT auch die Lettenkohle zählt, und Keuper schreibt er 1848 (Württ. Jh.):

»*Die den Muschelkalk absetzenden Gewässer haben ein ganz anderes Gebiet als die des Keupers.*« Nimmt doch die Lettenkohle an dem »*steilen Keuperwall*« (Keuper-Stufenrand) gar »*keinen Anteil*«. »*Das Keupermeer*«, so schließt QUENSTEDT daraus, »*nahm eine wesentlich veränderte Stellung ein, mag auch der Steilrand nicht blos Folge des Absatzes, sondern auch in Folge einer Fluth herausgebildet sein.*« Wo wir Buntsandstein, Muschelkalk, Keuper und Jura heute finden, nur da sollen sie auch gebildet worden sein, nicht aber darüber hinaus! Sie sind also vor den Stufenrändern nicht etwa abgetragen – und sie tauchen (eine neue Überraschung für uns!) auch keineswegs immer unter den folgenden Stufenrand der nächst jüngeren Formation unter (obwohl das QUENSTEDT später in seinen Profilen doch so zeichnen ließ).

Der Augenschein vermittelt eben zunächst die *horizontale* Verbreitung, das *vertikale* Übereinander dagegen nur, soweit es offen zutage liegt. Der Lettenkeuper scheint am Fuß des Keuper-Stufenrandes ja tatsächlich zu verschwinden. Daß er in Wirklichkeit darunter eintaucht, war nur in einem weiteren Schritt zu postulieren oder durch Bohrungen zu verifizieren. Die horizontale Betrachtungsweise war also in diesem Falle die unmittelbarere und ältere; ja es gab eine Zeit, in der die Erkenntnis der vertikalen Komponente der schwäbischen Gesteinsfolge überhaupt noch fehlte. Wir übersehen das meistens deshalb, weil man erdgeschichtliche Forschung gewohnheitsgemäß mit der Entdeckung des Lagerungsgesetzes (vertikale Abfolge immer jüngerer Schichten im Profil) durch NICOLAUS STENO (1669) beginnen läßt. Diese Erkenntnis ergab sich aber in der durchaus zufälligen Abhängigkeit davon, daß an den steilen Berghängen und Wänden des toskanischen Apennins, wo STENO seine Beobachtungen machte, die *Über*lagerung bevorzugt ins Auge trat. Hätte er in einer Landschaft mit ausgeglichenerem Relief geforscht, so hätte die europäische geologische Forschung wahrscheinlich einen ganz anderen Ausgangspunkt genommen.

109

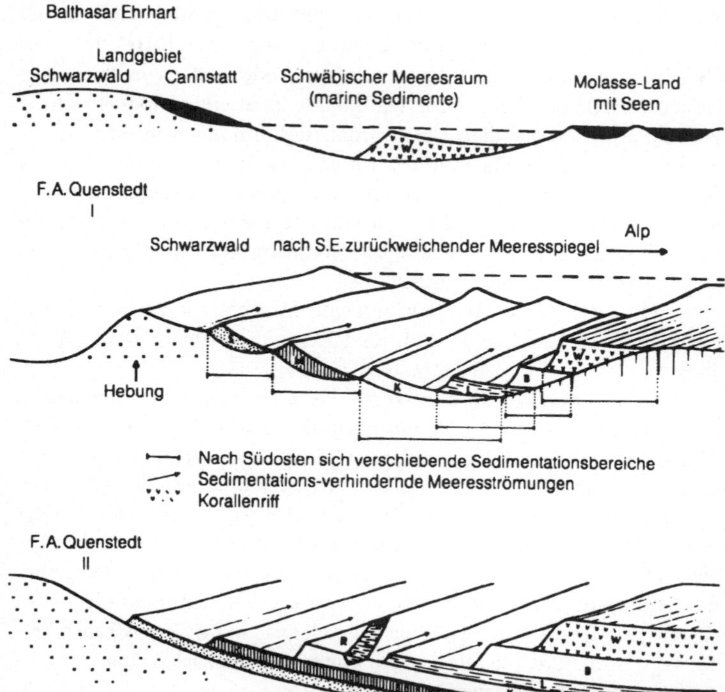

Abb. 23. Deutungsgeschichte der Schwäbischen Stufenlandschaft nach den Vorstellungen von EHRHART (1748) und Quenstedt seit 1842. (Aus HÖLDER 1977.) S Buntsandstein, M Muschelkalk, K Keuper, L Lias (Schwarzer Jura), B Brauner Jura, W Weißer Jura. R vermeintliche Rinne des liassischen Meeresbodens im Keuper.

Württemberg bot im Gesamtbild eine solche relativ ausgeglichene Landschaft. Als der berühmte Memminger Arzt und Naturforscher BALTHASAR EHRHART 1748 einen ersten umfassenden Überblick über die Verbreitung der Gesteine gab, unterschied er von Südosten nach Nordwesten sechs Regionen und zwar in unserer heutigen Sprache tertiäre Molasse mit fossilen Pflanzen und Teichmuscheln, Süßwasserkalk mit Landschnecken, oberjurassische Korallenkalke der südlichen Alb, Gesteine mit Meeresmuscheln am Nordwestabfall und im Vorland der Alb, Cannstatter Lehm mit großen Knochen (Mammutlehm), und endlich das Grundgebirge des Schwarzwaldes (als Suevia subterranea metallifera). Es war erst WERNER QUENSTEDT, F. A. QUENSTEDTs Enkel, der überhaupt verstand,

110

daß E H R H A R T hier keine genetische Abfolge, sondern eine vielgestaltige vorzeitliche Landschaft mit *gleichzeitigem* Nebeneinander verschiedener Landschaftsräume zu rekonstruieren versuchte: Land und Süßwasser im Süden, Land von Großtieren bevölkert auch bei Cannstatt sowie auf älterem kristallinem Grunde im Schwarzwald, und dazwischen den jurassischen Meeresarm mit fossilreichen Ablagerungen verschiedener Art (Abb. 23 oben).[95] F. A. Q U E N S T E D T, der E H R H A R T S Leistung in der Einleitung seines ›Jura‹ (1858) rühmt, hat jene Regionen als übereinanderliegende Formationen mißverstanden und nannte demgemäß die Einschaltung des Cannstatter Knochenlehms einen *»für jene Zeit verzeihlichen Fehler«*. Denn jetzt, ein gutes Jahrhundert nach E H R H A R T, ließ sich weder ein so hohes Alter des Mammutlehms noch die Gleichzeitigkeit von Mammut und Jurakorallen mehr annehmen.

Bei den Jura-Stufen nahm Q U E N S T E D T freilich anders als bei den Trias-Stufen wohl von Anfang an Unterlagerung des jeweils höheren durch das darunter eintauchende tiefere Schichtpaket an. Denn daß der Braune Jura der Weißjura-Stufe nur angelagert sei, hat schon der Bergrat F A B E R D U F A U R 1819 in den Stollen des Wasseralfinger Eisenerzbergwerks widerlegt.

Unter- statt nur Anlagerung

Doch steigen in Q U E N S T E D T auch Zweifel auf: *»Wenn aber das Meer da oben stand und Gesteine ablagerte, so will es Manchem auf den ersten Blick schwer einleuchten, warum nicht hier unten auch etwas herkam. Sie meinen daher, die abgeschnittenen Schichten müßten nothwendig früher weiter, und zwar sehr weit übergegriffen haben. Unmöglich ist das nicht, aber nach den vorhandenen Ueberresten unwahrscheinlich«* (Geol. Ausflüge in Schwaben, 1864).

Die Annahme, daß heutige Verbreitungs- und einstige Ablagerungsgrenzen der Schichtgesteine weitgehend übereinstimmten, beruht darauf, daß sich Q U E N S T E D T ebensowenig wie L. v. B U C H vorzustellen vermochte, daß die erdäußeren atmosphärischen Kräfte die Formen der Landschaft umgestalten könnten. L. v. B U C H begegnete O. F R A A S noch in den Fünfzigerjahren, als dieser ihm während einer Exkursion den Hohenzollern als Beispiel eines Zeugenbergs zeigte, mit dem unwirschen Ausruf: *»Schweigen Sie mir von Ihren Erosionen!«* Auch Q U E N S T E D T gewann weder die Einsicht in die ihn schützende tektonische Grabenlage dieses Berges (Reliefumkehr) noch in die offenbare Rolle der Abtragung. Die Erkenntnis der unter dem Angriff der Atmosphäre langsam zurückwandernden Stufenränder ist anderen zu verdanken, voran dem Eßlinger Fabrikanten und Privatgelehrten K. D E F F N E R, der in der Arbeit des Wassers, nämlich des flächenhaft abspülenden Regens und der linear sich ein- und rückschneidenden Sammeladern der Bäche und Flüsse, die Hauptfaktoren der Stufenbildung in einer Wechselfolge harter und weicher Gesteine fand.[96] D E F F N E R schildert das Zerstörungsbild des Liasstufenran-

Verkennung exogener Kräfte

Aktualistische Deutung

des so: »*Die breit vorgeschobene Ebene löst sich allmählich in eine weit hinausreichende Kuppenzone von hügeligen Vorposten auf, die man eigentlich richtiger Nachzügler nennen könnte und welche, mit dünner und dünner werdenden Kuppen der früheren Liasbedeckung gekrönt, als letzte Nachhut des verlorenen weiten Liasfeldes im fruchtlosen Kampf gegen die Elemente mehr und mehr zusammenschmelzen.*« Für den in so steile Höhe emporragenden Albtrauf nahm allerdings auch er noch die Mitwirkung einer ›*diluvialen Lehmflut*‹ an, ehe Melchior Neumayr (1887) für die ausschließlich aktualistische Erklärung der Stufenlandschaft eintrat.[97]

Er erkannte bei einer Betrachtung des Landes vom Odenwald nach Süden gegen die Schwäbische Alb, daß *alle* Stufenränder ausschließlich unter der Gewalt der heute hier noch tätigen Kräfte zurückweichen. Er erkannte zugleich, daß die Schichtgesteine bis hinauf zum Weißen Jura im Hebungsgebiet beiderseits des Rheintalgrabens den mit der Meereshöhe zunehmenden erosiven Kräften anheimgefallen sein müssen, während sie in der geschützten Lage des Rheingrabens bis heute die (auch von Schwarz schon erkannte) einstige Verbreitung dokumentieren. Mit diesem ›Neumayrschen Gesetz‹ der Beziehung zwischen Erosion und Meereshöhe fand das Bild der Südwestdeutschland langsam ›durchwandernden‹ Stufenränder seinen endgültigen Rahmen.

»*Wir haben es hier mit der Wirkung eines allgemeinen, aber noch nicht genügend gewürdigten Gesetzes zu tun, nach welchem die Wirkung der Erosion mit der Höhenlage zunimmt. Diese Erscheinung wird einerseits bedingt durch den intensiven Temperaturwechsel und größere Niederschlagsmengen auf exponierten Höhepunkten, anderseits durch das Bestreben der fließenden Wässer, einen in normaler Kurve verlaufenden Talweg herzustellen ... und es ist klar, daß alle höheren Schichten durch Denudation verschwinden mußten, auch wenn über dem Buntsandstein des Odenwaldes und Spessart noch Muschelkalk, Keuper und der ganze Jura lag. Man muß sich nur daran erinnern, daß diese Gegenden seit Ende der Jurazeit nicht mehr vom Meere bedeckt sind und also die Denudation vermutlich seit vielen Millionen Jahren in denselben tätig ist...*«[97] (Neumayr).

Fazit also: Entstehung von Stufenflächen durch atmosphärische Abtragung bis auf ein widerstandsfähiges Gesteinsniveau bei Abhängigkeit der Morphologie von der gegebenen Struktur, wie das Neumayr unter gleichgewichtiger Wertung von Flächen und Stufen sowie von der Erosionsarbeit in der Horizontalen und Vertikalen zutreffend dargestellt hat. Denn die Freilegung der Flächen geschieht ja insbesondere am Fuß der Stufenränder als des vertikalen Skulpturelements, dessen Stufenkanten aber im Gleichgewicht zwischen Höhenlage, Gesteinswiderstand und Erosion in eine übergeordnete Horizontale eingeregelt werden.

Das ›Neumayrsche Gesetz‹ enthüllte eine ganz neue Art der Beziehung zwischen Erosion und Tektonik. Galten sonst Spalten, Schwächezonen, Depressionen tektonischer Art als Anziehungsbereiche der Wasserarbeit, so zeigen sich jetzt gerade die tektonischen Hebungsgebiete dafür sowie für die Arbeit anderer atmosphärischer Kräfte prädestiniert. Daß das bis ins einzelne gilt, indem auch die Erhaltung von Vorsprüngen, Halbinsel- und Zeugenbergen am Stufenrand auf lokale tektonische Tieflage – also auf Reliefumkehr – wiesen, hat sich erst nach NEUMAYR herausgestellt: so die Lage des erwähnten Hohenzollern als Vorberg in einem den Stufenrand querenden tektonischen Graben (1912).

Dennoch erwies sich, wie es bei historischen Studien so oft geht, auch NEUMAYRS Prinzip – lange Zeit unbemerkt – schon 1834 durch den ersten württembergischen Jura-Geognosten Graf v. MANDELSLOH[98] vorweggenommen, als er den Albtrauf wegen der dort vorkommenden Basalttuffe als magmatische Hebungslinie (Verwerfung also) deutete, aber nicht etwa entsprechend dem Augenschein, daß das nördliche Vorland am Albkörper abgesunken sei und den Gebirgsabfall dadurch unmittelbar freigelegt habe, sondern in einem für die damalige Zeit schlechthin erstaunlichen Gedankengang gerade umgekehrt: Die Alb selbst sollte dem abgesunkenen, ihr nördliches Vorland aber dem gehobenen Flügel entsprechen und jener heute nur deshalb tief zu Füßen liegen, weil hier (über dem Vorland) die Decke der harten Weißjurakalke infolge der gehobenen Lage und der damit verbundenen schnelleren Abtragung zerstört worden sei und so auch die liegenden weicheren Schichten der Zerstörung bis hinab auf die harten Liaskalke preisgegeben habe!

In Nordamerika ist J. HALL (1858) als Vorläufer NEUMAYRS zu nennen: »*Mit der Bildung von Falten und Antiklinalen werden die Schichtgesteine der Abtragung im Bereich der Gewölbe verstärkt unterworfen. Dabei können die Gewölbe sogar zu Senken und tiefen Tälern ausgeräumt werden, die Flanken der Synklinalen als abwärtige Umbiegungen der Schichten durch ihre anfängliche Schutzlage aber als hervorstechende Gebirgsgrate stehen bleiben. Es gilt das ganz allgemein für viele Teile der Appalachen*«[99] – und in Europa klassisch etwa für den Schweizerjura.

Historisch gesehen müßte man also gerechterweise vom Mandelsloh-Hall-Neumayrschen Prinzip sprechen, das freilich wenigstens in Europa erst durch letzteren wirklich ins Bewußtsein trat.

Flächenhafte Denudation durch Regen, Schnee, Frost vollziehen also im Verein mit der Schwerkraft die in den Hochlagen verstärkte Abtragung. Aber ist nicht auch etwas Richtiges an LEONARDO DA VINCIS Tagebuchnotiz, daß in den Tälern mehr geschehe, weil »*die Wassermenge, die von halber Höhe des Berges bis zu seinem Fuße fließt, größer als die vom Gipfel bis zu halber Höhe herabkommende ist*«? Wir begegneten schon wiederholt den hiermit ja übereinstimmenden Ansichten der ›Fluviatilisten‹ (S. 31), aber auch L. v. BUCHS haltloser Gegenposition (S. 94). Daß aber das Wasser die endogen geschaffenen Formen nicht nur allgemein abzutragen,

Vorwegnahme
(HALL,
v. MANDELS-
LOH)

Appalachen

Berg
und Tal

sondern den die Wasserwege hindernden endogenen Regungen der Erd-
rinde in erfolgreichem Ringen entgegenzutreten vermag, zeigte sich erst
1869 mit J. W. POWELLS abenteuerlicher Bootsfahrt durch den Colorado-
Cañon.[100] Warum z.B. bricht der Green River, ein nördlicher Ast des
Colorado-Flusses, auf seinem Weg aus dem flachen Vorland jäh durch die
Ketten des Uinta-Gebirges, statt es zu umgehen, um das wiederum flache
südliche Vorland zu erreichen? Es war die gleiche Frage wie die nach dem
Lauf des Rheins durch das Schiefergebirge (s.u.). POWELL schreibt: »*Die
Antwort lautet, daß der Fluß hier ein altes Wegerecht hatte – mit anderen Wor-
ten, daß er hier schon floß, ehe die Berge da waren, nicht vor der Ablagerung der
Gesteine natürlich, welche die Berge aufbauen, aber vor der Faltung, die zur
Bildung der Gebirgskette führte.*

*Die Kontraktion oder Schrumpfung der Erde veranlaßt die Gesteine, nahe
der Erdoberfläche sich zu runzeln oder zu falten, und solch eine Falte wurde
quer zum Flußlauf angelegt. Hätte sie sich plötzlich gebildet, so wäre das Hindernis groß genug gewesen, um das Wasser in einen neuen Lauf nach Osten in
das Gebiet außerhalb der Erdrinden-Runzel abzulenken. Aber das Auftauchen
der Falte über das sonstige Niveau vollzog sich langsam oder wenigstens nicht
schneller als die fortschreitende Eintiefung (corrasion) des Flußbetts.*

*Der Fluß behielt also sein Bett bei, die Berge aber stiegen empor. Er gleicht
der Säge in festem Gatter, während ihr der Block, den sie durchschneidet, entge-
genbewegt wird. ... Ich schlage vor, solche Täler ...* antecedent valleys *zu
nennen.*

*In anderen Gebirgsgebieten des Westens zeigen sich die Talrichtungen von
der Faltung abhängig. Ich schlage vor, sie* consequent valleys *zu nennen.*«

Vertikales Einschneiden des Flusses also bei mangelnder Zeit zu horizontal ausholender Flächenbildung – wie aber, wenn die Zeit dafür, zeit-
weilig wenigstens, zur Verfügung stand? Konnte die terrestrische Abtragung (Erosion) dann im Gegensatz zu den strukturabhängigen Stufenflächen, auch einen unruhig strukturierten, gefalteten oder aus wechselndem
Grundgebirge bestehenden Untergrund einebnen? VON RICHTHOFEN
(1882) hielt die Entstehung solcher Verebnungsflächen im nördlichen
China nur durch die abrasive Tätigkeit eines transgredierenden *Meeres* für
möglich und übertrug diese Meinung auch auf mitteleuropäische
Gebirgsrümpfe wie das Rheinische Schiefergebirge, dessen Verebnungen
in Wirklichkeit sowohl in der Vorzeit als auch heute wieder mit überwiegend *terrestrischer* Abtragung zu tun haben. Der amerikanische Geograph
W. M. DAVIS (1912)[101] erkannte das richtig und leitete aus dem Gegensatz
solcher Gebirgsrümpfe und der tief in sie eingeschnittenen Täler seine
Zyklentheorie kurzfristiger Hebungen mit anschließender Zertalung bis
zu erneuter Einebnung ab. Er schreibt:

»Das Rheintal. *Der Rhein hat in die gehobene Rumpffläche des Schiefergebirges eine enge Schlucht eingeschnitten, d.h., wir haben hier ein junges Sta-*

POWELL

Fluß und Berg
– altes Wege-
recht

Meeres-
Abrasion?

Erosions-
Zyklen

114

dium des gegenwärtigen Zyklus vor uns, der auf das viel spätere Stadium eines früheren gefolgt ist. Viele derartige Fälle sind bekannt, und sie lassen mir immer eine Parabel in den Sinn treten: Einst besuchte jemand das Atelier eines Bildhauers und traf den Künstler beim Beginn eines neuen Werkes. Schnell hieb er große Stücke von einem Marmorblock ab, und manche Andeutung seines Entwurfs war bereits sichtbar. Aber bei näherer Prüfung bemerkte der Besucher, daß der Marmorblock selbst eine alte Statue war, zerbrochen, verwittert und durch schlechte Behandlung zu einem Torso geworden.

Das Schiefergebirge ist kein Marmor, aber es ruft mir, wie gesagt, immer den Torso einer solchen alten Statue ins Gedächtnis, der jetzt zum zweiten Male durch die Hand des Bildhauers bearbeitet und für die feinere Ausmeißelung der Reife vorbereitet wird. Die Verbindung alter und junger Formen, die auf diese Weise entsteht, ist sehr augenfällig.«

Gebirgstors

Davis gründete rasch eine Schule, und seine Schüler strebten allüberall Zyklen zu entdecken, die von einer Hebung über die Phasen der Erosion zum greisenhaften Stadium der Fastebene und erneut zu Hebung und Belebung des Reliefs führten. Es gibt gewiß Fälle, die dieser Reihenfolge entsprechen, aber noch mehr Fälle, wo Hebung und Erosion gleichzeitig ineinanderspielen. Manche Autoren beziehen auch die Stufenflächen unter dem Hinweis, daß diese nicht immer streng strukturell gebunden, sondern von leichtem Schnittflächen-Charakter seien, im Sinne ineinandergeschachtelter Fastebenen (Peneplaines) in Davis' Theorie ein und bestreiten sogar das Rückschreiten der Stufenränder. Auch in diesem Falle dürfte es sich aber eher um das Ausufern einer Theorie handeln.

Davis' Schu

17 Glazialgeologie

Da liegt der Block, man muß ihn liegen lassen;
zuschanden haben wir uns schon gedacht.
GOETHE: Mephisto in Faust II.

Rätselhafte Gewalt

Das Phänomen der erratischen Blöcke weitab von allen heutigen Gletschern blieb naturgemäß besonders lange rätselhaft. Auch ist kaum zu ermessen, welche Erklärung die glazialen Ablagerungen gefunden hätten, wenn es heute – wie ja in manchen Zeiten der Erdgeschichte – keine Gletscher auf der Erde gäbe, also keine Möglichkeit zu aktualistischer Deutung bestünde. Im 18. Jahrhundert aber waren Gebirgsgletscher nur ganz wenigen von der Anschauung her bekannt, und selbst dann blieb der Gedanke an eine Beziehung zwischen ihnen und weit davon entfernten Blockmassen außer Betracht. Drei aus Genf gebürtige Forscher geben dafür Zeugnis: L. BOURGUET hielt die Blöcke im Alpenvorland für vom Himmel gefallene Steine, J. A. DE LUC (1779)[102] nahm vulkanische Ausschleuderung an. B. DE SAUSSURE (1781) vermutete ein gewaltiges Aufwallen des die Alpen einst bedeckenden Ozeans über dem plötzlich zusammenbrechenden Gebirge. Ein Zeugnis für den Ausbruch solcher Stoßfluten aus den dabei aufgerissenen Tälern sah er darin, daß sich die erratischen *»Bruchstücke nirgends reichlicher und höher finden als diesen großen Tälern gegenüber. Die Teile des Jurassus, welche am meisten damit beladen sind, stoßen gerade auf das Rhonetal.«* L. v. BUCH (1811) schloß sich der Vorstellung solcher ›*Alpenfluten*‹ an und meinte gar, daß der Transport vom Alpenrand bis zum Jurahang angesichts der Größe der hier liegenden Blöcke »nur ein paar Sekunden« gedauert haben könne, weil die Wasserdrift die Fallgeschwindigkeit ja übertroffen haben müsse. (Mächtige Zeugin noch heute die ›Pierrabot‹ über Neuenburg, eigentlich pierre à crapaud, Krötenstein; das Wort ist in diesem Fall weit abgeschliffener als der

Zerstörung von Naturdenkmalen

noch sehr kantige Riesenfindling!). Für das norddeutsche Flachland dachte v. BUCH an ähnliche Wassergewalten. In einem posthum veröffentlichten Aufsatz nennt er die »Rohsteine in der Gegend von Berlin ... eines der größten, der staunenswerten Denkmäler der Geschichte unserer Erde« und beklagt, daß sie mehr und mehr dem Straßenbau – »der zerstörenden Wut der Chausseen« – und anderer Verwendung zum Opfer fielen.[102a]

Doch gab es auch schon eine aktualistische Deutung. GOETHE schrieb 1823 in Erinnerung an Gespräche mit dem späteren Bergrat J. C. W. VOIGT[103] vier Jahrzehnte zuvor, wie sie »das Problem nicht loswerden konnten« und wie VOIGT *»auf den Gedanken geriet, diese Blöcke durch große Eistafeln herantragen zu lassen. Denn da es unleugbar schien, daß zu gewissen Urzeiten die Ostsee bis ans sächsische Erzgebirge und an den Harz*

116

*herangegangen sei, so dürfe man natürlich finden, daß bei laueren Frühlingsta-
gen im Süden die großen Eistafeln aus Norden herangeschwommen seien und die
großen Urgebirgsblöcke, wie sie unterwegs an hereinstürzenden Felswänden,
Meerengen und Inselgruppen aufgeladen, hierher abgesetzt hätten. Wir bildeten
mehr oder weniger dieses Phänomen in der Einbildungskraft aus, ließen uns die
Hypothese eine Zeitlang gefallen, dann scherzten wir darüber. VOIGT aber
konnte von seinem Ernst nicht lassen ...«*

Beide aber spielten auch mit einem ganz anderen Gedanken. VOIGT Geschiebe autochthon?
dachte 1789 angesichts der norddeutschen Geschiebemassen daran, »*daß
hier ein ganzes Grundgebirge verwittert und zusammengesunken sein könnte*«,
und GOETHE will es 1828 auch nicht so recht glauben, »*daß die in den
Oderbrüchen liegenden Gesteine, daß der Markgrafenstein bei Fürstenwalde weit
hergekommen sei; an Ort und Stelle sind sie liegengeblieben, als Reste großer, in
sich selbst zerfallener Felsmassen.*« Neben die später vor allem von LYELL
vertretene Drifthypothese trat hier die autochthone, auf das im Wortsinne
Nächstliegende bezogene Deutung.

Für die Schweiz aber, die er lange Zeit vorher bereist und doch offen- Einst größere Gletscher
bar noch in lebendiger Anschauung hatte, denkt GOETHE im gleichen Text
(1828) bemerkenswerterweise an alpine, einst bis an den Rand des Gen-
fer Sees reichende Talgletscher, deren Geschiebelast dann auf Eisschollen
bis ans nördliche Ufer weitertransportiert worden sein könnte. Es gibt
gute Argumente dafür, daß er diese Vorstellung einer vergangenen Kalt-
zeit mit weit größeren Talgletschern unabhängig gewonnen hat.[104] Dabei
notierte er, seinem Bestreben nach ruhiger Naturansicht gemäß, halb
scherzhaft: »*Da, meine Herren, wo Sie nur Tumult anrichten und uns Nachricht von dem entsetzlichsten Getöse geben möchten, geht es bei uns andern ganz
stumm und friedlich zu.*« Die gleiche Diskussion findet sich auch in ›Wil-
helm Meisters Wanderjahren‹ (2. Buch. Kap. 9). Welch brennendes Inter-
esse dem Problem im Goethekreis galt, geht auch daraus hervor, daß der Fürstliches Interesse an Glaziologie
sehr vielseitig interessierte Herzog KARL AUGUST am Vortage seines Todes
in Berlin in einem viele Themen berührenden Gespräch mit A. v. HUM-
BOLDT (nach dessen bewegendem brieflichem Bericht), bei schon großer
körperlicher Schwäche, »*noch lebendig nach den von Schweden herübergekom-
menen Granitgeschieben der baltischen Länder fragte!*« (ECKERMANNS Gespräche 23. Oktober 1828).

Die Vorstellung einst weit längerer alpiner Gletscher als Transporteure
erratischer Geschiebe findet sich erstaunlicherweise bereits in HUTTONS
›Theory of the Earth‹[105] (1795; nicht erst in PLAYFAIRS ›Illustrations‹, wie
meistens zu lesen ist). Von den damals höheren Alpen, so schreibt HUT-
TON, »*könnte Eis in gewaltigen, nach allen Richtungen gehenden Tälern in das
tiefere Umland geglitten sein und große Granitblöcke weithin verschleppt haben,
wie sie sich zahlreich und zum Erstaunen nachfolgender Geschlechter, die sich
nach dem Woher und Wie ihrer Herkunft fragen, z. B. auf den Höhen von*

Salève [über Genf] *antreffen lassen.*« An anderer Stelle spricht er nicht nur von der Transportkraft, sondern sogar von der die Gesteine zerbrechenden und zermahlenden Kraft des Eises von Talgletschern. DAVIES (1968)[106] fragt deshalb, ob HUTTON nicht vielleicht schon als Pariser Student (1746/47) eine Reise in die Schweiz unternommen habe. Die Anfänge solcher Naturbeobachtungen verbergen sich freilich meist im Namenlosen. So maß schon 1773 ein fünfzehnjähriger Hirtenknabe das Vorrücken des oberen Grindelwaldgletschers, das der Tübinger Professor PLOUQUET hernach spöttelnd in Zweifel zog, mit einem Merkstock. »*Die Zeit hat nicht Herrn* PLOUQUET, *sondern dem Hirten in Grindelwald recht gegeben*« (RUTSCH 1962).[106]

   Die Findlinge hoch an den Südhängen des Juragebirges ließen den Schweizer Ingenieur I. VENETZ (Abb. 24) auf den Alpen entquellende »Gletscher von gewaltiger Höhe ... in der Nacht der Vorzeit« schließen (Vortrag 1821, veröffentlicht erst 1833).[107] J. DE CHARPENTIER, WERNER-Schüler, Lausanner Professor und Salinendirektor von Bex, hielt VENETZ' Ansicht zunächst für »*unsinnig*«, bekehrte sich dann aber aufgrund eigener Geländestudien zu ihr und berichtete vor der Schweizerischen naturforschenden Gesellschaft zu Luzern 1834 darüber. Dabei erinnerte er sich einer schon 1815 im Bagnetal (Wallis) verbrachten Nacht in der Hütte des einfachen Bergbewohners Z. P. PERRAUDIN: »*Die Unterhaltung des Abends drehte sich um die Eigenheiten der Gegend und besonders der Gletscher, die er schon oft überquert hatte ... Die Gletscher unserer Berge, sagte er, hatten*

Abb. 24. *Links* IGNACE VENETZ (1788–1859). Skizze nach einer Photographie eines Gemäldes im Naturhistorischen Museum Bern (ohne Jahr) (in CAROZZI 1984), *rechts* LOUIS AGASSIZ (1807–1873), Skizze nach einer Photographie in E. KUHN-SCHNYDER (Jahresber) Mitt Oberrh Geol Ver NF 55, S 133, 1973)

118

einst eine viel größere Ausdehnung als heutzutage. Unser ganzes Tal war einst . . . . . . von einem weiten Gletscher erfüllt, der sich bis Martigny erstreckte. Das beweisen die Felsblöcke in der Umgebung dieser Stadt, die für einen Wasser-transport zu groß sind« – ohne daß CHARPENTIER es freilich damals der Mühe für wert hielt, darüber nachzusinnen. 1841 erschien dann seine überzeugend ausgearbeitete Gletschertheorie unter dem Buchtitel: ›Essai sur les glaciers‹, in dem er zur Erklärung freilich einst weit größere Höhe der Alpen annehmen zu müssen glaubte.

Exkursionen zusammen mit CHARPENTIER und VENETZ überzeugten auch den bayerischen Botaniker K. SCHIMPER[69] und den ihm von der gemeinsamen Heidelberger Studienzeit her befreundeten Neuenburger Paläontologen L. AGASSIZ (Abb. 24), die beide zuvor der Theorie schwimmender Eisschollen angehangen hatten, von der Gletschertheorie. Doch gingen beide bald noch weit darüber hinaus. Denn SCHIMPER, den der Eindruck vorzeitlicher Floren- und Faunenumbrüche schon vorher periodisch wiederkehrende Zeiten der Verödung und Wiederbelebung vermuten ließ, und der 1836 am Titisee im Schwarzwald erratische Geschiebe entdeckte, entwarf nun zusammen mit AGASSIZ die Hypothese, daß sich der größte Teil der nördlichen Halbkugel durch katastrophal eingetretene, von den Mammutkadavern im sibirischen Eisboden bezeugte Abkühlung mit einer ungeheuren Eiskruste bedeckt habe, und zwar schon vor Entstehung der Alpen. Deren gewaltsame Hebung habe das Eis dann emporgestoßen und samt den daraufstürzenden Trümmern zum Abgleiten weit ins Vorland gebracht. AGASSIZ berichtete darüber vor der Schweizerischen naturforschenden Gesellschaft in Neuenburg 1837, »dem großen geistvollen Zentrum, um das sich damals viele junge Geologen sammelten« (TEICHERT), ohne freilich die anwesenden wissenschaftlichen Häupter v. BUCH, v. HUMBOLDT und DE BEAUMONT – welche Hörerschaft! – überzeugen zu können. SCHIMPER aber widmete, poetisch angeregt, der gleichen Versammlung seine vielstrophige, wie ein sprachlicher Eisbruch anmutende Ode ›Die Eiszeit‹ (erstmalige Prägung dieses Wortes!):

Ureis von damals, als die Gewalt des Frosts
berghoch verschüttet selbst den Süden,
Ebnen verhüllt so Gebirg als Meere . . .

Tief aus dem Grund brach Alpengebirg hervor,
brach durch die Eiswucht, deren erstarrter Zug
unendlich trümmervoll mit Blöcken
seltsam geziert noch den Kamm des Jura . . .

Sonst hat SCHIMPER darüber leider nichts veröffentlicht und wurde auch von AGASSIZ in seinem Buch ›Etudes sur les glaciers‹ (1840) infolge eines

Zerwürfnisses leider nicht erwähnt. Obwohl uns diese Darstellung im Unterschied zu derjenigen CHARPENTIERS (1841) teilweise phantastisch anmutet, schienen AGASSIZ selbst »durch diese Erklärungsweise alle Tatsachen ... auf die ungezwungenste Weise zu einem großen Ganzen vereinigt«. Und später lesen wir: »*Der Tod war eingekehrt mit seinem Schrecken in einer mächtigen Schöpfung, er hatte sie vernichtet mit einem Schlage seiner gewaltigen Hand, um ein neues Geschlecht erstehen zu lassen, damit das Werk gekrönt werde durch die Erschaffung des Geschöpfes, welches allein fähig sein sollte, selbst dasjenige zu erschließen, was die Natur der Vergangenheit den andern für ewig verhüllte.*« Früher größere Länge heutiger Talgletscher, durch weit talab hinterlassene Moränen bezeugt, bestritt AGASSIZ übrigens nicht, wollte sie aber grundsätzlich von den weit im Vorland verstreuten erratischen Blöcken unterscheiden. Zur Kenntnis rezenter Gletscherbewegung trug er durch monatelange Forschungsaufenthalte zusammen mit anderen Forschern in einer auf dem Unteraargletscher dazu errichteten Hütte (›Hôtel des Neuchâtelois‹) wesentlich bei.

HEER Für den Transport alpiner Erratika bis an den Juraabhang zog auch O. HEER in seiner ›Urwelt der Schweiz‹ (1865)[108] alpine Gletscher heran, weil ihr Vorkommen gegenüber den Talausgängen von Rhone und Aare in Bogenlinien ansteige, statt einer horizontalen Uferlinie zu folgen, wie sie der Ablagerung durch Eisberge eines voralpinen Sees entspräche, und weil die erratischen Gesteine des Vorlands noch die Gesteinsunterschiede beider Talseiten (Seitenmoränen) widerspiegelten, statt im Falle einstiger Eisdrift vermischt worden zu sein — was übrigens ähnlich auch bereits andere wie v. BUCH (1811) und H.C. ESCHER (1820)[109] beschrieben hatten.

Sahara-Meer‹ Die Faktorenfrage der Eiszeit, bei der es sich wahrscheinlich um ein Zusammenwirken irdischer und kosmischer Ursachen handelt, ist noch heute nicht gelöst. Ein merkwürdiger Erklärungsversuch für das Ende der alpinen Vereisung bezog sich auf ein während ihrer Existenz angenommenes Sahara-Meer, dessen Austrocknung die Föhnwinde über die Alpen entstehen und die Gletscher dadurch schmelzen ließen — bis dann K.A. ZITTEL auf seiner Reise durch die Libysche Wüste 1873 die äolische Natur des Wüstensandes erkannte.[110]

Norddeutsches Inlandeis Für das norddeutsche Flachland[111] forderte A. BERNHARDI, Professor an der Forstakademie Dreißigacker, schon 1832 mit guten Argumenten eine einstige Inlandvereisung, drang damit aber unter dem Einfluß von v. BUCHs und LYELLs Autorität (Stoßfluten- und Drifthypothese) nicht durch. Auch mußte ja die schon von VOIGT konzipierte Drifthypothese ungleich aktualistischer und damit glaubhafter erscheinen als eine damals noch kaum vorstellbare und in ihren Ursachen unbegreiflich riesige Eisbedeckung ganzer Ebenen. Dennoch gelangte der in Freiberg studierende Schweizer A. v. MORLOT zur festen Überzeugung von einer solchen, als er auf Anregung von C.F. Naumann Schliffflächen auf Porphyrkuppen bei Wurzen im südlichen Sachsen untersuchte. Auch er fand damit aber keine Anerkennung, zumal sich manche – aber nur manche! – dieser Flächen später als Windschliffe erwiesen (Wagenbreth 1960, Eissmann 1974). Den zunächst immer noch zögernden Durchbruch brachte erst ein Vortrag des über Glazialerfahrungen in Skandinavien, Spitzbergen und Grönland verfügenden Schweden O. Torell vor der Deutschen geologischen Gesellschaft in Berlin nach einem Besuch des geschrammten Muschelkalks von Rüdersdorf. Die parallelen Schrammen hatten ihn davon überzeugt, »*daß sich eine Vergletscherung Skandinaviens und Finnlands bis über das norddeutsche Flachland erstreckt habe*«. Bei der anschließenden Diskussion versuchten sich die deutschen Teilnehmer in einer Synthese zwischen Drift- und Gletschertheorie: Von Norden stammendes Gletschereis, das vom Wasser eines Norddeutschland bedeckenden Flachmeers bald getragen wurde, bald auf dessen Grund aufsetzte, soll den Wechsel bald geschichteter, bald ungeschichtet-wirrer Diluvialsedimente erzeugt haben. Beim späteren Zurückweichen habe der Gletscher dann teilweise dem Trockenen aufgelegen und an seinem Rande wellenförmige Aufpressungen und Moränenwälle zurückgelassen. Aber Synthesen treffen keineswegs immer das Richtige; manchmal gilt nur das Entweder – Oder.

Neuerdings markieren dreizehn ›Eiszeit-Gedenksteine‹ als schönes Beispiel der Heimatpflege die ›Feuersteinlinie‹ im östlichen Nord- und Mitteldeutschland, die – im geologiegeschichtlichen Nacheinander – die Südgrenze erst der Rollsteinflut, dann der Eisdrift und endlich des Inlandeises bezeichnet* (Wagenbreth 1978).[111]

Wie in Norddeutschland, so setzte sich die Glazialtheorie auch in dem heute ebenfalls gletscherfreien Großbritannien, früher freilich, unter ausländischem Einfluß durch. (Huttons prophetische Bemerkung – S. 117 – hatte sich ja auf die Alpen, nicht aber auf seine schottische Heimat bezogen). Davies (1969) hat darüber ausführlich berichtet:[112] Vermittler war der Schotte R. Jameson, Werner-Schüler und Begründer der Wernerian Natural History Society (S. 44), der in seinen Vorlesungen seit etwa 1825 von einstigen Gletschern in Schottland sprach und glazialgeologischen Schriften des Dänen J. Esmark (1826) sowie Charpentiers und Agassiz' zur Veröffentlichung in Großbritannien verhalf. Dennoch blieben Jamesons Landsleute reserviert, auch J. Buckland, der zunächst noch der Sintflutlehre angehangen und sich dann der Theorie des Transports der erratischen Blöcke auf treibenden Eisschollen zugewandt hatte. Gemeinsame Exkursionen bei Besuchen von Agassiz in Schottland 1834/35 vermochten ihn davon nicht abzubringen, bis er bei einem eige-

---

* ›Feuersteinlinie‹ nach der Häufigkeit der vom Eis mitgeschleppten Kreide-Feuersteine.

nen Besuch in der Schweiz 1838 widerstrebend nachgab. Auf Schottland wandte er die Gletschertheorie aber erst nach Agassiz' abermaligem Besuch 1840 an. Die erste Bekanntmachung fiel dabei Agassiz vor einer Versammlung der British Association in Glasgow im September zu, bei der auch Lyell, de la Beche und Murchison zugegen waren. Während einer anschließenden Reise vermochte Buckland auch Lyell bei einem Besuch auf dessen schottischem Landsitz Kinnordy für die Gletschertheorie zu gewinnen. Eine wichtige Rolle spielten dabei die seit langem bekannten, landschaftlich auffallenden Hangterrassen (›Glen Roads‹ Abb. 25) im schottischen Glen Roy, die Darwin (1839) als marine Strandterrassen gedeutet hatte und deren Geschiebematerial sich der Drifttheorie gemäß auf den Transport durch Eisberge zurückführen zu lassen schien. Agassiz, der Ähnliches in kleinerem Ausmaß vom Märjelensee des Aletschgletschers kannte, vermochte die »Roads« dagegen richtig als Uferlinien eines absinkenden Gletscherstausees zu deuten. Darwin schrieb später in seiner Autobiographie, daß er seine verfehlte Deutung zugunsten derjenigen von Agassiz aufgegeben habe. Doch plagte er sich noch jahrelang damit und schrieb noch 1847 in einem Brief: »Ich habe mich in diesen letzten paar Tagen schlecht genug gefühlt, da ich viel über Glen Roy zu denken und zu schreiben hatte.«[112a]

Glen Roy

Agassiz und Lyell referierten über ihre Erkenntnisse im November vor der schon damals hochangesehenen, 1807 gegründeten Geological Society in London. Dabei gaben sie der Drifthypothese insofern noch Raum, als das Abschmelzen der Gletscher eine große Meeresüberschwemmung mit treibenden Eisbergen nach sich gezogen haben sollte.

Es überrascht und verwirrt, daß Lyell schon kurz nach Agassiz' Abreise wieder zur These der treibenden Eisschollen als Transporteure der Erratika zurückkehrte, um sich erst nach vielen Jahren zögernd von neuem der Gletschertheorie anzunähern, wie sich den verschiedenen Auflagen seiner ›Principles of Geology‹ entnehmen läßt. Noch in der

Abb. 25. Die ›Glen Roads‹, Terrassen eines sinkenden Gletschersees im schottischen Glen Roy-Tal. (Skizze nach Darwin 1839.)[12a]

122

5. Auflage seiner ›Elements of Geology‹ (›Geologie‹, Kap. 11–12, deutsch von B. COTTA 1857) gab er eine ausführliche Darstellung der Drifthypothese, wobei er auch auf die Stauchungserscheinungen der Driftablagerungen zu sprechen kommt, die er auf den Druck strandender Eisberge und auf das Absacken über deren schmelzendem Eis zurückführt. Begreiflich wird dieser zunächst kaum verständliche Widerruf allenfalls aus seinem uniformitaristischen Grundprinzip heraus, das sich mit einem schwankenden Meeresspiegel und Treibeis leichter als mit einstiger Vergletscherung heute eisfreier Landgebiete in Einklang bringen ließ. Am rigorosesten aber verschloß sich R. MURCHISON[178] zunächst jeder glazialen Einsicht und wollte 1843 auf einer Tour durch Schottland keine einzige Moräne gesehen haben. 1851 begann er indessen einzuräumen, daß die über die Wasser der marinen Eisdrift erhabenen Berge vergletschert gewesen sein könnten, und 1862 schrieb er gar an den inzwischen an das Harvard-Museum in den USA übergesiedelten AGASSIZ: »*Es macht mir das aufrichtigste Vergnügen zu bekennen, daß ich mit der Ablehnung Ihrer großen und originalen Idee über die Berge meines Heimatlandes im Unrecht war. Ja! Ich bin nun überzeugt, daß dort Gletscher von den Bergen ebenso herabgestiegen sind wie sie es heute in Grönland tun.*« DAVIES (1969) würdigt solche Großmut, fügt aber hinzu, AGASSIZ werde sich in seinem Studierzimmer in Harvard wohl verwundert gefragt haben, warum es 22 Jahre brauchte, bis MURCHISON die Schuppen von den Augen fielen.

Auch AGASSIZ hatte freilich in seiner Weise Schuppen vor den Augen. Er widmete sich in Nordamerika wieder vorwiegend der Zoologie und Paläontologie und hatte nur beschränkten Anteil an der auch dort nur zögernden Zustimmung zur These einer pleistozänen Vereisung Nordamerikas. Als Paläontologen und überzeugtem Kreationisten lag ihm aber daran, DARWINS Evolutionstheorie durch den Nachweis erdweiter, die gesamte Lebewelt vernichtender Katastrophen zu widerlegen. Dazu unternahm er 1865/66 eine Expedition nach Brasilien und meinte dort allerlei geologische Phänomene wie bestimmte Böden, Blockmeere und Felsformen mit einer Amazonas-Vereisung erklären und die gesamtirdische Ausdehnung des von ihm zunächst für die Nordhalbkugel angenommenen Eispanzers postulieren zu können! In seinen letzten Lebensjahren aber, in denen ihn eine weitere Expedition gar noch um die Südspitze Südamerikas herumführte, erkannte er den Irrtum und verhielt sich auch der Darwinschen Theorie gegenüber nicht mehr so ablehnend wie zuvor.

Die Schwierigkeit der britischen Geologen mit der Glazialtheorie dürfte vor allem damit zusammenhängen, daß der Faktor Meer dem Denken von Inselbewohnern weit näher liegt als das Eis, zumal die Eisschilde Grönlands und der Antarktis anfangs noch so gut wie unbekannt waren. Dazu kam, daß die von Schottland sich südwärts ausdehnende

Vorlandvergletscherung ihre Moränen in die Talausgänge der selbst unvergletscherten Penninischen Berge hineinschob, was sich viel leichter mit einer in sie eindringenden Flut erklären ließ.

In den USA, wo das Inlandeis während seines Höchststandes nach Süden bis in die Staaten Kansas, Missouri, Kentucky und Ohio vordrang, wurde die ›Drift‹ (womit hier die Geschiebe selbst, nicht sie transportierendes Treibeis gemeint waren) seit den Zwanzigerjahren auf solchen Treibeistransport zurückgeführt. Seit 1851 begann sich unter dem Einfluß von Agassiz' Hypothese der Vereisung des gesamten Nordens (S. 119) die Eisschild- (d.h. Inlandeis-)Hypothese durchzusetzen; 15–20 Jahre später bahnte sich dann durch Entdeckung holzführender (interglazialer) Zwischenhorizonte die Erkenntnis an, daß es mehrere Eisvorstöße gegeben haben müsse. (White 1973).[113]

Welchen Anteil hat das Eis an der Landschaftsmorphologie?[114] B. Cotta (1866) warnte vor der Überschätzung seiner mechanischen Kraft: »*Mit dem Eis ist jedenfalls ein neues geologisches Agens entdeckt worden. ... die besonderen Wirkungen des Eises ... wurden jedoch weit über die Beobachtung hinaus überschätzt. In einer Art von Begeisterung hat man [diesem Agens] die Ausfurchung weiter Alpentäler und tiefer Seen zugeschrieben ... Ich halte es für überflüssig, alle diese Eintagsfliegen zu besprechen.*« A. Heim (1878) urteilte ähnlich: Das Eis schmiegt sich dem Untergrund – falls er hart ist, ihn polierend – weitgehend an, übt aber keine ausräumende Tiefenwirkung aus; die voralpinen Seen sind nach ihm durch tektonische Senkung entstanden. Dagegen sprach A. Penck (1882) dem Gletschereis eben diese ausräumende Tätigkeit zu – und je nach Lagerung des jeweiligen Falls ließen sich wohl für beide Ansichten Beobachtungen anführen.

Auch in Großbritannien kam es zur Diskussion über die Erosionskraft des Eises: Lyell leugnete sie, A.C. Ramsay und J. Tyndall traten mit Vehemenz für sie ein. Die vom Eise verursachte Überformung der Täler, die schon Esmark (1826) für die norwegischen Fjorde erkannt hatte und auf die sich Talstufen, Hängetäler und Talseen zurückführen ließen, entkräftete jene Argumente, die der vorangehenden Entstehung der Täler durch Flüsse im Wege zu stehen schienen, welche ja – abgesehen von sich rückschneidenden Wasserfällen – ein kontinuierliches Längsprofil der Talsohle voraussetzt.

Dem Schweden de Geer[115] gelang 1912 mit der richtigen Deutung der jahreszeitlichen Warvenschichtung in Eisrandseen die erste absolute Chronologie (von deren Weiterentwicklung mit anderen Methoden und im Zusammenhang mit der Halbwertszeit radioaktiver Mineralien hier abgesehen sei).

Erste Beobachtungen über eine karbonisch-permische Vereisung der Südkontinente gehen bis etwa 1860 zurück, kollidierten aber zunächst mit dem von der Pflanzenwelt des europäischen Karbons abgeleiteten

124

warmen Erdklima jener Zeit. Um die Jahrhundertwende kam dann in Nordamerika die Entdeckung einer bereits präkambrischen Eiszeit hinzu.

Über den Anteil irdischer und kosmischer Ursachen der Temperatursenkung gehen die Meinungen bis heute auseinander.

Auch die Glazialtheorie erfuhr irrtümliche Übersteigerung und irrtümliche Verkennung. E. KOKEN (1910)[116] meinte allerlei Schuttströme der süddeutschen Hügellandschaft auf lokale Vergletscherung zurückführen zu können, und der Holländer C. G. S. SANDBERG bestritt noch 1937 in einem Buch mit dem Titel ›Ist die Annahme von Eiszeiten berechtigt?‹ deren Existenz überhaupt und glaubte gemäß »dem genialen Geiste eines LEOPOLD VON BUCH« wieder mit gewaltigen, geisteinsbeladenen Schlammströmen für die Deutung der Erratika auszukommen!

Wir müssen uns hier im wesentlichen auf die Frühzeit der Eiszeitforschung beschränken. Erwähnt sei aber noch die zeitliche Untergliederung der pleistozänen Vereisung, die PENCK und BRÜCKNER (›Die Alpen im Eiszeitalter‹, 3 Bände, 1909) mit dem Studium der Verzahnung von Flußterrassen und Moränen im Alpenvorland gelang, nämlich in die (auch in sich schwankenden) Vereisungsphasen von Günz, Mindel, Riß und Würm, getrennt durch die Interglazialzeiten mit wärmeliebender Flora. In Norddeutschland und Nordamerika gelang später eine ähnliche Gliederung unter anderen Namen. Liest man heutige Darstellungen des räumlich und zeitlich ungeheuer verflochtenen Geschehens mit den unter Vorstoß und Rückzug rasch wechselnden Landschafts- und Florenbildern in den einstigen Eisrandgebieten wie Alpenvorland, Norddeutschland und Niederrheinischer Bucht, dann erkennt man den bewundernswerten Fortschritt der Forschung.

Auch die zu Lande nach wie vor gültige, aber vielleicht etwas schematische Vorstellung von vier Hauptvereisungen während der Pleistozänzeit differenziert sich durch die ›Beprobung‹ der Bohrkerne von Meeressedimenten, vor allem aufgrund von Pollendiagrammen. »Es gab viel mehr Oszillationen des Eiszeitklimas, als PENCK angenommen hatte. Allein innerhalb der letzten 0,7 Millionen Jahre wechselten zehn warme Episoden mit neun Glazialzeiten« (HSÜ 1982)! Auch hier also ist noch alles im Fluß, vermag auch Forschungsgeschichte weder abzubrechen noch hinreichend zu folgen.

18 Geologie der Tiefe seit 1800

Der ist der Herr der Erde, wer ihre Tiefen mißt.
NOVALIS in »Heinrich von Ofterdingen«

18.1 Aktivität und Passivität des Magmas[117]

Und ferner wird man dir erklären,
wie du dereinst nach manchem sauern Schritt
erfahren wirst, wohin Granit,
Porphyr und Marmor dieser Welt gehören.
GOETHE: Anleitung junger Naturfreunde, 1823

Wir knüpfen für die weitere Betrachtung der endogenen Kräfte an das
S. 50 umrissene Problem an, ob sich magmatisches Gestein seinen Raum
als Glutfluß selbst geschaffen habe oder tektonisch vorgegebenen Hohlräumen und Schwächezonen gefolgt sei.

Batho- und Nach HUTTON und PLAYFAIR (1802; s. S. 67) » *muß unterirdische Hitze*
Lakkolithe *die flüssige Granitschmelze mit solcher Gewalt gegen das Dach der überlagern-*
den Gesteine gedrängt haben, daß diese gehoben und steilgestellt wurden«. Auch
die Plutonisten unter L. v. BUCHS Führung schrieben dem Magma höchste
Aktivität zu. Unter dem Vorzeichen der Kontraktionstheorie und der von
ihr postulierten fortschreitenden Abkühlung konnte es sich dagegen nur
um eine erlahmende Kraft handeln. ED. SUESS (1885) sah das Magma deshalb in einer rein passiven Rolle: » *Es ist unbedingt notwendig, daß der*
Injektion der granitischen Masse [die SUESS einen ›Batholithen‹ nannte ...]
die Bildung eines entsprechenden Hohlraumes voranging ... « K. G. GILBERT
(1877) hatte im amerikanischen Felsengebirge andere Beobachtungen
gemacht: Aufdringender Glutfluß hat sich dort unter aktiver Öffnung
von Kammern emporgestemmt, in denen er dann als ›Lakkolith‹ erstarrte
(griechisch λάκκος = Zisterne) (Abb. 26). » *Die Bildung des Lakkolithen*
beginnt mit der Intrusion einer dünnen Lavaschicht entlang einer Schichtfuge ...
Vermag die Lava die hangende Schicht dann aufzuwölben, so wird aus der
Lavaschicht ein Lakkolith. Dieser wächst durch weitere Lavazufuhr an Höhe
und Umfang, bis es bei vermindertem Nachschub zur Erstarrung und damit zur
Verstopfung des Zufuhrkanals kommt. « Durch Wiederholung mit verlegten
Zufuhrkanälen kann » *eine Gruppe von Lakkolithen entstehen, so wie die Ver-*
legung von Schloten eine Gruppe von Vulkankegeln bedingt « (Abb. 26). Der
Norweger TH. KJERULF (1880) und der Franzose MICHEL-LEVY (1893)
Platzschaffung nahmen Platzschaffung durch Aufschmelzen des Nebengesteins an, also
aktives Sich-emporfressen des Magmas, was freilich den Stoffbestand der

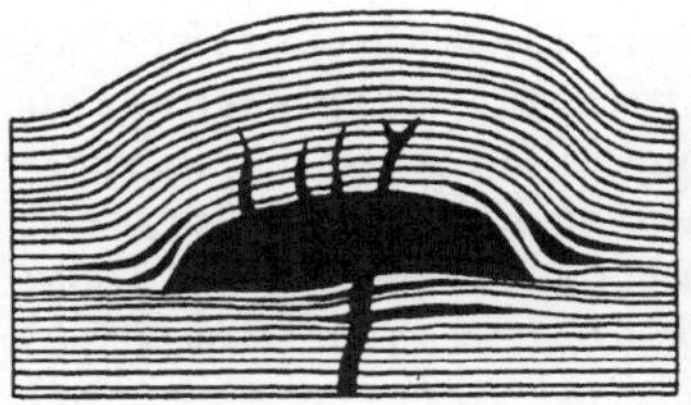

Abb. 26. Lakkolithen und Lakkolithen-Gruppe in Kammern, die der aufsteigende Glutfluß aktiv geöffnet hat. (Nach GILBERT 1877 aus MATHER u. MASON 1967)

granitischen Schmelze verändern mußte. Daß das in der Regel nicht der Fall war, suchte R. DALY (1908) damit zu erklären, daß er ein › *Übersich-brechen* ‹ (› *overheadstoping* ‹) des Magmas ohne sofortige Aufschmelzung des Dachgesteins annahm, dessen dabei aus ihrem Verband gelöste Blöcke in große Tiefe absinken und erst dort schmelzen sollten, wobei sie basisches in saures (granitisches) Magma verwandeln. W.C. BRÖGGER (1895) wiederum erkannte in dem 230 km langen Kristianiagraben bei Oslo einfaches Eindringen des Magmas zwischen die Schichtflächen und in die Fugen des in Schollen niederbrechenden tektonischen Grabenmosaiks. Er spricht von » *unzähligen, Hunderten und aber Hunderten, oft recht mächtigen und über viele Kilometer kontinuierlich zwischen den Schichten injizierten Intrusivgängen* «. Er erkannte außerdem die häufige Abfolge von basischem zu saurem Magma, also die Differentiation durch Abkühlung sowie durch Assimilation von Nebengestein. Und was die Aufstiegskraft betrifft, so rückte selbst ED. SUESS (1895) von der reinen Passivität der Batholithe wieder ab: » *Ein erneuter Besuch der Granite des Erzgebirges im Jahre 1893 hat mir die Überzeugung gebracht, daß die Umrisse dieser Intrusivstöcke das Streichen und die Falten des Gebirges schonungslos durchschneiden, etwa wie wenn ein glühender Lötkolben durch die Fasern eines Brettes gedrückt wird . . .* «

H. CLOOS (1919) las aus dem Gesteinsverband des Erongo-Gebirges in Südwestafrika sowohl Aufschmelzung als auch Emporstemmung des Nebengesteins durch die aufdringende granitische Schmelze ab und formulierte das folgendermaßen: » *Erstens, die Intrusion ging unter tektonischen Schollenbewegungen vor sich; zweitens, das Magma verhielt sich in diesen Bewegungen wie ein tektonischer Bestandteil – passiv und aktiv.* « Damit war, auch nicht ohne Vorläufer, die Glutfluß- oder spezieller die ›Granittektonik‹ geschaffen, die besagt, daß Glutfluß als tektonischer Körper flüssigen bzw. plastischen Aggregatzustands in wechselseitigem Kräftespiel mit dem festen Gestein steht. Die eigene Bewegungstektonik läßt sich aus den der Aufschmelzung von Fremdmaterial entstammenden Schlieren ablesen, die in dem von CLOOS (1925) so fesselnd dargestellten Riesengebirgs-

Differentiation
Assimilation

Vulkanismus
und Tektonik

127

granit mit ihrer zum erhaltenen Gesteinsmantel parallelen Lage eine Doppelkuppel widerspiegeln. Das Magma aber war hier im Gegensatz zu SUESS Batholithenbegriff nicht breit aus der »ewigen Teufe« emporgedrungen, sondern auf engen, altvorgezeichneten Zufuhrfugen unter den sich ausbreitenden Kuppeln. » *Auskühlung ... macht den Teig zur Kruste, die Schmelze zum Gestein. Aber die heiße Tiefe treibt weiter. Damit tritt das plutonische Schauspiel in seinen zweiten Akt. Eine zweite Gruppe von Merkmalen nimmt das Wort.*

Alle Gesteine der Erde sind zerklüftet ... Einige ... weil sie im Entstehen zusammengeschrumpft sind – so Basalt oder Porphyr beim Erkalten; man kennt ihre geometrisch schönen Säulen; andere erhielten ihre Klüftung erst später, als sie im Wogengang der Erdkruste gebogen oder gepreßt wurden. Granit vereinigt beides. Indem er innerhalb der Kruste erkaltete und sich zusammenzog, geriet er doch zugleich unter den Einfluß der Drucke und Spannungen seiner bewegten Umgebung.«

Die Klüfte, die sich in dem erstarrenden Panzer der granitischen Kuppeln nun bilden und mit magmatischem Nachschub füllen, gleichen teils den Randspalten eines Gletschers, dessen Eisstrom am benachbarten Fels gebremst wird, teils den Dehnungsspalten, die in der vorgebauchten Gletscherzunge oder in einem aufgestemmten Gewölbe entstehen. Die Schlierentektonik des Glutflusses verbindet sich über diese Klufttektonik der Erstarrung mit jener späteren Tektonik, die sein erstarrtes Gestein dann im Verband der Umgebung ergreift.

Das Antlitz der Landschaft aber, vom Meißel nachtastender exogener Kräfte geformt, verrät uns in seinen verwitterten Zügen ein Stück jener alten, zu Stein gewordenen Geschichte: » *Die Landschaftsformen des granitischen Gebirges, die größten wie die allerkleinsten, plaudern nicht nur von dem leichten Wind- und Wetterspiel des geologischen Gestern und Heute. Sie reden eine ernste geologische Sprache und haben ein treues, bis in die Geburtsstunde des Granites selbst zurückreichendes Gedächtnis.*

Aus ihnen spricht der Aufstieg der Schmelze und die großangelegten Bewegungen, mit denen sie sich im Mauerwerke des Erdgebäudes Platz schuf, aber auch die bunten kleinen Umbildungen, welche sie selbst von seiten ihrer neuen Existenzbedingungen erlitt (Schlierenbau). Aus ihnen spricht der großartig gescheiterte Versuch der erstarrenden Schmelze, sich trotz und gegen die eigene Erstarrung weiter empor zum Lichte zu arbeiten (Kluftbau). Aus ihnen aber sprechen endlich auch die mancherlei Bemühungen später, fremder, aus der Umgebung hinzutretender Kräfte, den erstorbenen Granitbau zu zerlegen und in neue Bauten hineinzuarbeiten (Wölbung und Brüche) ... So ist das Granitgebirge ein lebender Leichnam, und seine Schönheit ein Stück graue Vorzeit im farbigen Lichte der Gegenwart« (H. CLOOS; ›Das Riesengebirge‹, 1925).

Das Magma der plutonischen Tiefe, bei W. C. BRÖGGER passiv von sinkenden tektonischen Schollen emporgepreßt, aber aktiv und unabhän-

128

gig in seiner Differentiation, erscheint bei DALY und CLOOS im Aufstieg aktiver, in seiner Stofflichkeit aber stärker von der Erdrinde her beeinflußt, deren saurer Zuschlag aus dem in der Tiefe basischen beim Aufstieg ein granitisch-saures Magma werden läßt. Dieser letzteren Vorstellung entspricht die vor allem von H. STILLE entwickelte Theorie, daß sich die Stofflichkeit des Magmas mit den Phasen einer Orogenese gesetzmäßig verändere. Nach dieser Auffassung rühren die basischen Ergüsse am Boden einer Geosynklinale – als erster Akt einer Gebirgsbildung – daher, daß sich mit der Absenkung tiefreichende Spalten zu basischen Glutflußherden öffnen. Der im zweiten Akt im Raum der Geosynklinale sich faltende Gebirgsrumpf soll dann in seinem absteigenden Teile von unten her zu saurem granitischem Glutfluß aufschmelzen (›synorogene‹ Granitplutone). Mit dem Ausklang der Gebirgsbildung aber, wenn einsetzender innerer Zerfall und Zerbrechung an die Stelle der Faltung treten, kommt es zu dem durch Differentiation vielgestaltigeren, an Spalten auch die Oberfläche erreichenden »subsequenten« Vulkanismus, dem als vierte Phase nach dem Abtrag des einstigen Gebirges und der Erstarrung des gefalteten Raumes zu einem nicht mehr mobilen, tafelartigen Stück Erdrinde der nun wieder aus tiefreichenden Spalten aufsteigende ›finale‹, erneut rein basische (basaltische) Vulkanismus folgen kann.

Die von BRÖGGER studierten Magmen des Kristiania-Gebiets gehören in die Zeit der Zerbrechung des Kaledonidengebirgs und damit ausschließlich in STILLES subsequente Phase mit starker Differentiation.

Als BRANCA in den neunziger Jahren das zuvor kaum bekannte Urach-Kirchheimer Vulkangebiet im Bereich der Schwäbischen Alb und ihres Vorlandes erforschte, trat damit nach GILBERTS Lakkolithen ein Anschauungsbeispiel aus dem höheren Stockwerk in den allgemeinen Gesichtskreis: zahlreiche tufferfüllte Explosionsschlote, welche die Oberfläche durch das Dach eines unsichtbaren vulkanischen Herdes erreicht hatten. BRANCA kam hier zu dem überraschenden Befund, daß die rundlichen Schlotröhren keinerlei Bindung an Spalten erkennen ließen, die durch Tektonik oder durch lakkolithische Aufpressung vorgezeichnet gewesen wären. » *Gegenüber den bisherigen Anschauungen scheint es …, als wenn die vulkanischen Massen doch imstande sind, sich ganz unabhängig von Spaltenbildungen, also Brüchen der Erdrinde, röhrenförmige Kanäle durch die Erdrinde vermittels Explosionen auszublasen.*«

Erst die Untersuchung der physikalisch-chemischen Vorgänge in künstlichen Silikatschmelzen hat zur Lösung der Frage geführt, in welchem Grade das Magma über eigene Aktivität verfüge. Insbesondere durch P. NIGGLIS Arbeiten ist die wichtige Rolle bekannt geworden, welche die im Magma gelösten Gase hierbei spielen. Solange das Magma überhitzt und völlig flüssig in die Erdrinde aufsteigt, besitzt es wegen abnehmender Dampfspannung, die mit dem Rückgang der Temperatur verbunden ist, keine eigene Aktivität. Beginnt aber die Erstarrung der magmatischen Mineralien, so reichern sich die Gase als leichtflüchtige Bestandteile an, so daß der Dampfdruck trotz weiter sinkender Temperatur nun wieder zunimmt (thermisch retrograde Dampfdrucksteigerung). A. RITTMANN nennt die Phase der Haupterstarrung ›orthomagmatisch‹ und schreibt:

» Das Magma ist im orthomagmatischen Stadium aktiv eruptionsfähig, es kann sich aus eigener Kraft den Weg an die Erdoberfläche bahnen.

Diese Tatsache wurde in früheren Zeiten, als man die physikalisch-chemischen Eigenschaften des Magmas noch nicht kannte, oft angezweifelt, ja sogar kategorisch in Abrede gestellt. Mit SUESS wollten viele Geologen dem Magma nur eine rein passive Rolle zubilligen, indem sie in den tektonischen Bewegungen der Erdkruste die alleinige Ursache des »Herausgequetschtwerdens« magmatischer Massen an die Erdoberfläche sahen. Dieser Standpunkt muß heute unbedingt aufgegeben werden, da er mit den fundamentalen Eigenschaften des Magmas, die einwandfrei festgestellt sind, in unlösbarem Widerspruch steht.«

Plateaubasalte Es folgt aus diesen Erkenntnissen, daß die weit ausgebreiteten Plateaubasalte, die als dünnflüssige, einsprenglingsfreie Schmelzen (also vor Beginn der Kristallisation!) in überhitztem Zustand ausgetreten zu sein scheinen, vermutlich passiv durch tektonische Schollenbewegungen der Kruste gefördert wurden, während die Bildung von Schichtvulkanen mit Förderung einsprenglingsreicher Schmelzen und schon erstarrter Massen (Aschen, Bomben) und insbesondere Explosivausbrüche an die ›orthomagmatische‹ Aktivität gebunden erscheinen. Für die Förderung durch aufreißende Spalten ist überdies wichtig, daß Druckentlastung ein gasgesättigtes Magma zum Aufkochen bringt, weil abnehmender Druck die Löslichkeitsgrenze der Gase im Magma herabsetzt.

Die alten, polar sich ausschließenden Theorien magmatischer Autonomie und Passivität erfuhren also dank neuer Forschungsmethoden und -bereiche eine Synthese, in denen beiden ihr Recht wurde.

Nochmals: Magma und Tektonik BRANCA hatte merkwürdigerweise *eine* Tatsache übersehen: daß nämlich das Gestein auch dort, wo es keine Verwerfungsspalten erkennen läßt, überall von Klüften durchzogen ist, die auch dann, wenn sie nicht glatt durchschneiden, sondern an den Bänken vielfach versetzt sind, als Wege für die aufstrebende Kraft des Magmas dienen können. Dazu kam, daß weitere Untersuchungen im Kirchheimer Vulkangebiet auch manches Zusammentreffen tektonischer Verwerfungen mit den Explosionsschloten erwiesen. Auch dieses Gebiet war also im Gegensatz zu BRANCAS Vorstellung nicht einer intakten Glasscheibe vergleichbar, die schrotartig durchlöchert war. So erschien es von neuem *» selbstverständlich, daß das zur Eruption drängende Magma bei seinem Emporsteigen die durch Brüche geschwächten Stellen der Erdkruste bevorzugt«* (RITTMANN).

130

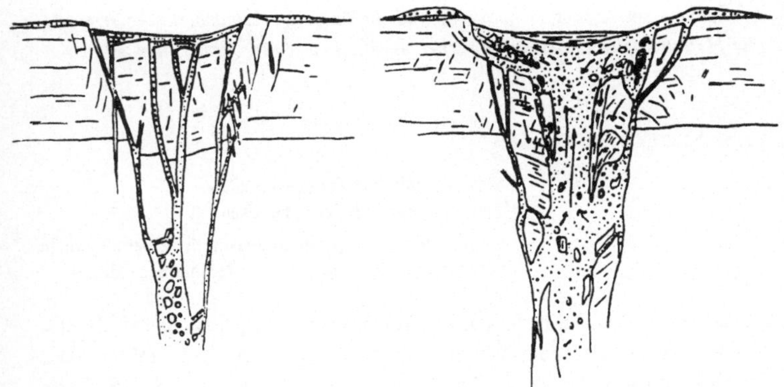

Abb. 27. Früh- und Endstadium eines schwäbischen Tuffschlots. Allmähliche Aufzehrung der absinkenden Weißjura-Schollen in die aufbrodelnde Tuffemulsion. (Aus H. CLOOS: Geol Rundsch *32*, 1941)

H. CLOOS (›Bau und Tätigkeit von Tuffschloten‹, 1941) hat außerdem an manchen Anzeichen von Ordnung in den Schlotfüllungen gezeigt, daß die Schlote in der Regel nicht explosiv ausgesprengt, sondern – nach einer aschenausblasenden Vorphase aus reinen Spalten – von den tufferfüllten Gasen an bevorzugten Schwächestellen erst allmählich von unten her aufgebrochen wurden. (Abb. 27).

» In den tiefen und vollkommenen Aufschlüssen der Kimberlitschlote in Schlot *Südafrika ist der Übergang aus dem Schlot abwärts in den Gangspalt Schritt für* und Spalt *Schritt nachweisbar. Die große Zahl tufferfüllter Spalten, mit der wir in Schwaben noch in dem hohen Niveau der Schlote selbst zu rechnen haben, macht die gleiche Annahme auch für Schwaben überaus wahrscheinlich ... der gegebene Kanal für aufsteigende vulkanische Stoffe ist der* Spalt *... Die tektonische Verschiebung* [dagegen] *ist ... dem vulkanischen Aufstieg ausgesprochen ungünstig ...*

Zur Einleitung der vulkanischen Ausbruchstätigkeit bedurfte es einer Zerlegung der aus Trias- und Juraschichten bestehenden Herddecke. Sie bedient sich der vorhandenen, tektonisch orientierten Fugen, indem sie diese zu Spalten erweitert. Die zur Spaltenbildung erforderliche Dehnung kann, da sie nach mehreren Richtungen zugleich erfolgt, nur durch eine leichte Ausbeulung des Herddaches, sei es abwärts oder aufwärts, erklärt werden.

Indem Spalten von der Erdoberfläche durchreißen bis auf das virulente Magma, beginnt dieses aufzukochen und aktiv zu werden. Man muß sich vorstellen, daß das wirbelnde, gasreiche Produkt dieses ersten Aufkochens sich rasch und begierig die gangbarsten Wege nach oben suchte, bald hier bald dort vorfühlend und emporzüngelnd, und daß es dabei an den weiter offenen Schnittkanten

131

der Spalten am raschesten hochkam und die damalige Landoberfläche erreichte. Die Hauptentfaltung der vulkanischen Kräfte liegt dann gegen Ende.«

18.2 Salztektonik

Tief unten fühl' ich das ersehnte Gute,
Erfahrung bleibt die beste Wünschelrute.

Geognosie als allegorische Person in einem Gedicht
GOETHES zur Eröffnung der Stotternheimer Saline[118]

»Plutonische« Intrusion

Im Zusammenhang mit dem alten Plutonismus und im Blick auf die plastische Natur erstarrenden Magmas erscheint es verständlich, daß es sogar für Salz und Gips, ja sogar für massige Tone zur Deutung als Produkte plutonischen Aufstiegs kam, so noch durch C. J. B. KARSTENS (1848) für die Salzdome Norddeutschlands. Die vulkanartig fremd über das norddeutsche Flachland emporragenden Gipsberge (Lüneburg, Segeberg), für die er die Bezeichnung ›Dome‹ einführte, nannte er » *Erscheinungen, die sich mit der Vorstellung von einer geschichteten Ablagerungsweise des Gipses nicht vereinigen lassen. Sie führen notwendig zu der Ansicht, daß der Gips in derselben Art wie Porphyr und Basalt und wie jedes plutonische Gestein die Schichten der Erdrinde durchbrochen haben muß, um sich über deren Oberfläche zu erheben.«*[119]

Tektonische Injektion

Man hat später erkannt, daß das (keineswegs magmatische) Salz dank seines geringen spezifischen Gewichts und auch infolge von Umkristallisationen zum Aufstieg durch die Deckschichten hindurch prädestiniert sei. Ob dieser Aufstieg bei völlig ruhender Umgebung allein unter der Einwirkung der Schwerkraft möglich ist oder einer tektonischen Auslösung, z. B. des mit einer gebirgsbildenden Phase verbundenen Horizontaldrucks, bedürfe, um in Gang zu kommen, blieb eine umstrittene Frage.

Salzdome, Salzmauern

Insbesondere STILLE hat die rund zweihundert Salzdome und Salzmauern, die den norddeutschen Untergrund durchsetzen, im Rahmen des von ihm geprägten Begriffs der Injektivfaltung als Zeugen phasenhafter tektonischer Einwirkungen angesehen. (Man beachte die auffallenden terminologischen Analogien zwischen Salz- und Glutflußbereich!)

» Eine › Faltungsinjektion‹ ist ein Eintrieb von Gesteinsmaterial in benachbartes Gebirge durch den episodischen orogenetischen Druck (Faltungsdruck) ...

Die Bezeichnung › injektive‹ Faltung ist ja der vulkanischen Nomenklatur entlehnt, denn in extremen Fällen haben die resultierenden Injektivkörper hinsichtlich ihrer Konturen und ihrer Lage zum Nebengebirge mancherlei Ähnlichkeit mit vulkanischen Intrusivmassen. So können z. B. die Gänge, die von sehr mobilen Tonmassen oder gar vom › Salzbrei‹ erfüllt sind, den Gängen von › Glutbrei‹ als geologische Körper sehr ähneln, und auch die › Salzstöcke‹ können in manchen Fällen an Eruptivstöcke kleinerer Ausmessung erinnern. Aber

132

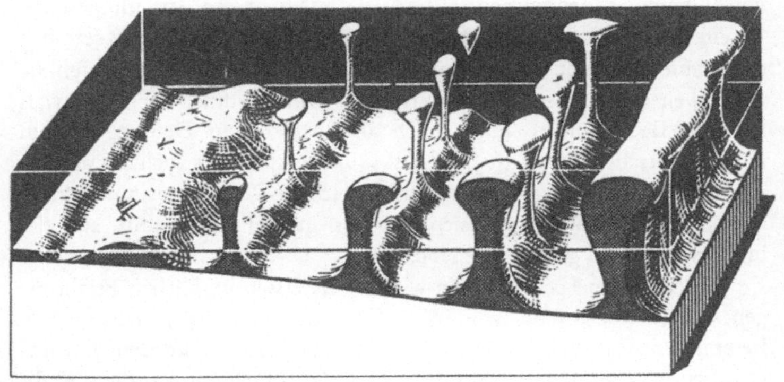

Abb. 28. Salzpilze und Salzmauern im Untergrund Norddeutschlands in Abhängigkeit von der primären Mächtigkeit *(horizontale Mittellinie)* des mobilen Salzgesteins. (Aus F. TRUSHEIM 1957)

auch hinsichtlich der wirkenden Kräfte und der ganzen Art des injektiven Vorganges scheinen Vergleichspunkte zwischen gewissen Arten vulkanischer Injektion und dem tektonischen Vorschube einzelner ungewöhnlich mobiler, dabei aber nichtvulkanischer Materialien zu bestehen« (STILLE 1917).[120]

Die Analogie von Salz und Glutfluß geht also so weit, daß auch die bei beiden widersprüchliche Beantwortung der Frage nach aktivem oder passivem Verhalten zu Erdrinde und Tektonik große Ähnlichkeit zeigt. Während Salz ebenso wie Magma im Rahmen der an die Kontraktionstheorie gebundenen STILLEschen Gedankenwelt auf die tektonischen Regungen nur reagiert, weisen jüngste Erfahrungen wiederum mehr auf autonome Aktivität des Salzes, dessen ›Dome‹ durch lange erdgeschichtliche Perioden allmählich und gleichmäßig durch das Deckgebirge empordringen, ohne in Zeiten tektonischer Ruhe haltzumachen. Schon im Jurameer kam es an den aufsteigenden Salzhorsten Norddeutschlands zu erstaunlichen Mächtigkeitsreduktionen der auf den Horsten abgelagerten Sedimente und zu submarinen Erosionserscheinungen (TRUSHEIM 1957)[121] (Abb. 28).

Passivität und Aktivität

18.3 Metamorphose, Granitisierung[122]

> *... Gestaltung, Umgestaltung,*
> *des ewigen Sinnes ewige Unterhaltung.*
> GOETHE: Mephisto, Faust II, 1. Akt.

Schon H. v. TREBRA[123] (1775) hatte für die Umwandlung ganzer Gesteinsmassen im Gebirgsinneren, z.B. von Granit in Gneis, eine Art

133

von ›Gärung‹ angenommen. HUTTON (S. 62) hielt die Kristallingesteine für einstige Sedimente, die durch Druck und Hitze unter dem Meeresboden immer von neuem umgewandelt würden, WERNER (S. 38) hielt sie für frühen chemischen Niederschlag des Urmeers unter der Gegenwart fremden Bedingungen. Einer solch anaktualistischen Deutung hingen manche Forscher vor allem für das skandinavische, aber auch alpine Kristallin noch durch das ganze 19. Jahrhundert an. Der Plutonismus schrieb den meisten Kristallingesteinen dagegen juvenile Herkunft aus der immerwährenden glutflüssigen Tiefe zu.

Neben diesen Spekulationen wirkten die ersten wirklichen Erfahrungen ebenso verwirrend wie weiterführend. Schon 1814 fanden sich Belemniten in kristallinen Schiefern der Alpen. 1819 entdeckte J. MACCULLOCH in schottischem Marmor Spuren der Schichtung einstigen Kalksteins, J. FOURNET 1847 im Wallis alle Übergange zwischen normalen und metamorphen Sedimenten. 1879 fand A. SAUER in Erzgebirgsgneisen Gerölle eines offenbar konglomeratischen Ausgangsgesteins. Zu etwa gleicher Zeit erkannte man aber auch, daß es aus Granit hervorgegangene ›Orthogneise‹ gibt. Doch erst seit den internationalen geologischen Kongressen in London (1887) und Wien (1903) setzte sich die Lehre von den metamorphen Gesteinen als dritter großer Gruppe neben den Glutfluß- und Sedimentgesteinen allgemein durch.

Schieferung als eine Form der mechanischen Gesteinsdeformation deutete schon der Engländer D. SHARPE (1847)[124] richtig und zwar anhand senkrecht zum Streichen der Schieferung verkürzter Fossilien: »Alle Schiefergesteine waren einer Einengung in Richtung senkrecht zu den Schieferungsebenen unterworfen.« 1878 sprach sich A. HEIM für eine unter Überdruck plastische Deformierbarkeit des Gesteins aus. F. BECKE (1903) beschrieb die Umkristallisation des Mineralbestands kristalliner Schiefer, die sich infolge physikalisch-chemischer Gleichgewichtsstörung unter Druck- und Temperaturveränderung einstellt. Während sich in der Struktur der Erstarrungsgesteine ein zeitlich fortgesetzter Kristallisationsprozeß widerspiegelt, ist – so BECKE – »*von diesem Nacheinander der Kristallisation bei den kristallinen Schiefern nichts zu bemerken. Im geraden Gegensatze: bei einem vollkommen entwickelten kristallinen Schiefer erscheint alles gleichzeitig kristallisiert. Und die Struktur der kristallinen Schiefer ist charakterisiert durch das gleichzeitige Wachsen und die gegenseitige Anpassung der Gemengteile aneinander und an die im Gestein wirksamen Druckkräfte.*

Die eigentümliche Struktur, die durch dieses gegenseitige Anpassen der Gemengteile in starrem Zustande hervorgeht, bezeichnen wir als kristalloblastisch (βλαστεῖν = sprossen).«

B. SANDER, ein Schüler BECKES, schritt auf diesem Wege erfolgreich weiter. Er wurde zum Erforscher des Gefüges im Handstück als Pendant zu tektonischen Großstrukturen und verwertete den kristallographisch-

134

petrographischen Befund in vielfältiger Weise zur Lösung von Problemen der historischen und regionalen Geologie. Seine zweibändige, sprachlich etwas ›rauhkörnig‹ anmutende ›Gefügekunde‹ (1948–1950)[124a] ist das Lehrbuch geologischer Feinmechanik.

Eine besondere Rolle in der Forschungsgeschichte fiel dem einst als Erstling aller Gesteine geltenden, in den Alpen deshalb ›Protogin‹ genannten Granit zu. Der These des Aufsteigens aus der immer glutflüssigen Tiefe stand aber schon bei HUTTON der Gedanke an Aufschmelzung aus älterem Gestein gegenüber, dem auch LYELL zuneigte: »Schmelzung des Granits in den Öfen der Erde unter oberflächlich niemals verwirklichten Bedingungen«. Der Franzose VIRLET schuf dafür schon 1847 den Begriff ›granitification‹. Seit 1907 beobachtete der Finne SEDERHOLM,[125] ein Schüler des deutschen Petrographen H. ROSENBUSCH, im präkambrischen Grundgebirge Finnlands Anzeichen der Umschmelzung vergneisten älteren Granits in wieder körnigen jüngeren sowie weitere Anzeichen der ›Granitisierung‹ benachbarter sedimentärer Schiefer. Granit konnte nach SEDERHOLM sowohl aus dem ›unergründlichen Magma-Ozean‹ der Tiefe aufsteigen als auch andere Gesteine teils durch Aufschmelzung, teils durch Stoffzufuhr in festem Zustand (Metasomatose) in Granit verwandeln. Bei unvollständiger Aufschmelzung oder Metasomatose können Reststrukturen (Schichtung, Faltung) der Sedimente ›nebelhaft‹ sichtbar bleiben (Nebulite). Aufgrund ihres Vorkommens auch in den ältesten ihm bekannten Graniten erklärte der Schwede BACKLUND (1938) eine Überlieferung von Resten der ersten Erdkruste für ausgeschlossen. Alle uns bekannten Gesteine sind entweder selbst schon Umwandlungsprodukte oder spätere magmatische Förderungen aus subkrustaler Tiefe, wie das auch HUTTON schon angenommen hatte.

SEDERHOLM leitete die bis heute währende, von zahlreichen Laborexperimenten und Geländeforschungen begleitete Diskussion darüber ein, ob und inwieweit Granit magmatischer Entstehung sei, wobei nocheinmal nach juvenil oder aufgeschmolzen zu unterscheiden ist, oder ob er sich trocken-metasomatisch durch Stoffaustausch unter dem Einfluß von Druck und Hitze gebildet habe. Nach den Grenzen zwischen Graniten und Nebengestein – im ersten Falle scharfe Intrusions-, im zweiten verschwommenere Diffusionsgrenzen – und nach anderen Merkmalen scheint beides vorzukommen. In den Dreißigerjahren überwog die metasomatische Deutung, während man heute wieder dem granitischen Magma als Schmelzprodukt absinkender Krustenteile unter Gebirgsrümpfen und im Rahmen von Subduktionen (S. 151) die Hauptrolle zuschreibt (MEHNERT 1987). Dabei überrascht es, daß die neuerdings mit herangezogenen Isotopenverhältnisse[126] bestimmter im Granit enthaltener Elemente neben aufgeschmolzenen Krustengraniten (sit venia verbo) auch auf einen erheblichen Anteil aus dem Mantel aufgestiegenen granitischen Magmas

Granit als ›Protogin‹

Das Granitproblem

weisen, das sich aus dessen basischer Schmelze differenziert haben muß, die undifferenziert als Basalt an die Erdoberfläche dringt (FAURE 1986). Granit ist also ein nur für den oberflächlichen Blick einheitliches Produkt. In Wirklichkeit gibt es »granites and granites« (H.H. READ 1944),[127] die trotz ähnlichem physikalischen und chemischen Endzustand ganz unterschiedlichen und nur fortschreitender Forschungstechnik allmählich sich entschleiernden Prozessen entstammen.

M. WALTON[127] schrieb 1955: »Das Merkwürdige liegt nicht in den gegenwärtigen Meinungsverschiedenheiten der Petrographen über den Ursprung des Granits, sondern darin, daß wir überhaupt so leidenschaftlich und starr an Meinungen festzuhalten vermögen, die sich gegenseitig ausschließen« – eine alte Erfahrung freilich: Lesen wir doch schon in PLAYFAIRS ›Illustrations of the Huttonian Theory‹ (1802, § 454), daß es leichter sei, geologische Theorien unter einen Hut zu bringen als ihre Autoren!

Migma
der Begriffe An der Granitisation in weitestem Sinne (›palingenetische‹ Wiederaufschmelzung, Umschmelzung aus Sedimenten, Mischgesteins- = Migmatitbildung, d.h. ›per Migma ad Magma‹) verwischt sich die Unterscheidung zwischen metamorphen und magmatischen Gesteinen. Das fortschreitende Eindringen in den plastisch-fließenden Zustand der Gesteine ließ auch die Begriffe zerfließen. SANDER (Gefügekunde, 1950) wies auf die Fragwürdigkeit der systematischen Trennung von Sediment-, Glutfluß- und metamorphen Gesteinen hin. Denn auch in Sedimenten vollzieht sich Erstarrung und – Diagenese genannte – Umwandlung, also eine Art von Metamorphose, auch in Glutflußgesteinen gibt es Sedimentationsvorgänge und in metamorphen Gesteinen Erstarrung und Kristallisation. Überholte Grenzziehungen sollten demnach aufgegeben werden. Auch Gneis sagt heute » *überhaupt nichts Eindeutiges*« mehr. Es bedarf schärferer Definitionen und auch neuer Grenzen. »Die strenge Scheidung zwischen magmatischen Gesteinen und nichtmagmatischen hört eben auf, je weiter man in die Tiefe kommt« (WEGMANN 1935).[127]

Die Aufschmelzung der Kruste in der Tiefe werdender Orogene vermag zwar granitischen, nicht aber basaltischen Glutfluß zu erzeugen, dessen ungeheure Verbreitung auf der Erde früher unbekannt war (GOETHE: »Amerika du hast es besser als unser Kontinent, das alte, hast keine verfallene Schlösser und keine Basalte ...«).[128] Basaltischer Glutfluß steigt aus tief bis in den Mantel reichenden Spalten leichtflüssig empor, wobei sich durch Differentiation in begrenztem Maße auch saurer granitischer Glutfluß abspalten kann. Granit dagegen, teilweise durch Aufschmelzung abtauchender Gebirgsrümpfe gebildet, steigt seinerseits in Form batholithischer und lakkolithischer Essen, umgeben von einer ›Migmatisationsfront‹ nur langsam empor.

136

18.4 Deutungsgeschichte einer Überschiebung

*Wir sind nicht gescheiter als unsere Großväter,
sondern nur kenntnisreicher.*

THEODOR HEUSS

Nach den Hinweisen auf die Erforschungsgeschichte des magmatischen und migmatischen Geschehens wenden wir uns nocheinmal großtektonischen Vorgängen zu.

WAGENBRETH (1966–67) hat der Erforschungsgeschichte der Lausitzer Überschiebung (Abb. 29) eine reich illustrierte wissenschaftshistorische Abhandlung von über 200 Seiten gewidmet.[129] Es handelt sich um die Dresden berührende Elbtallinie, an der ein Teil des Meißener Syenitmassivs und des Lausitzer Granitmassivs an den kreidezeitlichen Quadersandstein und Pläner (Cenoman-Turon) grenzen, wozu bei Hohnstein südöstlich Dresden noch eine mit dem Granit auf die Kreide überschobene, überkippt gelagerte Jurascholle kommt. Die ersten Deutungen der Jahre 1792–1815 fügten sich dem Rahmen der herrschenden neptunistischen Theorie ein. Die Sandsteine und Kalke lagerten sich demnach im einstigen Urmeer dem älteren, dort schon aufragenden Kristallin an und zwar, soweit sie von diesem überdacht werden, in einer Hohlkehle, die eine dem heutigen Elbtaldurchbruch folgende Meeresströmung damals ausgewaschen haben könnte. Der Berliner Mineraloge CHR. S. WEISS erkannte aber 1827 die Aufschiebung des Kristallins in schon erstarrtem Zustand auf die jüngeren Sedimente, wofür eine Reibungsbreccie an der Basis des Syenits und das Fehlen von Anzeichen für dessen glutflüssiges Auf- bzw. Eindringen in die ihm angelagerten Sedimente hinein sprachen. Doch konnte sich diese Deutung damals noch nicht durchsetzen, weil sie weder der neptunistischen noch der inzwischen zur Vorherrschaft gelangten vulkanistischen Theorie gemäß war. Die Vulkanisten

›So oder so oder so?‹ PFANNENSTIEL 1969

Urmeer-Deutung

Erste tektonische Deutung

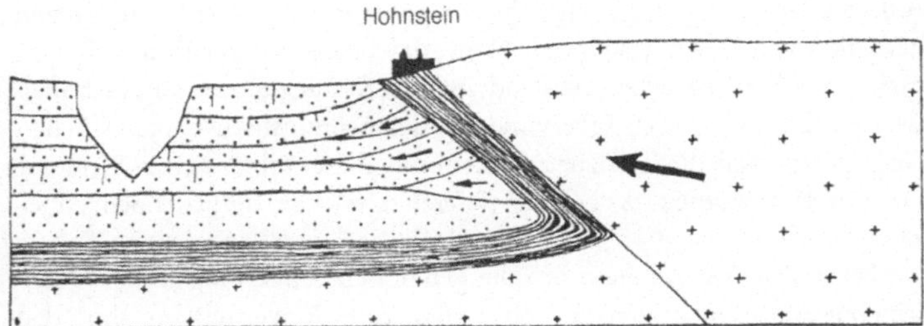

Abb. 29. Schematisches Profil durch die Lausitzer Überschiebung bei Hohnstein mit überkipptem Jura *(schraffiert)* und Horizontalverschiebungen innerhalb des Quadersandsteins *(punktiert); Kreuze* = Granit. (Aus WAGENBRETH 1982)

E. DE BEAUMONT (1829), C. F. NAUMANN (1832), C. V. LEONHARD und
L. V. BUCH (1834) hielten den Syenit/Granit für jüngeren Glutfluß, der in
die schon vorhandenen Sedimente emporgedrungen und auch etwas über
sie hinweggequollen sein sollte, wofür sich Verzahnungen an der Grenze,
z. T. unter Umdeutung von WEISS' Reibungsbreccie, durchaus auffinden
ließen. Daneben hatte aber auch die neptunistische Deutung noch ihre
Verfechter.[130]

Ein Stein des Anstoßes war der von dem Bayreuther Paläontologen
Graf MÜNSTER aufgrund reichen Fossilgehalts als Jura erkannte Hohn-
steiner Kalk, der über dem kreidezeitlichen Quadersandstein liegt.
T. E. GUMPRECHT (1835) suchte dieses Alter mit geologischen Argumenten zu widerlegen, ohne daß er die Richtigkeit der MÜNSTERschen Fossil-
bestimmungen bestritt. Er nahm vielmehr bewußt in Kauf, »daß damit
leider ein großartiges Prinzip, wie ein solches die Wissenschaft in der
Bedeutung der Versteinerungen besaß, verloren geht, ... dessen sichere
und richtige Leitung bei der Bestimmung des Alters der Gebirgsschichten
die Erfahrung einer langen Reihe von Jahren, wie es schien, völlig außer
Zweifel gestellt hatte« – was sich später nach Klärung der überkippten
Lagerung unter dem überschobenen Granit allerdings als unnötige Sorge
erwies.

1834 gelangte B. COTTA[114], der anfangs noch neptunistisch urteilende
Schüler WERNERS und C. V. LEONHARDS[130] mit letzterem zusammen zu
der Auffassung, daß der im Sinne der v. BUCHschen Hebungstheorie glutflüssig in den schon erstarrten Syenit emporgedrungene Granit jenen
über die Kreidesedimente geschoben habe. 1836 erging dann auf COTTAS
Initiative eine ›Aufforderung an das geognostische Publikum‹ zur priva-
ten Finanzierung von Schürfarbeiten an der Überschiebungslinie, was
(A. V. HUMBOLDT hatte dazu die höchste Einzelsumme von 30 Thalern
einbezahlt) 1838 zu zahlreichen Aufschlüssen führte. Vom ersten dieser
Schürfe zeugte eine Steintafel mit der Aufschrift ›Eröffnet auf Kosten
eines geognostischen Untersuchungsvereins‹. Die von COTTA aus diesen
Aufschlußarbeiten gezogenen Schlußfolgerungen entsprachen im ganzen
der schon von WEISS geäußerten These, daß beide, der Syenit und Granit,
passiv in schon erstarrtem Zustand auf die Kreidegesteine aufgeschoben
wurden. Erst jetzt, nach Überwindung des neptunistisch-vulkanistischen
Gegensatzes, war die Zeit zur Anerkenntnis dieser tektonischen Sicht der
Dinge reif geworden, wobei die tieferen Ursachen freilich noch unbekannt blieben.

Nach COTTA verzweigte sich die geologische Forschung an der Überschiebungslinie in zahlreiche sich verfeinernde Einzelstudien, ohne daß
sich das Gesamtbild wesentlich geändert hätte. Die Forschung wird
sowohl im einzelnen als im Rahmen der Plattentektonik von neuem auch
in größerem Zusammenhang weitergehen. Denn sosehr wir von der

138

grundsätzlichen Erkennbarkeit der Natur überzeugt sein dürfen, lassen die immer neuen Untersuchungsmethoden einen Abschluß der Erkenntnis eines solchen erdgeschichtlichen Großphänomens, wie es die Lausitzer Überschiebung darstellt, doch noch lange nicht erwarten.

Eine noch größere Überschiebung ist die mit Faltung und Schuppung verbundene ›*Moine Thrust*‹ in dem großartigen nordwestschottischen Gebirgsland mit seinen Lochs und Inselbergen. In den dortigen Profilen wiederholen sich archaischer Gneis, präkambrischer Torridon-Sandstein und das hangende Altpaläozoikum durch die tektonische Überlagerung. Aus der langen Erforschungsgeschichte sei hier nur erwähnt, daß MURCHISON das nicht erkannte, sondern stattdessen einen älteren und jüngeren Gneis annahm, was umso verwunderlicher ist, als er an der ihm wohlbekannten Glarner Überschiebung (S. 89) keinen Zweifel hegte. Durch diese Fehlbeurteilung stand er als tonangebender Direktor des Geological Survey der richtigen geologischen Deutung Nordwestschottlands über seinen Tod hinaus bis in die Achtzigerjahre im Wege. Den Durchbruch zu ihr brachten LAPWORTH und die in voller Harmonie arbeitenden Geländegeologen PEACH und HORNE, an die ein Gedenkstein in der weiten Landschaft am Loch Assynt erinnert.[131]

Überschiebung in Schottland

18.5   Gebirgsbildung: Phasen und Vorland

> C. G. CARUS nannte den Blick vom Vorland auf die
> Alpen › *die vollendete Landschaft* ‹.

J. D. DANA,[132] an dessen Geosynklinalbegriff (S. 81) wir hier anknüpfen, schrieb 1879: » *Die Schichten der Appalachen bildeten sich nicht in einem tiefen Ozean, sondern in flachem Wasser, wobei sich eine schrittweise Absenkung vollzog. Zum Schluß lagen sie, für die Gebirgsbildung bereit, in einem Troge von 40 000 Fuß Tiefe, den sie randvoll füllten. Daran zeigt sich: Gebirgsbildende Epochen stellen sich erst nach langen Zwischenzeiten ruhiger Sedimentation in der Geschichte eines Kontinents ein.* «

Phasen

Seit ED. SUESS’ ›Antlitz der Erde‹ unterscheiden wir im Sinne solcher Diskontinuität das kaledonische, varistische und alpidische Gebirge. Doch bestehen zwischen den zeitlich weit getrennten Gebirgsbildungen Beziehungen, indem sich alte und neue Orogenesen räumlich überlagern und alte tektonische Strukturen (Brüche, Faltungen) in die jüngeren Orogene nicht nur durchpausen, sondern als ›posthume Tektonik‹ (SUESS) auch reaktivieren können. H. STILLE wies 1910 auf ›Abtrünnigkeit‹ von dieser Regel hin: Das Mesozoikum der niedersächsischen (›saxonischen‹) Tektonik,[133] von ihm zuerst im Osning (Teutoburger Wald) untersucht, zeigte sich quer zu dem andersgerichteten varistischen Unterbau gefaltet und dadurch stark zerstückelt (Bruchfaltengebirge), was er dann 1918 beim

139

Vergleich mit den Alpen auf den dort versteiften, hier mobileren Untergrund zurückgeführt hat.

Auch STILLE aber konnte aus seinen Erfahrungen heraus nicht anders, als in den orogenetischen Vorgängen (Faltung, Zerbrechung) zeitlich sehr begrenzte Ereignisse zu sehen, denen er außerdem erdweite Gleichzeitigkeit der Phasen zusprach, wobei er den Motor des Gesamtgeschehens in der Erdkontraktion sah. Sowohl erdweite Diskontinuität als auch erdweite Gleichzeitigkeit wurde aber von anderer Seite bereits vor und auch nach STILLE wieder bestritten. Einer der Einwände war, daß der Höhepunkt einer orogenen Phase selbst innerhalb ein und desselben Orogens » *anschwellend und abklingend über die Faltenstränge läuft* « (KREJCI-GRAF 1950), sich also — und zwar in erheblicher Zeitspanne — räumlich verlagert, sodaß auch zeitliche Überschneidungen zwischen verschiedenen Orogenen wahrscheinlich werden.

Ein anderes Problem war, ob sich die Vorlandstektonik des alpinen Orogens so in Zusammenhang mit dem von den Alpen ausgehenden Druck deuten lasse, wie das z. B. STILLE gemäß der Kontraktionstheorie bis in den niedersächsischen Raum tat. H. CLOOS (1939)[133] leitete aus den Umrissen der Hebungsgebiete Französisches Zentralplateau — Schwarzwald/Vogesen — Böhmische Masse deren Entstehung durch reine, von alpinem Druck unabhängige Vertikaltektonik im Sinne von Beulen oder Tumoren über aufsteigenden Tiefenströmungen ab. Denn wäre der Rheinische Schild mit Schwarzwald/Vogesen als Scheitel in seinem südlichen Teil, gleich einer ›Großfalte‹ vor den nordwärts bewegten Alpen aufgewölbt worden, so müßte er dem Verlauf ihres Nordrandes entsprechen und der Oberrheingraben als Scheitelbruch in der Druckrichtung, nicht

aber in spitzem Winkel dazu verlaufen. Es handelt sich demnach eher um ein autonomes Gewölbe, dessen zwischen abwärts konvergierenden Brüchen eingesunkener Scheitelgraben die mit der Hebung verbundene Dehnung ausgleicht. Unsymmetrischer Gewölbeumriß führt zur Gabelung des Grabens am breiteren Gewölbeende, so im gesamtrheinischen Schild in Niederrhein- und Hessengraben (Wetterau). Je größer der Gewölbedurchmesser, desto breiter ist der Graben: Oberrheingraben 40 km, Rotemeergraben im Nubischen Schild 400 km. Über die Bindung an örtliche Tumoren hinaus schien CLOOS ein trotz horizontalen Versatzes naheliegender Zusammenhang des ostafrikanischen Grabensystems mit Rhone-, Rhein- und Oslo-Graben wichtig zu sein, in dem er ein weiteres Zeugnis für die Unabhängigkeit des Rheintalgrabens von den Alpen sah, wobei der Zusammenhang von Rhein- und Oslograben (›Mittelmeer-Mjösen-Zone‹) allerdings in Frage gestellt wurde. CLOOS'

Vorstellungen lag immer eine stationäre Gesamtgeometrie der Erdrinde zugrunde, wie sie dem Erd›tekt‹oniker als Erd›architekten‹ (CLOOS hatte als Architekturstudent begonnen) auch am nächsten liegen mußte. Die

140

Erdrinde bestand aus seiner Sicht aus polygonalen, gelenkig verbundenen, aber ortsfesten Platten mit Vertikalbewegungen an ihren Grenzen. Wir werden aber sehen, daß sich Grabensenkung durch Zerrung und alpiner Druck nach jüngeren Vorstellungen nicht ausschließen (S. 151).

18.6 Kontinentalverschiebung und Plattentektonik

ALFRED WEGENERS *mutige Hypothese*

HANS CLOOS 1947

Wir leiten die Geschichte von ALFRED WEGENERS bahnbrechender Theorie[134] – wegen des Vergleichs der Kontinente mit schwimmenden Eisschollen auch als Drifttheorie bezeichnet; man vergleiche die alte glaziale Drifttheorie! – mit einem ihr widersprechenden Text von CLOOS (1939)[133] ein, der an das Vorstehende unmittelbar anschließt:

» ... Die Grabendehnung wird durch die Gewölbedehnung kompensiert und umgekehrt. Es bleibt keine Möglichkeit, aus dem Vorhandensein des Roten Meeres eine autonome Bewegung Arabiens gegen Nordosten, aus dem Golf von Aden eine solche gegen N oder NNW herzuleiten. Keine Möglichkeit?

Es ist also künftig auch nicht zulässig, die Gräben Ost- und Nordafrikas als Zeichen beginnender kontinentaler Abspaltung zu betrachten und zum Beweise von ALFRED WEGENERS Drifthypothese heranzuziehen ... Überdies krankt eine solche Verwendung der irdischen Gräben im Gedankengang der Drifthypothese an einem methodologischen Fehler. Die Gräben, heißt es, seien Anfangsstadien, die Ozeane der Alten Welt Fortschritts- oder Endstadien seitlicher Schollendrift. Logischerweise müßte es zwischen diesen Extremen Übergänge geben. ... Das einzige Zwischenstadium, das man bis vor kurzem hätte einschalten können, das Rote Meer mit seinen 400 km Breite, versagt nunmehr ebenfalls seinen Dienst wegen seiner gebundenen Stellung im Gewölbe ...«

Über die Geburt der Verschiebungstheorie schreibt WEGENER (1929) selbst: *» Die erste Idee der Kontinentverschiebungen kam mir im Jahre 1910 bei der Betrachtung der Weltkarte unter dem unmittelbaren Eindruck von der Kongruenz der atlantischen Küsten; ich ließ sie aber zunächst unbeachtet, weil ich sie für unwahrscheinlich hielt. Im Herbst 1911 wurde ich mit den mir bis dahin unbekannten paläontologischen Ergebnissen über die frühere Landverbindung zwischen Brasilien und Afrika durch ein Sammelreferat bekannt, das mir durch Zufall in die Hände fiel. ...* Beginn

Schon bei der ersten Beschäftigung mit dieser Frage und von Zeit zu Zeit auch bei der späteren Entwicklung stieß ich mehrfach auf Anklänge an meine eigenen Vorstellungen bei älteren Autoren.«

Über Vorläufer berichten auch CAROZZI (1975), WUNDERLICH (1975), SCHWARZBACH (1980) und R. MUIR WOOD (1985).[134] Schon A. v. HUM- Vorläufer

141

BOLDT erwähnte in seinem ›Kosmos‹ (1845) die Parallelität der atlantischen Küsten unter allerdings anderer Deutung: »*Es ist als hätten flutende Wasser den Stoß erst gegen Nordost, dann gegen Nordwest, dann wiederum nordöstlich gerichtet.*« Ein sonst unbekannter A. SNIDER PELLEGRINI zeichnete in einem 1858 in Paris erschienenen populärwissenschaftlichen Buch Amerika und Europa-Afrika sogar schon dicht beieinander, um die Ähnlichkeit der Karbonfloren beiderseits des Atlantiks zu erklären. Wenn er geahnt hätte, auf was für eine Wurzel er da gestoßen war! Aber er blieb bis zu zufälliger Wiederentdeckung 1930 vergessen. Die Geologie dachte bis 1910 überwiegend statisch. WEGENER bemerkte die Ähnlichkeit der Küstenlinien (und noch mehr der Schelfränder!) ganz unvorbereitet. Vielleicht mögen sie ihn als Meteorologen, wie H. FLÜGEL (1980) erwog, an auseinanderreißende Wolkenfelder erinnert haben. Doch ließ er den Gedanken, wie aus seinem Text hervorgeht, selbst zunächst als Luftgespinst fallen.

Isostasie Voraussetzung der Kontinentaldrift ist das Prinzip der Isostasie. Schweremessungen hatten nicht nur für Gebirge und Umland (S. 81), sondern auch für Land und Meeresboden auf Dichteunterschiede schließen lassen. SUESS (1865) hatte das Begriffspaar Sial und Sima für das leichtere Material der Kontinente und das schwerere der Tiefe geschaffen, ohne dadurch jedoch an der Kontraktionstheorie irre zu werden. Auch spätere Autoren wie STILLE bemühten sich um eine Synthese zwischen Kontraktion und Isostasie mit der Annahme von Aufschmelzung an der Basis absinkender Erdrindenschollen. WEGENER aber sah in beiden einen unlösbaren Widerspruch. Einstige Zwischenkontinente und Landbrücken, wie sie die Kontraktionstheorie annahm, konnten unter isostatischen Gesichtspunkten nicht zu Ozeanböden abgesunken sein. Da aber geologische, paläoklimatische sowie biogeographische Argumente einen Zusammenhang heute getrennter Kontinente fordern, blieb als einzige Erklärung ihre Verschiebung auf dem schwereren, die Ozeanböden bildenden ›Sima‹, auf dem die ›sialischen‹ Kontinente wie Eisschollen im Wasser schwimmen sollten, wobei sich an ihrem Vorderrand – gleich der Bugwelle von Schiffen (H. CLOOS) – oder bei ihrem gegenseitigem Zusammenstoß Gebirge auffalten können. Also keine ortsgebundene, wohl aber Mobilismus
statt Fixismus existentielle Permanenz der Kontinente und Ozeane: ›Mobilismus‹ statt ›Fixismus‹ (ARGAND), ›Wandertektonik‹!

Die Kontraktionstheorie hatte fixistische ›Standtektonik‹ für etwas Selbstverständliches gehalten, geriet aber mit dem Fortschritt der alpinen Geologie in zunehmende Schwierigkeiten. Denn der Deckenbau der Alpen wollte sich mit der im Prinzip doch vertikal, zum Erdmittelpunkt hin gerichteten Ursache der Kontraktion nicht mehr in Einklang bringen lassen. HEIM sagte sich deshalb an seinem 80. Geburtstag 1929, während einer Exkursion zu der berühmten ›Lochseite‹ in den Glarneralpen (S. 86),

142

zunächst noch zweifelnd und fragend von der Kontraktionstheorie los, um sich der Theorie der Gebirgsbildung durch Zusammenstoß und Aufstauung driftender Kontinente, also der Alpen durch Andrängen Afrikas gegen Europa, anzuschließen.

Es könnte nun scheinen, als hätte die Theorie der Horizontalbewegung, d.h. des Mobilismus der Kontinente gegenüber deren Fixismus, gesiegt. Dem war aber nicht so. Die von WEGENER angeführten Bewegungskräfte – Polflucht und Erdrotation – wurden von der Mehrzahl der Geophysiker, vor allem wegen des anzunehmenden hohen Reibungswiderstands des zähplastischen simatischen Untergrunds, für unzureichend erklärt. Dennoch wußte WEGENER – selbst Geophysiker, speziell Meteorologe, was ihm in den Augen der Geologenzunft den psychologischen Nachteil der Nichtzugehörigkeit eintrug – in zwei Jahrzehnte währendem Ringen um einen tragfesteren empirischen Unterbau seiner Theorie eine Fülle von Forschungen auszulösen und von Erscheinungen für sich zu buchen. So wurde sie zu einem jener abgerundeten wissenschaftlichen Weltbilder, deren Wert – als Kunstwerk der Wissenschaft – auch dann nicht zerbricht, wenn die fortschreitende Erkenntnis gegen sie entscheidet. Sähen wir uns doch ohne die Existenz solcher ganzheitlichen Bilder nur einem immer wechselnden, ruhelosen Strom vorbeihastender Deutungen ausgeliefert und entbehrten auch aller Pfeiler als Brückenschlag zu neuen Erkenntnissen. Die Gefahr eines solchen wissenschaftlichen Kunstwerks aber liegt gerade in der einprägsamen geistigen Strichzeichnung, die der größeren Komplikation der Natur oft nicht entspricht.

Und in der Tat schien WEGENER zu scheitern, obwohl der Schweizer R. STAUB (1924) die Alpen ganz in dessen Sinn durch das Herandriften der afrikanischen Großscholle deutete; obwohl weiterhin die nach AMPFERER und SCHWINNER bewegte Tiefe den passiven Transport der Kontinente verständlicher werden ließ (der Geophysiker SCHWINNER war ein WEGENER gegenüber leider distanzierter Grazer Kollege), und obwohl der südafrikanische Geologe A. DU TOIT die Wanderung der Kontinente noch in einem 1937 erschienenen Buch mit neuen geophysikalischen Argumenten und unter Betonung der ohne Annahme der Kontinentaldrift paradoxen geologischen und biologischen Befunde verteidigte. Schon 1926 aber war ein diesbezügliches Symposium in New York zuungunsten der Verschiebungstheorie ausgegangen. Von schwärmerischen Theorien, ja Märchen WEGENERS und anderer Träumer war gar die Rede. Auch in Deutschland gab es Ablehnung, ja abfällige Urteile. Nicht nur STILLE, der WEGENER kaum der Erwähnung wert erachtete, sondern auch H. CLOOS, der sich mit ihm in seiner ›Einführung in die Geologie‹ (1936) in einer auch historisch lesenswerten Darstellung des komplizierten Für und Wider eingehend befaßte, blieben in ihrem ›Fixismus‹ in doppeltem Sinne befangen. Sie suchten die Ursachen der atlantischen Küstenparalle-

›Kunstwerk der Wissenschaft‹

Scheitern

143

lität in altangelegten, räumlich unverrückten Großstrukturen der Erdrinde, die den Kontinenten und Ozeanböden in gleicher Weise eigneten. Zwischen mittelozeanischem Rücken und kontinentalem Gebirge schien kein grundsätzlicher Unterschied zu bestehen. In CLOOS' ›Gespräch mit der Erde‹ (1947), das auch die allgemeinbildende Tradition der alten Geologie in bester Weise weitertrug, erscheinen die Alpen am ehesten als einer der über magmatischer Tiefe hochgepreßten Geotumore der Oszillationstheorie, an deren Flanken die Überlast der Sedimente unter der Schwerkraft in Form von Decken nach den Seiten hin abgeglitten sein soll. » *Der Antrieb*« des Gebirges, so CLOOS, » *liegt im eigenen Untergrund.*« Freilich muß er das Problem insgesamt in der Schwebe lassen: Was sind sie denn nun eigentlich, die Alpen? fragt er. » *Ist es das schwache Nachgeben von dem Druck einer tektonischen Zange* [wie nach der Kontraktionstheorie] *oder vor dem Zufall eines Zusammenstoßes im Straßenverkehr der Erdkruste?* [wie nach der Verschiebungstheorie]. *Oder ist es auf- und aussteigende Strömung, enthüllte Unterwelt im Licht unsrer Sonne?*« [wie nach der Oszillationstheorie] (S. 90). Oder − und damit spielt er auf die Unterströmungstheorie AMPFERERS an −: » *Ist es vielleicht auch umgekehrt: Strudel über Schlünden, die eine Oberwelt in ihre Gluten hinabziehn?*« ... » *Der Wanderer* ... *zuckt die Achseln und ist enttäuscht, weil ihm die Erdforschung keinen Bescheid gibt auf eine Frage, die ihm angesichts der Schönheit und Größe ihres Gegenstandes eine der dringlichsten ist*« − Sätze offenbar von Hochstimmung und Resignation zugleich aus dem Jahre 1947.

Das alpine Problem in der Schwebe

Nachhut − Vorhut

Um 1950 schien die Verschiebungstheorie zu den Akten gelegt. Eine Ausnahme machten fast nur einige Paläontologen und unter ihnen besonders einige führende Paläobotaniker, die auf die fossilen Floren der Südkontinente als unabweisbares Zeugnis eines einstigen Zusammenhangs in der Permzeit, also im ausgehenden Erdaltertum, hinwiesen, wofür auch die heute weit auseinandergerissenen Spuren einer großen südpolaren Vereisung jener Zeit sprachen (Abb. 30).[135] Eine Ausnahme machten auch manche Geographen − sie aber, ganz natürlicherweise, deshalb, weil sich Erkenntniswandlungen im Nachbarfach nicht so schnell durchzusprechen pflegen (das kommt auch zwischen verschiedenen Disziplinen eines Fachs, z. B. zwischen Geologie und Paläontologie vor; außerdem ist es schmerzlich, von einer einleuchtenden, zu lebendiger Anschauung gewordenen Theorie Abschied nehmen zu müssen).

Auch der S. 92 erwähnte Versuch der Fünfzigerjahre, die ostalpinen Überschiebungsdecken ihrer Deckennatur zugunsten nur lokaltektonischer Erscheinungen zu entkleiden, erfolgte wohl unter dem Eindruck des scheinbaren Scheiterns der Überschiebungstheorie und ihres Postulats großmaßstäblicher Horizontaltektonik. Der Wiener Geologe TOLLMANN freilich, Schüler L. KOBERS, kam an denselben ostalpinen ›Profilen, an denen auch die deutschen Geologen gearbeitet hatten, in ganz entgegen-

144

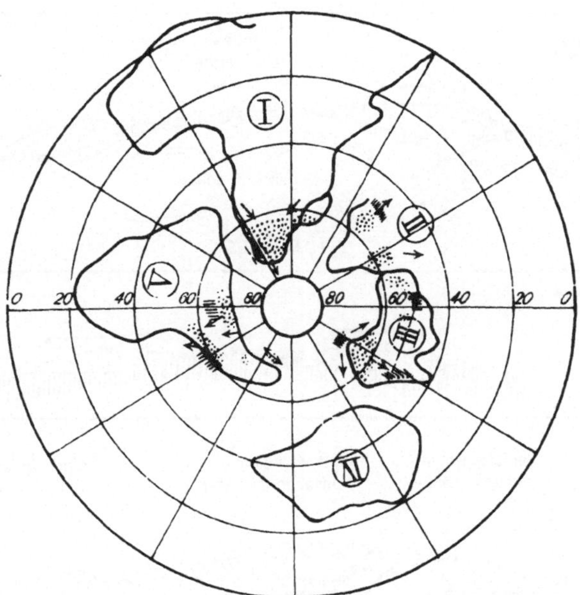

Abb. 30. Kontinentalverteilung um den Südpol zur Zeit der permokarbonischen Vereisung. *I–V* Afrika, Vorderindien, Australien, Antarktis, Südamerika. *Punktiert* Gletscherspuren, *Pfeile* Eisbewegung; *gestrichelt* Meere mit Kaltwasser-Faunen. (Aus SALOMON-CALVI 1933)[135]

gesetzter Deutung zu Ausmaßen und Schubweiten von Decken, die alle bisherigen Annahmen weit hinter sich ließen.[135a]

Die wenigen aber, die sich *nicht* an der Demontage der WEGENERschen *Kontinentalverschiebungstheorie* beteiligt hatten, sollten Recht behalten. Die Möglichkeit horizontaler Schollenbewegungen der Erdrinde, deren Zusammenstöße auch die horizontalen Deckenschübe von Gebirgen alpiner Art erklären sollten, fand in den Fünfzigerjahren neue Stütze durch neue geophysikalische, diesmal paläomagnetische Ergebnisse. Eisenmineralien in Glutflußgesteinen werden nämlich bei deren Entstehung eingepolt und mit deren Erstarrung fixiert, in ihrer ursprünglichen magnetischen Einregelung also fossil überliefert. Zeigen sie heute eine von der einstigen Einpolung abweichende Richtung, so muß das entweder an einer entsprechend großen Lageverschiebung der magnetischen Pole oder an einer Verschiebung des betreffenden Erdrindenstücks liegen. Polverschiebung ließ sich aber ausschließen, weil sich die Abweichung nicht überall gleich verhielt. So blieb nur von Kontinent zu Kontinent unter-

Renaissance als Plattentektonik

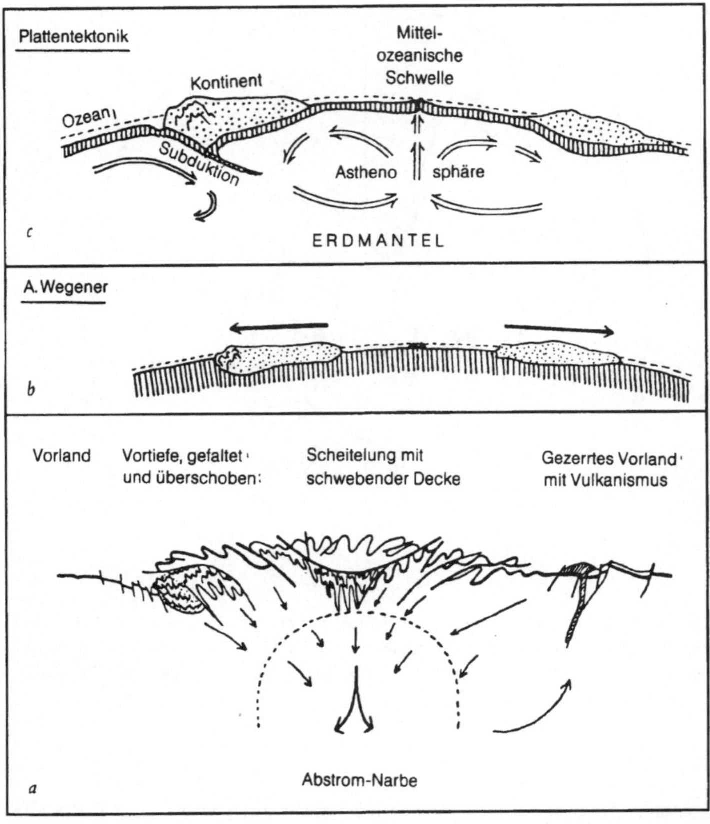

Abb. 31. Großtektonische Theorien des 20. Jhdts. nach Aufgabe der Kontraktionstheorie.

a Gebirgsbildung über Verschluckungszonen im Sinne von AMPFERER (aus E. KRAUS NJb Geol B 76 1933). Deckengebirge entstehen nicht durch Überschiebung infolge seitlichen Drucks, sondern durch Unterwanderung von Rindenteilen infolge Zugs aus der Tiefe (vgl. auch *c!*).

b WEGENERS Kontinentalverschiebungstheorie: Auf dem schweren ›Sima‹ des Ozeanbodens schwimmende Kontinente, an deren Stirn es durch Reibungswiderstand zu Gebirgsbildung kommt.

c Plattentektonik: Wirbelbewegungen im tieferen Erdmantel (der Asthenosphäre) schleppen auf ihrem Rücken Erdrindenplatten auseinander, die aus ozeanischem Bodenmaterial und in diesen fest verwurzelten leichteren Kontinenten bestehen. An den Trennfugen, die sich dabei über den Grenzzonen der Wirbel bilden, steigt basaltischer Glutfluß empor, bildet die mittelozeanischen Rücken (submarine Basaltgebirge mit Vulkaninseln) und wandert als jeweils innerster und jüngster Streifen der auseinanderweichenden Platten seitwärts ab, während deren älteste äußere Streifen unter Bildung von Tiefseegräben unter benachbarte Platten untertauchen (subduzieren) wie z. B. vor

146

schiedliche Verschiebung übrig. Da sich nun das Alter der magnetisierten Glutflußgesteine geochemisch messen läßt, lassen sich neben den Wanderwegen auch die Wanderzeiten ermitteln. Ergebnis: Die Kontinente bewegen sich doch, freilich nicht wie auf dem Wasser treibende Rindenplatten Eisschollen, sondern im Rahmen größerer Platten der Erdrinde durch wohl thermisch verursachte Konvektionsströme der zähplastischen Tiefe (wobei hier große Tiefen bis über 200 km gemeint sind).

Wie das aber vor sich geht, zeigte erst die Altersbestimmung des Umpolung Materials der Ozeanböden durch die moderne Meeresforschung. In den fünfziger Jahren ergab sich fast zufällig, daß es im Pazifischen und Atlantischen Ozean den Längengraden parallele Streifen gibt, deren Gesteine entgegengesetzt gepolt sind, und zwar infolge der bis heute rätselhaften, möglicherweise elektrisch bedingten Erscheinung gelegentlicher Umkehr des irdischen Magnetfeldes. Da man auch die Zeitpunkte dieser Umpolungen mit radioaktiver Altersbestimmung erfassen lernte, konnte man nun an der Abfolge dieser Streifen erkennen, daß das Material im inneren Bereich z.B. des Atlantischen Ozeans, also zu beiden Seiten des mittelatlantischen Gebirgszugs, jünger ist als das Material der gegen die Kontinentalküsten hin gelegenen Streifen. Dieser Befund bestätigte sich durch das Alter der dem magnetisierten schweren Bodenmaterial aufliegenden Sedimente, das sich mit Fossilien bestimmen läßt.

Auch neue zoogeographische Befunde ließen sich nur mit noch nicht vollzogener Trennung Amerikas und Afrikas in der späten Jura-Zeit erklären, so die Ähnlichkeit der Saurierfauna Ostafrikas und Nordamerikas und die von dem Kieler Paläontologen W. KRÖMMELBEIN (1967)[135b] entdeckte Übereinstimmung nichtmariner Ostracodenfaunen der nordbrasilianischen und westafrikanischen (Gabun-)Küste.

Aus diesen Argumenten ergab sich die in Abbildung 31c erläuterte Seafloor
spreading
(Ozeanische
Dehnung) Vorstellung, daß in die mittelozeanischen Rücken aus Trennfugen großer Erdrinden-Platten immer neues basaltisches Material aus dem Erdmantel aufsteigt und sich den dadurch zur Seite abgedrängten Ozeanböden (›seafloor spreading‹) innen anfügt, woraus sich deren Alterszunahme von den Mittelrücken gegen die Ränder ergibt. Die Wärmequelle des konvektiv aufsteigenden Magmas ist in dem radioaktiven Mineralbestand des Erd-

---

der Westküste Südamerikas. Die Subduktion führt außerdem durch Aufschmelzung in großer Tiefe zu Magmenaufstieg und Vulkanismus sowie durch Reibungswiderstand zu Faltung und Überschiebung (Gebirgsbildung) im Randbereich eines unterschobenen Kontinents. (*b* und *c* aus SCHWARZBACH 1980) – Zur Subduktion an ›aktiven‹ Ozeanrändern gibt es in neueren Geologiebüchern auch populärer Art zahlreiche eindrückliche Darstellungen. – Zur Plattendicke s. Anmerkung 136.

mantels zu suchen und außerdem in des letzteren fortschreitender Differentiation, bei der die gravitativ absinkenden schweren Mineralien Energie freisetzen.

An ihren Außengrenzen können sich die so auseinandergeschobenen, auch die Kontinente mittragenden ›lithosphärischen‹[136] Großplatten, dem abgekühlten Ast eines Konvektionsstromes folgend, abtauchend unter benachbarte Platten schieben, dabei Tiefseegräben zum Einsinken bringen, aufgeschmolzenes Material in Vulkanketten aufsteigen und Gebirge sich zusammenpressen lassen. Die Gebirge des westlichen Amerika z.B. liegen über solchen Unterschiebungszonen. Die so erdbeben-aktive San Andreas-Spalte (Los Angeles – San Francisco) folgt einer Plattengrenze mit gegenwärtiger Horizontalverschiebung, die ›klemmen‹ und dann zu plötzlicher Auslösung gelangen kann.

Alpen   Die Alpen resultieren aus der Kollision der Nordatlantik und Europa gemeinsam umfassenden Platte mit der afrikanischen Platte, wobei der Boden des 500 km breiten, erdmittelalterlichen Tethysmeeres – jener vielerforschten Geosynklinale – dazwischen in die Tiefe abgesogen, verschluckt wurde. (Nur Reste davon finden sich als Grünsteine noch eingeschuppt in die mächtigen, in Decken und Falten gelegten Sedimente dieses Meerestroges.) Sowohl AMPFERERS Vorstellung einer Verschluckung wie WEGENERS Kontinentalverschiebung bewahrheiten sich in neuer Form – und was H. CLOOS fast poetisch » *Strudel über Schlünden, die eine Oberwelt in ihre Gluten hinabziehn* « genannt hat, findet in neuem Zusammenhang seine wissenschaftliche Bestätigung.

Großgräben   Das neue Bild beeinflußte auch die Deutung der großen irdischen Grabenzonen. Während CLOOS den Rheintalgraben oder den Graben des Roten Meeres als Scheitelbrüche im sich aufwölbenden Oberrheinischen bzw. Nubischen Schild infolge rein vertikaler Bewegungen deutete, denkt man heute wieder an Abrißbewegungen beginnenden horizontalen Transports, also an Geburtszonen neuer ozeanischer Becken. Dafür spricht, daß das Rote Meer mit neuerdings entdeckter Mittelschwelle und Scheitelgraben nun doch einem Zwischenstadium zwischen kontinentalem Großgraben und ozeanischer Senke zu entsprechen scheint. Die Aufwölbung zu ›Schilden‹ (Oberrheinischer und Nubischer Schild) läßt sich dann mit Magmenaufstieg wie in den mittelozeanischen Schwellen verstehen. Das Ganze ist die ›Plattentektonik‹ – eine Theorie, die viele Fakten einheitlich zu erklären vermag, so unerwartet ihre Vorstellungen den in älteren Traditionen Befangenen zunächst auch waren.[137]

Das neue Paradigma   Die Renaissance der dabei in die Plattentektonik einmündenden Drifthypothese hat also zu einem revolutionär anmutenden Umbruch unserer Vorstellungen von Struktur und Dynamik der Erdrinde geführt, der aber durch AMPFERERS Unterströmungslehre und WEGENERS Verschiebungstheorie vorbereitet war und sich deshalb auch im Sinne einer Evolution wissenschaftlicher Ideen verstehen läßt. Dabei könnte es fast scheinen, als ließe sich dieser jüngste Teil der zunehmend geophysikalisch bestimmten Entwicklung der Geologie ›namenlos‹ schreiben. Denn auch künftig wird man noch von ›WEGENERS Theorie‹, aber nur von ›der Plattentektonik‹ oder vom ›seafloor spreading‹ sprechen. WEGENER stand mit seiner ohne jede Technik über ihn gekommenen Idee und ihrer Ausarbeitung noch allein und oft genug gegen seine wissenschaftliche Mitwelt. Sein einsamer Tod im grönländischen Inlandeis (1931) ist ein bewegendes Symbol dafür. Darin liegt die Größe dieses in seinem Wesen bescheidenen Mannes, wie sie in Zukunft immer seltener anzutreffen sein wird. Denn heute sind es wechselnde internationale Forscherteams aus Geophysikern, Ozeanographen, Geologen, Petrographen und Paläontologen, Zoologen, Botanikern, die auf Forschungsschiffen und in Laboratorien an der Arbeit sind, wobei die technischen und ozeanographischen Erfahrungen der US-Kriegsmarine einst entscheidende Anstöße gaben.

Zwei fesselnde Bücher über die Geschichte der Plattentektonik Person und Team (K. J. HSÜ 1982; R. MUIR WOOD 1985) führen uns aber Werk und auch Persönlichkeit der Hauptbeteiligten lebendig vor Augen: ihre Ideen, ihr Erkenntnisringen in den Grenzen eigener Vorurteile oder auch über sie hinaus, ihren Kampf mit den Widrigkeiten von Technik und Natur, ihre Schicksale. Auch im Team gilt der Einzelne und leuchtet mancher Name besonders hervor. Die Phalanx der Geologen freilich, die den Geophysiker WEGENER einst als Außenseiter ablehnten – in MATHERS geologischem Textbuch für 1900 bis 1950 (1967) kommt, der um die Jahrhundertmitte streng fixistischen Geologie in Amerika entsprechend, kein Vertreter der Kontinentaldrift zu Wort! – ist hinsichtlich der Erforschung der Tiefe und der globalen Sicht irdischen Geschehens nun selbst an den Rand geraten. Es ist zwar mit den Ozeanböden ein unermeßliches neues ›Gelände‹ gewonnen. Aber es ist nur mit einem Höchstmaß an Technik überhaupt zugänglich und im Vergleich zu den Festlandsoberflächen öde, und die hier › *mente et malleo* ‹ mit scharfem, von verknüpfender Phantasie beflügeltem Verstand getane ›*old geology*‹ ist in Gefahr, über der neuen ›The old geology‹ Wissenschaftstechnik ihrer Seele verlustig zu gehen (» *in danger of loosing its soul* «). R. MUIR WOOD (1985), von dem diese Formulierung stammt, hat den Weg zur Geologie als Neffe der bekannten Paläontologin am Britischen Museum, HELEN M. W., gefunden und vereinigt in sich beides, die Liebe zum Alten und die Ergebung in das Neue.

Der Amerikaner F. J. PETTIJOHN hat schon 1956 ähnlich, aber noch vor jeder plattentektonischen oder gar EDV-Geologie (S. 204), in einer Präsidialadresse an die American Association of Petroleum Geologists (in deren Bulletin 40, S. 1455) vor zu einseitiger Laborgeologie gewarnt: » *Der Niedergang der Geländegeologie ist das Symptom einer fundamentalen Fehlinterpretation des Wesens der Geologie!* « Ihr › *Gelände* ‹ ist zwar nur die äußerste Erdhaut, bietet aber dank deren Regsamkeit Rückblicke in Jahrmilliarden: von der vorübergehenden glazialen ›Verschmutzung‹ (H. Cloos), nämlich Löß, Moränen, Fluvioglazial, wozu heute der den Geologen ebenfalls beschäftigende menschliche Abfall hinzutritt, bis zurück in die älteste präkambrische ›Feste‹!

Kritiker Der Kampf der Theorien, auch darauf weist Muir Wood hin, geht auch in der jüngsten Ära weiter. Die Plattentektonik ist eine meergeborene Theorie der vor allem von amerikanischer Seite nicht nur um der Wissenschaft willen geförderten jungen Ozeanographie. Die Mehrheit der sowjetischen Geologen, deren 1967 112000 (in den USA nur 20000) an der Erforschung der riesigen sowjetischen Landmasse beteiligt waren, lehnte die Plattentektonik unter der Führung des Moskauer Professors V. V. Beloussow (geb. 1907) lange ab: Ein abermals eklatantes Beispiel der Beziehung zwischen regio und Theorie, auch wenn hier nach eindeutigen Äußerungen zusätzlich der politische und gesellschaftliche Gegensatz mit im Spiele ist (im fixistischen Amerika soll Wegeners Theorie umgekehrt manchen als politisch ›linkslastig‹ gegolten haben!). In Rußland dachte man weniger an Erdplatten als an kontinentale Plattformen, die sich an ›Tiefenbrüchen‹ (Geosynklinalen) trennen oder auch bedrängen (Ural!) und insgesamt weit mehr der vertikal-fixistischen als der horizontal-mobilistischen Tektonik entsprechen. *Das heute so populäre plattentektonische Konzept*«, so E. E. Milanovsky (Moskau) bei einem internationalen geologie-historischen Symposium in Münster 1978, »*unterschätzt in seiner gegenwärtigen Form wesentliche Unterschiede der Struktur und tektonischen Position verschiedener Faltenregionen*«,[138] d. h. also, die Plattentektonik schere alle Faltengebirge zu sehr über nur einen Kamm. Beloussow versuchte sogar schon, über die Zeit der Plattentektonik hinaus eine abermals neue Sicht der Dinge zu konzipieren. Hsü (1982) erklärt seine diesbezüglichen Ansichten als »schlicht falsch«. Doch gibt es auch im angelsächsischen und deutschen Sprachbereich gegenüber der Plattentektonik kritische Stimmen. Sie argumentieren mit der Vorstellung einer Expansion des Erdballs, die im Blick auf die einst zerreißende Pangaea zunächst recht plausibel erscheinen konnte (Dirac 1937; Carey 1954; Jordan 1966). Andere vermuten noch immer in der Kontraktion die wichtigste Ursache der Gebirgsbildungen. Böger (1979) hat darüber zusammenfassend berichtet.[138b] Auch weiterhin wird also die neue Sicht der Dinge im Zwielicht manchen Zweifels bleiben und auch weiter wird nicht nur die Natur als Objekt, sondern auch der Mensch mit seiner an einen irrationalen Rest geketteten ratio die sich wandelnden Vorstellungen bestimmen.

150

18.7 Die Erdkruste in neuer Sicht

Ergab sich die Plattentektonik aus der Erforschung der Ozeanböden an Bord von Forschungsschiffen seit etwa 1950, so begann zu gleicher Zeit auch die Erschließung des Untergrunds der Kontinente durch tiefbohrtechnische und refraktionsseismische Programme. Eine Zündung in doppeltem Sinne bedeutete hier die von einem ausgedehnten Beobachtungsnetz registrierte Helgoland-Sprengung 1947. In jüngster Zeit wird die gesamte Erdkruste (nur 0,4% des Gesamtvolumens der Erde!) mit Hilfe von Reflexionsseismik[139] noch weit genauer untersucht. Genannt sei hier nur das amerikanische COCORP-Programm (Consortium for Continental Reflection Profiling seit 1974) und das Deutsche kontinentale Reflexionsprogramm (DEKORP seit 1984).[140]

Den höchstens 180 Mio. Jahre alten Gesteinen der relativ dünnen (5–10 km) *ozeanischen* Kruste – denn alles Ältere wurde nach den Seiten hin ›verschluckt‹ (subduziert) – stehen bis 70 km mächtige, im Durchschnitt leichtere, weit komplizierter gebaute, bis 3,8 Milliarden Jahre alte *kontinentale* Krustengesteine gegenüber, beide als Teil der sie tragenden, weit größeren Tiefgang aufweisenden Lithosphärenplatten. Die seit 1909 als Mohorivičić-Diskontinuität (kurz: Moho) bekannte Untergrenze der Kruste liegt also unter den Ozeanen weit weniger tief als unter den Kontinenten (>25 km). Seit dem Präkambrium ruhige und von späterer Sedimentation weitgehend freigebliebene Kontinentalgebiete bilden die alten Schilde (Kratone); andere, die wieder absanken und sich mit horizontal gelagerten Sedimenten bedeckten, nennt man manchmal Plattformen. Beide, Schilde und Plattformen, können Senkungsbecken und tektonische Gräben einschließen, deren Vertikalbewegung von thermischen Konvektionsströmen im Mantel ausgelöst wird. Das dritte Element sind die schmalen Gürtel der Falten- und Deckengebirge als Kollisionszonen von Erdrindenplatten und hier sowohl empor- als auch hinabgewulstetem Krustenmaterial von einer Gesamtdicke bis zu 70 km oder gar noch darüber. Es sind durch Abtragung von oben und Aufschmelzung von unten her vergängliche Gebilde, deren ältere (varistische, kaledonische) ohne besonderen Tiefgang mehr sind. Tiefgreifende Grabenbrüche sind Zerrungszonen, in deren Achse schließlich Basalt der Ozeanböden aufdringt, wie das im Rote-Meer-Graben der Fall ist (Ozean in statu nascendi, s. oben). Krustendicke bzw. Moho-Tiefe sind unter der Grabensohle dementsprechend gering. Im Rheintalgraben ist die Öffnung offenbar embryonaler Natur. Die anfängliche Zerrung ist bereits von Pressung überprägt, die im Rahmen der Gesamtbewegung der ostatlantisch-europäischen Platte gegen die alpine Subduktionszone und eines von dorther ausgeübten Drucks zu einer horizontalen Blattverschiebung am Grabenostrand mit N-gerichtetem Versatz des Ostflügels führt.

Besonders komplizierte Krustenstrukturen kennzeichnen die Kontinentalränder. Bei deren »aktiven« handelt es sich um Plattengrenzen mit Subduktion wie an der pazifischen Ostküste oder – mit Inselketten über basaltischem und andesitischem Magma in der Nachbarschaft von Tiefseegräben – an der pazifischen Westküste. Dabei kann aus der Kollision auch hier regional eine Blattverschiebung resultieren, wie die San Andreas-Spalte Kaliforniens, und kann zu dem subduktiven Abtauchen auch Aufschiebung (Obduktion) einzelner Schuppen kommen wie in den westlichen Anden Südamerikas. Die ›passiven‹ Ränder liegen dagegen innerhalb einer Platte, wie das für die atlantischen Küsten gilt. An ihnen kommt es seit der Triaszeit zu tiefer Absenkung von Schelfen und auch zur Bildung die Küsten begleitender Grabenbrüche, die beide zur Anhäufung mächtiger Sedimente führen. Sie können stellenweise von aufgedrungenem Magma oder von Salzdiapiren durchbrochen sein und sich weit über die ozeanische Kruste ausbreiten, so im Baltimore-Trog und an der Küste von New Jersey (Abb. s. MEISSNER 1986). Der frühere Geosynklinalbegriff (HSÜ 1982 nennt ihn ›mythisch‹) ist heute seines Schematismus entkleidet, nach dem auf dem Boden jeder Geosynklinale basisches Magma aus Manteltiefen ausfließen und die weitere Entwicklung ein Gebirge entstehen lassen ›mußte‹. » *Der Begriff hat heute nichts mit der Entstehungsweise zu tun, sondern ist rein beschreibender Art* « (TRÜMPY 1984).[141] In diesem Sinne lassen sich neben einstigen Tiefmeerbecken wie der Tethys auch alle größeren, ozean-randlichen Beckenstrukturen mit mächtiger Sedimentfüllung als Geosynklinalen bezeichnen. (In Kontinente hineingreifende Senkungsfurchen nennt man Aulakogene.)

Stößt an Plattengrenzen, getrieben und ferngelenkt von dem aufsteigenden Magma ozeanischer Mittelrücken, kontinentales mit kontinentalem Material zusammen, so kommt es auch hier zu tief in den oberen Erdmantel hinabgreifendem Zusammenschub. Das geschieht bei der Unterschiebung des von weither herangedrifteten vorderindischen Plattenteils unter Südasien sowie, in beiden Fällen unter Eliminierung des einstigen Tethysmeers, beim Zusammenstoß von Afrika und Europa. Hier war der Tiefgang des abtauchenden (subduzierenden) europäischen Plattenrandes merkwürdigerweise sogar größer als bei doch schwereren ozeanischen Plattenrändern: Im westalpinen Dora-Maira-Massiv kommen Gesteine eklogitischer Herkunft mit mineralischen Hochdruckmodifikationen (Pyrop und Coesit) vor, aus denen sich Aufschmelzung abgesunkener Krustengesteine in mindestens 90 km Tiefe erschließen läßt. Wie sie es geschafft haben, den Rückweg an die Erdoberfläche ohne erneute Umwandlung, nämlich Anpassung an die veränderten Druck- und Temperaturverhältnisse zu überstehen, ist ein noch ungelöstes Problem (SCHREYER 1985).

Das bis um 1950 einfach erscheinende Schema einer oben leichteren Komplizierter
Krustenbau granitischen, unten schwereren basaltischen Kruste mußte also aufgegeben werden. Die reflexions-seismisch ermittelte komplizierte und regional unterschiedliche Struktur der aus vielen Einheiten zusammengesetzten Kruste weist auf die lange Geschichte ihrer stofflichen Trennung (Differentiation) aus dem Mantelmaterial. Sie dürfte mit der Bildung kleiner Kontinentalkerne (nuclei) begonnen haben, die sich von unten her verstärkten, miteinander kollidierten (erste Plattentektonik!), dabei verschweißten und durch Anbau vergrößerten sowie von Schmelzen aus der Tiefe durchdrungen und von oben her abgetragen wurden. Die hierbei entstehenden Sedimente konnten später unter Überlagerung, Druck und Hitze metamorphosiert und erneut aufgeschmolzen werden.

»Doch den Zweck nicht zu verlieren«[142] sei für alles Nähere zu dieser Alte
Vorstellungen
von Schalen-
bau kurzen Darstellung des neuen Bildes der Erdkruste auf W. SCHREYER (1985) und R. MEISSNER (1986) verwiesen und das Auge vom Heute – einem Fensterblick nur in der Deutungen Flucht – in die Geschichte der Wissenschaft zurückgelenkt. Schon DESCARTES (1651, unsere Abb. 4) und BURNET (1681) waren zu der Vorstellung einer schalig gebauten Erde gelangt, freilich rein spekulativ, also so, wie um die gleiche Zeit A. KIRCHER (1664) zu jener anderen eines nicht-schalig gebauten Erdinnern mit Feuer- und Wasserkammern oder wie L. MORO (1740) zu der eines die Kruste unterfangenden einheitlich feurigen Kerns. Daß sich die von all diesen alten Autoren angenommene Kruste tatsächlich gegenüber der Tiefe abgrenzen läßt, ergab sich erst aus MOHOROVIČIĆS Deutung von Erdbebenwellen (1909), aus denen sich dann auch auf die weitere Grenze zwischen Mantel und Metallkern schließen ließ.

Auch die Erforschung der Erdbeben hat ihre faszinierende eigene, Erdbeben freilich noch kein Jahrhundert alte Geschichte. Göttingen war die Wiege. Der Dozent VON REBEUR-PASCHWITZ konstruierte den ersten feinfühligen Seismographen. E. WIECHERT (1907)[142a] berichtet: » *Etwa vom Jahre 1890 zeigte sich, daß von hinreichend feinen Instrumenten die Bodenzitterungen von jedem größeren Beben der ganzen Erde angegeben werden.*« Das 17 000-kg-Pendel im Göttinger Physikalischen Institut, so schreibt er weiter, zeichnete die Erschütterungen der Maschinen des $2\frac{1}{2}$ km entfernten städtischen Elektrizitätswerk auf, und ein noch empfindlicheres Instrument mit photographischer Registrierung auf Sandboden gar den Schritt eines Menschen in 100 m Entfernung. » *Sogar der Pulsschlag meines Herzens machte sich bemerkbar, wenn ich in der Nähe auf dem Boden lag und mich in etwas unbequemer Lage mit der Hand abstützte. – Ob es für ein solches Instrument wohl überhaupt völlige Ruhe auf unserer lieben Erde mit ihren Stürmen, ihren Meereswogen, ihrem Menschengetriebe gibt? Wohl schwerlich!* « WIECHERTS Assistent MINTROP ließ ein viele Tonnen schweres Gewicht von einem Gerüst auf den Boden stürzen, um die Erschütterungen in der

153

Umgebung aufzunehmen: Beginn der Seismik mit künstlich erzeugten Wellen! Welche Entwicklung bis zur heutigen ›Durchleuchtung‹ des Erdballs mit natürlichen und seismischen Wellen und ihrer Registrierung durch weltweite Beobachtungsnetze!

18.8   Schweigende Kontinente – redende Ozeane

Die Ozeane haben in der Tat geschwiegen, ehe der Mensch ihrer Böden mit Hilfe der Technik ›ansichtig‹ wurde. Doch auch sie brachte Licht nur in die erdgeschichtlich kurze Spanne von (bisher) 180 Mio. Jahren. Alles Ältere ist ja ›verschluckt‹, teils um in der Tiefe eingeschmolzen, teils um in die sich wulstenden Orogene eingebaut zu werden. Dieser Einbau aber verhinderte die völlige Annullierung der älteren Geschichte. Denn auch die paläozoischen und präkambrischen, freilich nur in ihren Rümpfen erhaltenen Kettengebirge dürften in gleicher Weise wie die jungen Gebirge der alpidischen Ära durch Subduktion und Kollision entstanden sein. Aus den dabei zusammengeschobenen Schichtgesteinen aber läßt sich ebenso wie in den Alpen auf Faziesräume sowie biogeographische Pangaea nur Episode Zusammenhänge und Grenzen zu ihrer Bildungszeit und damit auf frühere Meeresräume schließen. Daraus ergeben sich z. B. ein(e) oder mehrere ›Protoatlantik(s)‹ und ›Prototethys‹, die der perm-triaszeitlichen Pangaea vorausgingen und vielleicht ihrerseits einer jeweils älteren Pangaea gefolgt waren. Änderungen der aus Gravitation und Radioaktivität gespeisten Energien und die daraus resultierenden Strömungen des tieferen Mantels (sein oberster, lithosphärischer Teil gehört noch den starren Platten an) lassen die Platten, so erscheint es uns heute, offenbar phasenhaft auseinander- und wieder zusammendriften, fast einem Ein- und Ausatmen vergleichbar. (Erinnert das nicht an die alte LEIBNIZsche Vorstellung vom Organismus Erde?) Kommt hier wieder etwas von STILLES weltweiter Phasenhaftigkeit der Gebirgsbildung zum Zuge, die SCHWAN (1974) auch für das plattentektonische Geschehen aufzuzeigen versuchte?[143]

Krustenbildung und Krustenabbau Erdweit spielt immer beides ineinander: Erweiterung von Meeresböden über aufsteigenden, Verschwinden über absteigenden Konvektionsströmen der Tiefe. »STILLE *entwickelte einst die Vorstellung, daß sich das heutige Europa schrittweise von Norden nach Süden durch Anlagerung immer neuer Gebirgsketten* [Kaledoniden, Varisziden, Alpiden] *gebildet und vergrößert hat. Heute wissen wir aber, daß diese Vorgänge sehr viel komplizierter abgelaufen sein müssen. Es hat während dieser Entwicklung recht unterschiedliche Phasen der Krustenbildung und des Krustenabbaus gegeben. Kontinente‹ bildeten sich, zerbrachen, drifteten auseinander und kamen wieder zusammen. Dieses Spiel hat sich in den letzten 500 Millionen Jahren am Westrand des eurasischen Kontinents wenigstens dreimal wiederholt.*« (GIESE 1983.)[144] Um die Erfor-

154

schung des dadurch ungewöhnlich kompliziert gebauten europäischen Krustenbereichs (BUBNOFF sprach von einem europäischen Riesenmyloniten!) in großem Zusammenhang voranzutreiben, wurde 1983 das international getragene Projekt einer vom Nordkap bis nach Tunis gelegten ›Europäischen Geotraverse‹ in die Wege geleitet. Schon jetzt läßt sich sagen, daß dabei z. B. auch für das Varistische Gebirge weitreichende Dekkenstrukturen alpinen Baustils erkannt wurden.

Bei der von den Kollisionen immer wieder verursachten Verschweißung konnte es ganz allgemein über die einstigen Meeresräume hinweg zu früher unvorstellbaren gegenseitigen Verlagerungen kommen. So wurden die Gesteine der nördlichen Kalkalpen und der Karpathen mindestens teilweise auf dem Südschelf der Tethys, also vor dem viel weiter als heute entfernten Nordsaum Afrikas, abgelagert. Ähnlich bilden an der Nordwestküste des Protoatlantik abgelagerte Gesteine die norwegischen und schottischen Kaledoniden, während umgekehrt südlichere Partien der nordamerikanischen Ostküste von der europäisch-nordafrikanischen Gegenseite zu stammen scheinen. (THENIUS 1977.) STILLES Unterscheidung von Urozeanen mit altem basaltischem Boden (Atlantik, Pazifik) und Neuozeanen über versunkenen Kontinenten (Indik) hat sich nicht bestätigt.

Auch neue paläozoologische Befunde lassen sich nur mit noch nicht vollzogener Trennung Südamerikas und Afrikas gegen das Ende der Jurazeit erklären, so manche Ähnlichkeit der Saurierfauna Ostafrikas und Nordamerikas oder die schon Seite 147 erwähnten, von KRÖMMELBEIN entdeckten Ostrakoden-Faunen.

Die Kontinente überliefern uns also auch etwas von der Geschichte der Ozeane aus Zeiten, für die uns diese selbst ohne Überlieferung lassen. Es mutet fast an wie eine Analogie zum Untergang der antiken Welt und ihrer Wissenschaft, von der so viel Unmittelbares verlorenging, aber mittelbar über die arabische Kultur des Mittelalters – lückenhaft freilich – bis auf uns gekommen ist.

Und auch eine andere Symbolik mag vielleicht erlaubt sein: Die Kontinente als vielstockige, geschichtsträchtige Archive – die Ozeane mit nur kurzer Rückerinnerung: Bei ihnen aber, die es unter den terrestrischen Planeten nur auf der Erde gibt, liegt die Tat. Pluto vermag nichts ohne Neptun. Sie bringen letztlich hervor, was jene aufzuzeichnen haben. Großenteils in ihnen steigt die Energie des Mantels empor, welche die Platten bewegt und die Kruste als Differentiat des Mantels bildet. Sie halten im Verein mit der Sonne die Atmosphäre in Bewegung, liefern das Wasser der Niederschläge, welche die Abtragung in Gang halten. Sie häufen deren Produkte an ihren Rändern an und stauen sie durch Plattendrift zu Gebirgen empor sowie in die wieder aufschmelzende Tiefe hinab. Das Leben aber entstand, soviel wir wissen, einst an der Grenze von Ozean

155

und Kontinent, – und auch das geistige Leben sollte stets, wenngleich naturgemäß mit unterschiedlichen Gewichten, an beidem teilhaben, dem der wissenschaftlichen Tat und der historischen Rückerinnerung.[145]

Aber auch die nur so kurzzeitige, unmittelbare Überlieferung ihrer selbst zeugt von weit größerer Aktivität, als die von den ozeanischen Rücken beiseite geschobenen basaltischen Ozeanböden zunächst vermuten lassen. Denn auch sie wurden gebietsweise wieder von jüngeren Basalten durchschlagen und bedeckt (›Mittelplattenvulkanismus‹ Hsü; das Alter läßt sich ja radiometrisch feststellen), und vor allem: Sie tragen zahlreiche untermeerische Vulkanberge, darunter viele mit konischer Form (Seeberge), deren Spitzen den Meeresspiegel wohl nie erreichten, aber auch jene anderen mit mehr oder weniger deutlicher Gipfelebene, die der amerikanische Geologe HARRY HESS, im Kriege Kommandeur eines Truppentransporters der US-Marine, aufgrund von Echolotungen im Pazifik entdeckt hat. Ihre Anordnung in Reihen – Beispiel: die 6000 km lange Emperor-Hawaii-Kette im nördlichen Pazifik, an deren

Südostende die noch tätigen Hawaii-Vulkane liegen – schien zunächst auf einen im Mantel wandernden Herd zu weisen. Sie läßt sich aber nun umgekehrt als Wandern des Ozeanbodens über einen ›heißen Fleck‹ (›hot spot‹) im Erdmantel deuten, der schon seit langem unter dem heutigen Hawaii lag und liegt. Damit stimmt überein, daß die vier von der ›Glomar Challenger‹ 1977 angebohrten der zahlreichen Vulkanberge der Kette desto älter sind, je weiter sie von Hawaii entfernt liegen, deren nördlichster in 5000 km Entfernung 65 Mio. Jahre, woraus sich etwa 9 cm/Jahr ergeben, zuerst in NW-, dann fast N-Richtung; denn die Kette zeigt einen Knick. Die Theorie erlaubt eine für jeden angebohrten Berg exakte Voraussage! Die Berge liegen nach N auch immer tiefer, was sich mit Abkühlung bei zunehmender Entfernung von den warmen Aufstiegszonen erklären läßt. Endlich tragen auch die weit im Norden erloteten Guyots Korallen-Atolle, die nur in ihrer tropischen ›Jugendheimat‹ entstanden sein können, ehe sie mit dem langsam wandernden und sich senkenden Meeresboden allmählich unter den Meeresspiegel gerieten, in dessen Höhe sich die Gipfel einst durch Wind und Wellen abflachten und mit Korallenriffen umgaben (Hsü 1982).

18.9   Die mediterrane Überraschung

War das neue Bild der durch Lithosphärenplatten und ihre Bewegung bestimmten irdischen Tektonik durch die Kontinentalverschiebungstheorie schon vorbereitet, so betraf ein durch nichts vorbereiteter und in der Tat revolutionärer Umbruch geologischer Erkenntnis jüngster Zeit das Mittelmeer. An seinem Boden erlotete und erbohrte das amerikanische

Forschungs- und Tiefseebohrschiff ›Glomar Challenger‹ erstmals 1970 in mehreren tausend Metern Tiefe ein mächtiges Schichtpaket von Gips, Anhydrit und Steinsalz jungtertiären Alters, das zwischen ältere und jüngere Schlammsedimente eingelagert ist. Zunächst schien sich aus diesem Befund eine Phase der Wasserkonzentration mit Salzfällung aus einer tiefmeerischen Lauge unter wärmerem und trockenerem Klima sowie infolge verstärkter Abschnürung vom Atlantik ableiten zu lassen. In diesem Sinne hatte F. Lotze schon 1965 das Mittelmeer ›ein potentielles Salzabscheidungsbecken‹ genannt.

Den Salzen eingelagerte, auf Transport durch Flüsse weisende Kiese sowie Brack- und Süßwasser-Ostrakoden zwangen jedoch zu der nicht ohne Widerstreben angenommenen Vorstellung einer Austrocknung des Mittelmeers bis auf restliche, von den Flüssen der Umländer gespeiste Salzlachen, vergleichbar etwa der iranischen Großen Salzwüste, aber in der Tiefe des heutigen Meeresbodens, da die den Salzhorizont unter- und überlagernden Sedimente Tiefsee-Mikrofaunen führen. »Das Mittelmeer war eine Wüste« überschrieb deshalb der aus China stammende Züricher Geologe K. J. Hsü seinen Buchbericht (1984) über die mediterranen Forschungsfahrten der ›Glomar Challenger‹. Der im Westen von Vulkanen durchsiebte, im Osten von einem achsenparallelen Gebirgsstrang durchzogene Boden des Mittelmeers bildete demnach vor rund sechs Millionen Jahren Tausende von Metern unter dem heutigen Meeresspiegel eine riesige Salzpfanne, in die sich das Wasser der Zuflüsse durch tief eingerissene Schluchten ergoß, um in ihr unter der absteigenden Luft größtenteils zu verdunsten. Die Ursache der Austrocknung war die Abschnürung des Mittelmeers sowohl vom Indischen Ozean durch die Gebirgshebungen Südasiens als auch nach Westen durch Bodenhebung im Bereich mehrerer mariner Verbindungsstraßen zum Atlantik, in deren Gefolge es auch zu einer Landbrücke anstelle der heutigen Meeresstraße von Gibraltar kam.

In der Tat erbohrte man unter dem Unterlauf von Rhone, Nil und anderen Zuflüssen schon vor, vor allem aber nach Entdeckung der Tiefseesalze die Füllsedimente tiefer Schluchten, wobei man zunächst natürlich an eine einst höhere Lage des inzwischen tief unter den Meeresspiegel abgesunkenen Küstenlandes dachte. Stattdessen müssen wir uns die heutigen Küstenebenen nun als einstige Hochplateaus am Rande der Wüstensenke denken, wofür es auch paläobotanische Hinweise im Rahmen der für jene Zeit zu vermutenden Absenkung der Vegetationszonen gibt.

Nach relativ kurzer Zeit, nämlich schon vor rund fünf Millionen Jahren, muß die Landbrücke von Gibraltar wieder unter den Meeresspiegel abgesunken und das Atlantikwasser – welch überraschende Vorstellung! – in einem gewaltigen Wasserfall in das Wüstenbecken eingeströmt sein, um es in vielleicht nur einem Jahrhundert wieder zu füllen (Hsü). Dabei

Salzwüste statt Meer

Hangschluchten

Wasserfall v Gibraltar

157

drang auch die atlantische Meeresfauna ein, die sich von der älteren, der Austrocknung vorangehenden Mittelmeerfauna jedoch unterschied, weil diese ja noch indopazifische Elemente enthalten hatte. Damit fand nun auch der schon von Lyell ins Auge gefaßte jungtertiäre Faunenschnitt eine plausible Erklärung.

Alle Gebirgszüge vom Himalaya bis zu den Alpen sind die Folge von Plattenkollisionen, im Westen des Zusammenstoßes zwischen afrikanischem und atlantisch-europäischem Plattenbereich. Im westlichen Mittelmeer kam es im Rahmen einer Entspannung neuerdings zu tiefen Niederbrüchen, während Hsü (1982) für den gebirgigen Boden des östlichen Mittelmeers noch ein Fortdauern des Zusammenschubs vermutet.

Es ist zu betonen, daß dieser ganze, jüngst erst entworfene Vorstellungskomplex allein aus unerwarteten und erst der modernsten Technik möglichen Erfahrungen hervorging. Es ist deshalb schlechterdings falsch, daß die Theorie, wie heute oft behauptet wird, der Erfahrung stets vorausgehe und diese präge. Ohne die neuen technischen Möglichkeiten wäre kein Denker in rebus geologicis zu dem Bild der Plattentektonik und noch weniger zu der Vorstellung einer ausgetrockneten Salzpfanne anstelle des Mittelmeers gekommen, die beide heute als gut fundiert gelten können!

19 Meteoritenkrater

Neben der Vorstellung magischer Bezüge zwischen Himmel und Erde (S. 11) gab es seit dem Altertum Berichte über vom Himmel gefallene Steine und Eisenmassen. Es ist wiederum ZITTEL (1899), der darüber schon umfassend berichtet hat, wobei er die Zahl beglaubigter Meteoritenfälle auf rund 1000 beziffert. Er weist auch auf die wissenschaftsgeschichtliche Merkwürdigkeit hin, daß solche Steinfälle von manchen Gelehrten der Aufklärungszeit ins Reich der Märchen verwiesen wurden: Was die Ratio nicht erlaubte, durfte auch nicht sein. Ein Direktor des Wiener Naturaliencabinets empfahl 1790, *» solche Steine, die man bisher als Raritäten aufbewahrt hatte, wegzuwerfen, um sich nicht durch Behalten derselben lächerlich zu machen «* – ein glücklicherweise nicht befolgter Ratschlag.

Meteoriten sind kostbares, weil seltenes Sammlungsgut. Denn sowohl Stein- als auch Eisenmeteoriten waren nach ihrem Fall der Verwitterung ausgesetzt, und letztere stellten überdies lange das einzige dem Menschen verfügbare Eisen dar. *» Die Azteken, Mayas und Inkas, denen das Schmelzen von Eisenerz unbekannt war, verwendeten ausschließlich meteorisches Eisen, das sie höher werteten als Gold ... Es hat den Anschein, daß in den alten Kulturlandschaften der Erde, wie etwa Mittel- und Südeuropa, heute sehr viel seltener Eisenmeteoriten gefunden werden als in den Ländern der Neuen Welt, z. B. den USA, weil schon die alten Bewohner, nicht erst die neuen Meteoritenforscher, die Eisenmeteoriten gesammelt und verbraucht haben «* (v. ENGELHARDT 1963).[146]

Krater von Großmeteoriten (Einschlags- oder Impaktkrater) wurden erst in unserem Jahrhundert bekannt, zuerst der Krater auf Ösel, der Arizona-Krater, der Chubb-Krater in Nordkanada, inzwischen viele weitere; 1983 waren auf der Erde achtzig größere solche Strukturen bekannt, ... »... and it goes on« (HOYT 1987). Die Deutungsgeschichte des Nördlinger Rieses, jener flachen Pfanne von rund 25 km Durchmesser zwischen Schwäbischer und Fränkischer Alb, als Meteoritenkrater ist voll ungewöhnlicher Spannung.[147] Schon die erste Deutung, die im Zusammenhang mit einer 1848 veröffentlichten geologischen Karte gegeben wurde, führte das Ries auf vulkanische Vorgänge zurück. Das hier im Vergleich zur Umgebung auffallend hoch liegende Grundgebirge sollte in einer der späteren Kraterbildung vorausgehenden Phase durch Glutfluß gehoben worden sein, der selbst allerdings – in Form des später benannten Suevits – nur aus randlichen Schloten an die Erdoberfläche trat.

DEFFNER und FRAAS stießen dann etwa seit 1860 bei ihren geologischen Kartierungen in der Umgebung des Rieses auf Schollen und Trümmermassen älterer auf jüngeren Gesteinen, die dorthin offensichtlich überschoben worden waren. Es lag nahe, zur Erklärung zunächst an periphere Abgleitung von einem vulkanisch hochgepreßten Riesberg zu denken. Da in jenen Jahren anderweitig aber einstige Vergletscherungen großen Ausmaßes bekannt zu werden begannen, kam auch die Ansicht auf, daß die Schollen und Trümmermassen hier ebenfalls durch Gletschereis von jenem zentralen Riesberg herabgetragen worden seien, wobei man etwa die Vulkanriesen des Hochplateaus der nordamerikanischen Kordillen mit ihrer Gipfelvergletscherung im Auge haben mochte. Ihre heutige Isolierung ließ sich mit solchem Transport durch das inzwischen geschmolzene Eis leicht in Einklang bringen.

Noch der Eiszeitforscher A. PENCK gab 1884 die »vollständige Analogie« der Schubmassen am Rande des Rieses mit einer glazial entstandenen Geschiebemergel-Bildung zu, lehnte eine Riesvergletscherung jedoch energisch ab. Zu den schon erwähnten gesellte sich frühzeitig auch eine tektonische Deutung, die mit Herkunft der Fremdschollen durch vertikale Emporpressung aus dem Untergrund an Ort und Stelle rechnete, wozu noch eine geringe horizontale Schubkomponente durch Eis oder Schwerkraft getreten sein sollte.

Es ist äußerst packend zu beobachten, wie die Forschung nun dieser Verstellung einer wahrhaft sphinx-artigen Natur, von der DEFFNER schon 1870 ahnungsvoll sprach, mit ganz verschiedenen Antworten zu begegnen versucht. Wir sehen hier gleichsam ein höheres wissenschaftliches Schicksal walten, und es liegt uns deshalb auch ganz fern, etwa über KOKEN zu lächeln, der zweifellos ein ungewöhnlich anregender Geist in unserer Wissenschaft war, und der doch den – sagen wir eisigen – Spinnfäden dieser Sphinx am vollkommensten zum Opfer fiel (vgl. S. 125). Er hatte während seines Studiums die wachsende Einsicht in die diluviale Vereisung miterlebt, die seit 1875 auch für den norddeutschen Raum anerkannt war; er hatte seine Tübinger Antrittsvorlesung 1894 über die Eiszeit gehalten und so mußte er bei aller Gründlichkeit und Verantwortlichkeit seines Beobachtens in vielen Erscheinungen glaziale Wirkungen sehen, die wir heute wieder als nicht-glazial oder allenfalls als periglazial betrachten. Er weist gegenüber PENCK wieder wie DEFFNER auf die mögliche frühere Hochlage des Rieses und seiner Umgebung hin, die eine Vereisung begreiflich mache.

Um 1900 machte sich gegenüber diesen gegensätzlichen Deutungen zunächst eine Vereinheitlichung bemerkbar. GÜMBEL, BRANCO und FRAAS nahmen nun ein Abgleiten der Fremdschollen von jenem vulkanisch gehobenen Riesberg unter möglicher Beteiligung vulkanischer Explosionen an, welche die Gesteinszertrümmerung verursachten. SUESS (Antlitz

160

der Erde, Bd. 2, 1909) und KRANZ (seit 1910) rückten dann die vulkanische Explosion, und zwar in Form einer nicht brisant, sondern ›treibend‹ wirkenden Wasserdampfexplosion, als alleinige Ursache der Überschiebungen und Zertrümmerungen in den Vordergrund. Nachdem ein von KRANZ ausgeführter Modellversuch einer solchen Sprengung tatsächlich periphere Schollen-Überschiebungen erzeugt hatte, erfuhr diese Deutung fast allgemeine Zustimmung. Das zur Sprengung nötige Wasser sollte sich unter der jurassischen Karstlandschaft gesammelt und den Weg zum Magma auf tektonischen Spalten gefunden haben.

Dabei ergab sich für die kritische Betrachtung freilich der naheliegende Einwand, daß der Wasserdampf im zerklüfteten Gebirge schwerlich zu dem für eine solche Explosion erforderlichen Druck gespannt werden konnte und daß bei der angenommenen plötzlichen Druckentlastung größere Magmamengen ausgetreten sein müßten, als sie in den kleinen Suevitschloten der Umgebung des Rieses gefördert wurden.

Es war deshalb ganz natürlich, daß sich auch gegenüber dieser vulkanischen Deutung Zweifel einstellten, ob nicht stattdessen pseudovulkanische Erscheinungen vorlägen. SEEMANN (1939)[148] unternahm aus solchen Erwägungen und unter Hinweis auf die keineswegs nur chaotisch, sondern z. T. geordnete Lagerung der Trümmermassen den Versuch, das Ries als Ort einer intensiven Überschiebungstektonik zu erklären, die sich hier an der Spitze eines von den Alpen nach N gerichteten Druckkeils abgespielt haben sollte. Für diese Hypothese blieb es aber schwierig, die vom Rieszentrum aus zentrifugal gerichteten Überschiebungen und die Intensität der Gesteinszertrümmerung (›Vergriesung‹) verständlich zu machen, für die der notwendige Belastungsdruck durch Sedimente fehlte. So behielt die vulkanische Deutung neben diesem tektonischen Versuch die Oberhand, zumal sich die von SEEMANN vermuteten engen tektonischen Beziehungen zwischen Überschiebungsmassen und Untergrund nicht bestätigen ließen.

Tektonische
Hypothese

Schon 1904 hatte sich E. WERNER vorsichtig, 1933 KALJUVEE und 1936 STUTZER sehr bestimmt für die Entstehung des Rieses (und des benachbarten Steinheimer Beckens) durch Meteoriteneinschlag ausgesprochen. Doch erfuhr diese Deutung zunächst keinerlei Widerhall, ja scharfe Ablehnung. Denn in Deutschland vermochte sich bislang sonst kaum jemand vorzustellen, daß an der Gestaltung der Erdrinde andere Kräfte als diejenigen des bekannten Systems endogener und exogener Faktoren beteiligt sein könnten. Auch schien keine Veranlassung zu bestehen, die schon bekannten, jedoch relativ kleinen Meteoritenkrater – der Chubb-Krater hat freilich immerhin 3 km Durchmesser – mit dem ungleich größeren Rieskessel in Beziehung zu setzen. Das änderte sich, als das zuerst unter hohem Druck im Labor erzeugte SiO_2-Mineral Coesit (und später auch andere solche Hochdruckmodifikationen) 1960 in der

Meteoriten-
Hypothese

Natur und 1961 von SHOEMAKER und CHAO auch in den Sueviten der Umgebung des Rieses entdeckt wurde. Da vulkanische Drücke für die Bildung dieser Mineralien nicht ausreichen – jüngst allerdings wurden sie aus eklogitischen Tiefengesteinen bekannt (s. S. 152; SCHREYER 1985) – bestand auf mineralogischer Seite bald kein Zweifel mehr an der Entstehung des Rieses durch Meteoriteneinschlag. Der Suevit, dessen petrographische Natur schon immer Kopfzerbrechen bereitet hat, ist demnach weder ein primäres Magma noch ein vulkanisches Aufschmelzungsprodukt, sondern das durch die Hitze des einschlagenden Meteoriten geschmolzene und in diesem Zustand ausgeschleuderte Grundgebirgsmaterial aus dem Untergrund des Rieses. Für diese Deutung spricht, daß sich bei neuerdings niedergebrachten Bohrungen nirgends Förderschlote der Suevite nachweisen ließen, wie man sie früher vermutet hatte. Die Suevite sind demnach durchweg allochthoner Natur und können also sehr wohl aus dem Zentrum des Rieses stammen.

Das Riesphänomen läßt sich also anstelle der angenommenen, von unten her wirkenden vulkanischen Explosion auch durch Einschlag von oben her erklären, der ähnliche Wirkungen der Kraterbildung, der randlichen Überschiebungen und der Aufschmelzung der anstehenden granitischen Gesteine hervorrufen mußte.

Trotzdem blieben auf geologischer Seite, der die Entscheidungsbefugnis in Riesangelegenheiten durch diese Entwicklung von der Mineralogie gleichsam aus der Hand genommen wurde, noch erhebliche Zweifel an der meteoritischen Deutung. Sie bezogen sich darauf, daß das Ries in der geologischen Forschung aufgrund der faziellen Verhältnisse der dort anstehenden Sedimente und aufgrund der tektonischen Strukturen seiner Umgebung als ein Punkt der Erdrinde gilt, der eine lange und besondere geologische Vorgeschichte aufzuweisen hat, in die sich dann auch der bisher angenommene vulkanische Paroxysmus scheinbar folgerichtig einordnen ließ. Machte doch auch die Nachbarschaft des sicher tellurischen Vulkanismus der Schwäbischen Alb, der sich zu gleicher Zeit abspielte, die vulkanische Natur des Riesereignisses wahrscheinlich. Der Einschlag des größten bisher bekannten Meteoriten ausgerechnet in einer so vorgeprägten Gegend wollte vielen Geologen dagegen als allzu unwahrscheinlicher Zufall erscheinen. Doch war hier Vorsicht geboten. Denn erstens lassen sich ja auch unwahrscheinliche Zufälle nicht ausschließen; zweitens hat das Phänomen des Rieskessels die geologische Erforschung seiner Umgebung natürlich in besonderem Maße intensiviert, und drittens wurden die dabei entdeckten Besonderheiten begreiflicherweise, aber sicher oft vorschnell und unkritisch mit dem postulierten vulkanischen oder tektonischen Riesereignis in Beziehung gesetzt. Es konnte also sehr wohl gerade die Einzigartigkeit des Rieses gewesen sein, welche die Meinung von der Einzigartigkeit seiner geologischen Vorge-

162

schichte entstehen ließ. Durch lange Zeit wirksame Faziesgrenzen und tektonische Hebungsachsen gibt es auch außerhalb des Rieses, ohne daß dort jemand auf ein Riesereignis als zu erwartende Folge geschlossen hätte. Die geologische Forschung, die hier durch mehr als hundert Jahre sehr viel Wertvolles geleistet und an den Tag gebracht hat, dürfte also das Opfer einer situationsbedingten Eskalation der von ihr entwickelten Vorstellungen geworden sein. Aber auch davon abgesehen sieht sich die Geologie durch die Meteoriten-Deutung in eine ganz neue, ihr ungewohnte Lage versetzt: Ist ihr Bestreben doch stets darauf gerichtet, das geschichtliche Werden eines Stücks Erdrinde in seinem kontinuierlichen Zusammenhang zu erkennen, wobei es ihr naturgemäß fernliegt, mit einem diese Kontinuität durchbrechenden Schlag aus dem Kosmos zu rechnen.

Das eigentliche Antlitz der ›Sphinx‹ konnte sich früher noch gar nicht zeigen, jedenfalls nicht auf überzeugende Weise, weil die erforderliche Erkenntnismethode, also die – in diesem Falle mineralogische – ›Brille‹ der Wissenschaft, noch nicht weit genug entwickelt war. Die verschiedenen geologischen ›Brillen‹ aber sahen, wie uns nun scheinen will, nichts als sie täuschende Masken.

Doch auch jetzt, wo wir durch die Maskierung endlich hindurchblikken, wird sie in diesem Falle von der Natur in anderer Weise fortgespielt. Denn auf den Einwand des Geologen, wo denn der Meteorit sei, der den riesigen Kessel ausgesprengt haben soll, antwortet der Astronom, daß er infolge der seiner Größe entsprechenden hohen Einschlagsenergie völlig verdampft sei. Der Initiator des Riesereignisses, das in seiner Größe und landschaftlichen Auswirkung inmitten eines irdischen Kulturraums einzigartig dasteht, konnte sich also im Gegensatz zu anderen kleineren Meteoriten nicht zu fossiler Überlieferung bringen. Er hat sich beim Einschlag verflüchtigt. Das Ereignis konnte nur indirekt durch pseudotektonische Überschiebungsschollen und pseudovulkanische Schmelzprodukte der getroffenen irdischen Gesteine, also wiederum nur durch ›Masken‹, von sich Kunde hinterlassen.

Die geschilderte Problematik war indessen keineswegs auf das Ries-Becken beschränkt. Selbst für den Arizona-Krater, der seine Natur unserem Blick doch ungleich prägnanter und ›unverhüllter‹ darbietet, gab es noch bis in die Jahrhundertmitte Deutungsversuche als Vulkan- oder aber Einbruchskrater über ausgelaugten Evaporiten. Und erst 1964 ließ sich der verdiente amerikanische Geologe W.H. BUCHER (†1965), der auch Ries und Steinheimer Becken von Augenschein kannte und seit 1921 mit vergleichbaren nordamerikanischen Strukturen kryptovulkanisch gedeutet hatte, bei einem erneuten Besuch des Arizonakraters in Begleitung von E.M. SHOEMAKER von dessen Impaktnatur überzeugen. » *Guten Argumenten wußte er sich ohne Groll gegen seine Opponenten immer zu beugen* « (MARK 1987).

Entschleierung der Sphinx

Arizona-Krater

163

Der Riesmeteorit, Zeuge eines heute seltenen, in einer frühen Episode der Erdgeschichte aber ungleich häufigeren Ereignisses lenkt unseren Blick in diese zurück. Denn die Masse der Meteoriten, die nach den bekannten jüngsten Forschungsergebnissen den Mond vor 4,6 bis 3,9 Milliarden Jahren in allen Größen trafen, sich mit seinem Krustenmaterial vermengten, es vermehrten und sogar die riesigen Becken der dann von Basalt erfüllten maria schufen, kann auch die damals in Erstarrung begriffene Erdkruste nicht verschont haben, wenn auch die kleinen und kleinsten Meteoriten von der irdischen Atmo- und Hydrosphäre abgefangen wurden. Der Unterschied jedoch liegt darin, daß die Einschlagskrater auf dem Mond und den anderen terrestrischen Planeten (Merkur, Venus und Mars) noch erhalten, unter der immer noch aktiven irdischen Hülle aber längst zerstört sind – sofern nicht etwas Richtiges an der neuerlichen Erwägung ist, daß es sich bei großen rundlichen Granitstrukturen von mehr als 100 oder gar 1000 km^2 Fläche solchen Alters im nordschwedischen Präkambrium um Aufschmelzbereiche, erzeugt von Riesenmeteoriten, handeln könnte.[149]

Das Rätsel der in der Frühzeit auch der Erde in intensiven Meteoritentätigkeit scheint sich mit der Vorstellung eines anfangs völlig ungeordneten Umlaufs der aus dem Urnebel hervorgegangenen planetarischen Körper um die Sonne zu erklären. Er führte, ehe die Einregelung in die heutige planetarische Ebene erfolgte, zu ständigen, mit Wiederzerbersten verbundenen Zusammenstößen, welche die Meteoritenschauer auslösten.*

---

* STÖFFLER D (1989) ›Geologie der terrestrischen Planeten und Monde‹. Rhein Westfäl Akad Wiss (Vorträge) Westdtsch Verl Opladen (im Druck). – Für den Hinweis hierauf danke ich Herrn Professor STÖFFLER, Direktor des Instituts für Planetologie der Universität Münster.

20 Die Zeichensprache
des fossil überlieferten Lebens*

> *Wir Steine*
> *wenn einer uns hebt*
> *Hebt er Urzeiten empor …*
> *Ein Ranzen voll gelebten Lebens sind wir.*
> *Wer uns hebt, hebt die hartgewordenen Gräber der Erde.*
> NELLY SACHS: Chor der Steine.

20.1 Natur der Fossilien – Katastrophismus – Evolutionismus

Wir haben uns schon zu Beginn (Kap. 1–3) mit der organismischen Deutung der Fossilien vor und durch STENO sowie mit ihrer umstrittenen Eigenschaft als Sintflutzeugen befaßt – beides im Gegensatz zur Naturspiel-Deutung, die sich aber auch noch durch das ganze 18. Jahrhundert, ja bis ins 19. hielt: der vielseitige K. v. RAUMER, Schüler WERNERS und BLUMENBACHS, Professor der Mineralogie in Breslau und Erlangen, erklärte noch 1819 die pflanzlichen Fossilien der niederschlesischen Steinkohle für » *nie geborene Pflanzenembryonen im Erdenschoße* «![150]

In Fortführung des Fossilienthemas knüpfen wir an LEIBNIZ (S. 24) an: Er erklärte die Fische des Kupferschiefers in seiner ›Protogaea‹ ohne Umschweife als solche, ja er meinte in ihnen noch heute lebende Arten zu erkennen und hielt sie für Bewohner eines verschütteten Sees. » *Spielenden* « *Zufall oder irgendwelche Samenideen* « nennt er » *leere Worte der Philosophen.* « Doch bemerkte er schon, daß » *die Ammonshörner von allen Geschöpfen abweichen, die das Meer bietet* « und hilft sich darüber mit der Frage hinweg: » *Wer aber hat seine verborgenen Winkel oder … Tiefen erforscht? Wieviel neue, vorher unbekannte Tiere zeigt uns die neue Welt? … Ich zweifle nicht daran, daß bei einer so großen Umwälzung der Natur die Beute des Meeres oft von weitentfernten Küsten herbeigetragen wurde. … Auch ist es wahrscheinlich, daß durch jene großen Umwälzungen die Arten der Lebewesen sehr verändert worden sind.* « Und (schon früher in LEIBNIZ' Text): » *Manche gehen in der Willkür des Mutmaßens so weit, daß sie glauben, es seien einstmals, als der Ozean alles bedeckte, die Tiere, die heute das Land bewohnen, Wassertiere gewesen, dann seien sie mit dem Fortgange dieses Elements allmählich Amphibien geworden und hätten sich schließlich in ihrer Nachkommenschaft ihrer ursprünglichen Heimat entwöhnt. Doch solches widerspricht den heiligen Schriftstellern, von denen abzuweichen sündhaft ist.* «[151]

Noch einmal:
LEIBNIZ

---

* Teile der Kapitel 20, 23 und 25 sind HÖLDER 1976 (s. Lit.-Verz.) entnommen.

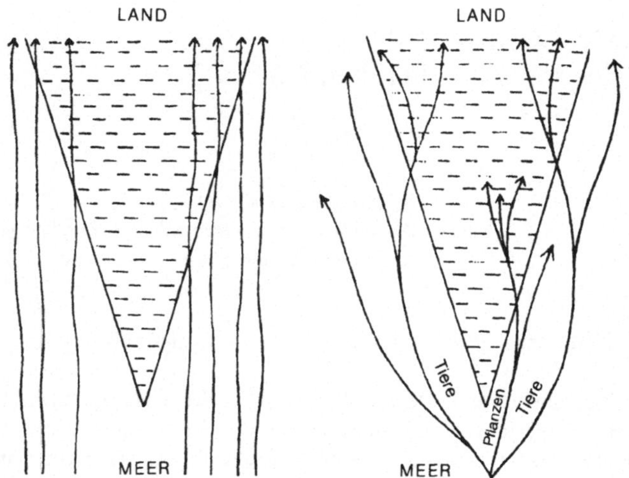

Abb. 32. Die im Rahmen von LEIBNIZ' Monadologie mögliche Deutung isolierter Evolutionsreihen von wasser- zu landbewohnenden Lebewesen und die (für LEIBNIZ unmögliche) Deutung im Sinne der heutigen Evolutionstheorie.

›Monaden‹ LEIBNIZ spielte also offensichtlich schon mit dem Gedanken echter Evolution, obwohl er die seiner Philosophie zugrundeliegenden ›Monaden‹, aus denen die Welt nach ihm zusammengesetzt war, für nicht ineinander überführbare Wesenheiten hielt, sodaß sie einer Evolution in unserem Sinne im Wege zu stehen schienen. Doch heißt es in der ›Monadologie‹ auch, » *daß jedes geschaffene Wesen, somit auch die geschaffene Monade, der Veränderung unterworfen ist, und daß diese Veränderung in jeder Monade kontinuierlich vonstatten geht*«. Das gab LEIBNIZ die Möglichkeit, aus Vernunftgründen wenigstens daran zu denken, daß isolierte Linien von Organismen durch Veränderungen im Laufe der Zeit vom Wasser auf das Land übergegangen seien (Abb. 32). Es liegt also hier der Ansatz zu einer typologisch gesehenen Evolutionslehre vor, deren durch die Verknüpfung mit den Monaden idealistischer Charakter etwa schon an HENRI BERGSONS viel später geäußerte These einer ›évolution créatrice‹ (schöpferischen Evolution) erinnert.[152]

Protest der Fische Der Lurch als Sünder Der Züricher Arzt J. J. SCHEUCHZER schwankte 1702, ob »Funde von Figurensteinen verschiedenster Art auf den höchsten Bergen der Schweiz« einer sie bildenden Naturkraft oder einer alles übersteigenden allgemeinen Flut zuzuschreiben seien[153] und ließ sich dann von dem Engländer J. WOODWARD von der Sintflutlehre überzeugen. In ihrem Bann läßt er die versteinerten Fische aus den jungtertiären Ablagerungen des Maarsees

166

von Öhningen am Bodensee in einer ›Piscium querelae et vindiciae‹ betitelten Schrift (1708) bewegte Klage darüber führen, daß man sie so ver-
kenne: » *Wir sind Fische, nicht nur ... tierähnliche Gestalten, sondern ein von
den Wogen herbeigetragenes Geschlecht, das als Opfer fremden Wahnes unter-
ging.* « Zur Abrundung des Erweises galt es nun, des Wahnes Urheber,
den in der Sintflut untergegangenen Menschen zu finden, was SCHEUCH-
ZER auch zu gelingen schien. Erst sprach er Ichthyosaurier-Wirbeln aus
dem Lias von Altdorf im Frankenjura menschliche Herkunft zu und
gelangte dann nach gezielter Suche in den Besitz erst eines Schädels und
dann eines ihn menschlich dünkenden Skeletts von der Öhninger Fund-
stelle, dessen Knochenbau er aufs scheinbar genaueste beschrieb. Erst
Jahrzehnte später wurde es zunächst als Wels, dann als Eidechse und 1811
von CUVIER endlich richtig als Riesensalamander gedeutet, wie er unter
dem Namen *Andrias scheuchzeri* noch heute mit zwei Unterarten in Ost-
asien vorkommt. Welche Fehldeutung also, die einem Arzt und als Erforscher der alpinen Natur hochverdienten Manne, dem ›Vater der Paläobo-
tanik‹ (MÄGDEFRAU), unter der ›Brille‹ der Sintfluttheorie passieren
konnte!

Belemniten –
Lösung eines
Rätsels

Nochmals zurück zur Naturspieldeutung: sie mag uns bei offensichtlich organischen Formen besonders befremden. Es gab aber Fossilien,
deren Form keine Ähnlichkeit mit Gestalten der heutigen Lebewelt
erkennen ließ. Das galt z.B. für die Belemniten, deren Deutung als bloße
›Figurensteine‹ oder vom Himmel gefallene Donnerkeile deshalb wirklich näher lag. Es war ein Meisterstück des Tübinger Apothekenprovisors
B. EHRHART (1724; s.S. 110), sie aufgrund ihres Zusammenvorkommens
mit marinen Muscheln in Juramergeln als Organismenreste und aufgrund
genauen anatomischen Vergleichs meist verborgener Merkmale (des
gekammerten Phragmokons mit Sipho) als Teil des Cephalopodenskeletts
zu bestimmen, wie es ihm von seiner Studienzeit in Leiden her aus nie-
derländischen Museen bekannt war. Seine lateinische Abhandlung ›Dissertatio de belemnitis suevicis‹ (2.Aufl. 1727) erschien 1979 in deutscher
Sprache.[154] Die Frage, warum man Belemniten nicht aus dem heutigen
Tierreich kenne, beantwortete auch EHRHART dahin, daß sie sich » *bisher in
unzugänglichen und abyssischen Tiefen des Meeres verborgen halten. Wir dagegen fördern aus der Erde, was Neptun bisher auch den neugierigsten Blicken ver-
weigert hat* « – wie z.B. die Ammonshörner, deren Natur als Meerestiere
doch niemand mehr bestreiten könne. Kenntniserweiterung der heutigen
Lebewelt also durch die uns zugänglicheren Fossilien!

Immer noch:
Naturspiele

Der Naturspiel-Gedanke war aber damit, wie schon erwähnt, noch
keineswegs überwunden. ELIE BERTRAND, Pfarrer an der französisch-pro-
testantischen Kirche in Bern, fruchtbarer wissenschaftlicher Schriftsteller
und Mitglied der Preussischen Akademie der Wissenschaften, hing ihm
noch über die Jahrhundertmitte hinaus fest an. M. und A.V. CAROZZI

167

(1984) haben seine bisher kaum gewürdigten geologischen Schriften ins Licht gerückt.[155] BERTRANDs Denken entsprach der ›natürlichen‹ oder Physikotheologie (S.62), nach der die Gebirge mit ihren Pflanzen und Tieren, Mineralien und Metallen, Flüssen und Quellen sowie als Auslöser von Niederschlägen und als natürliche Grenzwälle dank der Kraft und Weisheit des Schöpfers zum Nutzen der Menschheit geschaffen seien. In einer 1752 erschienenen Abhandlung über die innere Struktur der Erde hält er die fossilreichen Kalkberge des Berner Juras, die nirgends eine Unterlagerung durch noch Tieferes erkennen lassen, für primäres, bei der Schöpfung entstandenes Gestein und die Fossilien für von Schöpferhand darin gebildete Figurensteine. Ihre dem organischen Reich ähnlichen Formen sollten sich im Sinne einer Analogie bzw. eines Brückenschlags zwischen den Naturreichen verstehen lassen. Erhob sich doch hier wieder die alte Frage, wie anders sie in das Gestein hineingekommen sein konnten.

Sintflut Schöpfung Das Studium von J. G. LEHMANNS ›Versuch einer Geschichte von Flötz-Gebürgen‹ (1756) bzw. dessen französische Übersetzung (1759) überzeugten BERTRAND dann aber von der echt organischen Natur der von ihm bisher nur für organismenähnlich gehaltenen Fossilien (1763). Während LEHMANN aber, den Verhältnissen seiner sächsischen Heimat entsprechend sowie in Übereinstimmung mit dem Engländer J. WOODWARD (1735), die fossilführenden Flözgebirge für Ablagerungen der Sintflut hielt, die den älteren, bei der Schöpfung entstandenen ›Ganggebirgen‹ aufliegen, blieb BERTRAND bei der Deutung seiner heimatlichen Berge als primäres Produkt der Schöpfung selbst. Woher freilich dann die fossilen Organismen? Sie mußten, so schloß er, von einer älteren Erde stammen, aus deren Trümmern der Schöpfer die neue mosaische Schöpfung hervorgehen ließ.

Vormosaische Schöpfung Mit einem solchen, uns überraschenden *Vorher* zum biblischen Schöpfungsbericht stand BERTRAND in der Theologenschaft seiner Zeit nicht allein. Schon 1705 hatte H. ROWLANDS, Geistlicher auf der englischen Insel Anglesey, ebenfalls in einem Vermittlungsvorschlag zwischen anorganischer und organischer Fossildeutung unter bezug auf andere theologische Schriftsteller[156] auf die Möglichkeit hingewiesen, den ersten Vers der Bibel plusquamperfektisch zu verstehen: » *Am Anfang hatte Gott Himmel und Erde geschaffen.*« Erst später sei dann das Sechstagewerk geschehen, das aus dem noch vorhandenen irdischen Chaos (›Die Erde war wüst und leer‹) die geordnete irdische Schöpfung hervorgehen ließ. Dabei seien aus schon vorhandenen, das ›chaotische Fluidum des Anfangs‹ durchdringenden ›Samen oder spermatischen Kräften‹ sowohl die wirklichen Lebewesen als auch die nur organismenähnlichen, nicht zum Leben gelangenden Formen im Gestein entstanden.

Ausgestorbene Arten? Knüpfen wir aber an die oben erwähnte Erwartung B. EHRHARTS an: Auch der Franzose E. GUETTARD[157] war noch 1783 überzeugt, daß sich

168

rezente Belemnitentiere finden lassen müßten, ohne daß er sich EHRHARTS spezieller Cephalopodendeutung anschloß. Beide Forscher wußten vermutlich nicht, daß es auch bereits den Gedanken an heute nicht mehr existierende Arten gab, so schon bei dem Engländer R. HOOKE (1705): » *Manche Spezies wurden ganz zerstört oder ausgelöscht, während sich andere veränderten....*« Erst damit schlug ja die eigentliche Geburtsstunde der viel später so benannten Paläontologie als der Wissenschaft von altem, einstigen Leben. Doch wurde das Kind sich seiner noch nicht bewußt. Denn das 18. Jahrhundert verharrte weithin noch in der auf PLATO und ARISTOTELES zurückgehenden Tradition der unveränderlichen Art, wie sie in LINNÉS berühmtem Satz von 1751 erscheint: » *Es gibt so viele Arten, wie viele verschiedene Formen das unendliche Wesen (Infinitum Ens) von Anfang an hervorgebracht hat.*« LINNÉS großes systematisches und nomenklatorisches Werk hätte gar nicht entstehen können, wenn er sich mit unseren Skrupeln der systematischen Abgrenzung sich verändernder Arten zu plagen gehabt hätte. » *Alle wahre Kenntnis stützt sich auf die Kenntnis der Art; wenn diese fehlt, schwankt alles*« (1753). Und doch blieb auch er in seinen späteren Jahren von dem Gedanken an die Wandlung anfangs geschaffener Ausgangsarten durch Bastardierung nicht unberührt. In welcher Beziehung nur fossil bekannte Arten zu dem ›es gibt‹ des mitten zitierten Satzes stehen, blieb offen.

Der Thüringer MEINECKE schrieb jedoch 1774: » *Es scheint, als wenn der größte Teil der natürlichen und der größte Teil der versteinerten Geschöpfe ganz verschiedene Arten wären.*«[159] Und der französische Abbé J.L.G. SOULAVIE (1782 s.S.58): Die alten Kalke (Crussol im Vivarais, Coirons, Grasse — also die Jurakalke) » *enthalten nur Versteinerungen von Meerestieren, die es heute nicht mehr gibt, wie Ammoniten, Belemniten und dergleichen. Der darüberfolgende Kalk [Kreide] enthält ebenfalls solche heute unbekannten Meerestiere, aber vermischt mit anderen, die denen im heutigen Meer ähnlich sind. Der helle weiße [tertiäre] Kalk der Ebenen enthält nur Schalen von Tieren, die auch heute im Meer leben.*« Er erkennt richtig, daß die Kalke der Gebirge älter als die ihnen in den Ebenen angelagerten Kalke sind und erklärt die Abfolge mit dem allmählichen Rückzug des Meerwassers vom heutigen Land, wobei das Wasser „ *die Bauwerke, die es aufgerichtet hat, teilweise wieder zerstört, indem es die Flüsse auf den Weg schickt, welche die Ketten der Gebirge trennen*«. L. DE BUFFON (vgl. S.29) rang wiederholt sogar mit dem Abstammungsgedanken bis hin zu der Erwägung, ob nicht alle Tiere von einem einzigen hergekommen seien, war also bereits auf dem Wege, ein DARWIN des 18. Jahrhunderts zu werden. Er verwirft ihn aber ähnlich wie schon LEIBNIZ (S.165) zuerst aus wohl taktischen Gründen (denn er war mit der Kirche in Konflikt geraten) als unbiblisch, dann aber auch aus wissenschaftlichen Erwägungen wie derjenigen, daß seit ARISTOTELES noch niemals eine neue Art erschienen sei.

169

Auch bei Kant (1785) findet sich der Gedanke an »*eine Verwandtschaft..., da entweder eine Gattung aus der andern oder alle aus einer einzigen Originalgattung oder etwa aus einem einzigen erzeugenden Mutterschoß entsprungen wären*«. Doch erklärt er diesen Gedanken damals für so »*ungeheuer*«, daß »*die Vernunft zurückbebt*«. 1790 allerdings äußerte er sich zurückhaltender: »*Eine Hypothese von solcher Art kann man ein gewagtes Abenteuer der Vernunft nennen; und es mögen wenige, selbst von den scharfsinnigsten Naturforschern sein, denen es nicht bisweilen durch den Kopf gegangen wäre ... im Urteile der bloßen Vernunft widerstreitet sich das nicht. Allein der Erfahrung zeigt davon kein Beispiel.*«[160]

Wir haben zu unterscheiden, ob die Tatsache einst andersartiger Lebewesen von deren Umwandlung in die heutigen oder von deren Untergang zeuge. Dabei pflegte sich die Annahme vom Untergang mit der Vorstellung von Katastrophen unveränderlicher Arten zu verknüpfen, deren es bei der Annahme der Artveränderung nicht bedurfte.

Über J. Bucklands und G. Cuviers mit dem Begriff der unveränderlichen Art gekoppelte katastrophistische Vorstellungen s. S. 55. Der dort ebenfalls schon erwähnte A. d'Orbigny (1849) machte in weitergespanntem Rahmen als Cuvier die gleiche Erfahrung des Wechsels der Faunen in den sich folgenden Formationen und leitete daraus eine in ebensoviele scharfe Abschnitte geteilte Gesamtgeschichte des irdischen Lebens ab. »*Eine erste Schöpfung*« – so schrieb er 1849 – »*zeigte sich mit der silurischen Stufe. Nach ihrer gänzlichen Vernichtung durch irgendeine geologische Ursache und nach Verlauf eines beträchtlichen Zeitraumes findet eine zweite Schöpfung in der Devon-Stufe statt. Darauf haben 27mal hintereinander verschiedene Schöpfungen die ganze Erde mit ihren Pflanzen und Tieren im*

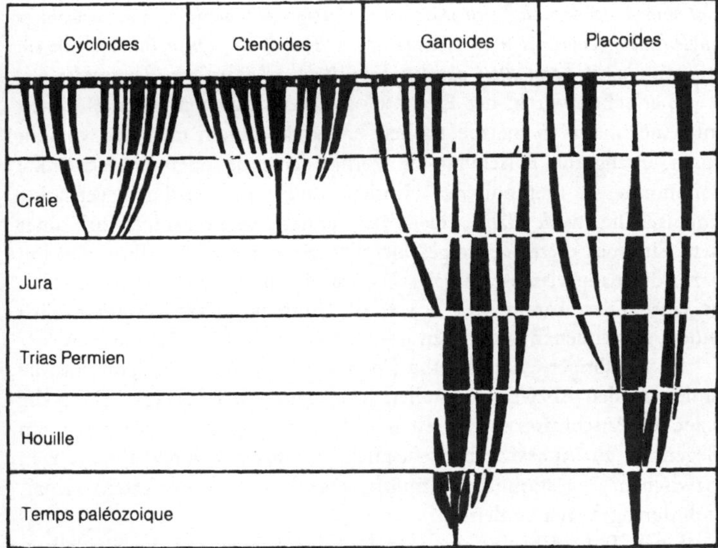

Abb. 33. Evolution nach AGASSIZ (1833): Kataklysmisch gegliederter Gang planvoller, im Sinne eines ideellen Zusammenhangs aufgefaßter Entfaltung am Beispiel der Fische. »Es gibt ... keinerlei direkte Verbindung zwischen zwei verschiedenen Epochen.« (AGASSIZ: Bronn's Jahrb Mineral 1841)

nachher neu geschaffen worden ist; also ist es eine zwar nicht unterscheidbare, aber doch neue Art.«

Der Schweizer L. AGASSIZ, Mitbegründer der kataklysmischen Eiszeit- AGASSIZ
theorie (S. 118), legte als Paläontologe und vorzüglicher Ichthyologe die verwandtschaftlichen Zusammenhänge der fossilen Fische morphologisch in bereits sehr moderner Weise bloß, sah ihre Entwicklungslinien durch die Formationen und Zeiten, sich vervollkommnend, aufsteigen und erkannte auch, daß sie für den rückwärts in die Vergangenheit gerichteten Blick nach unten zusammenführen (Abb. 33).[162]

Er sah also klar den Zusammenhang der Evolution. In der Deutung aber blieb sie ihm Idee und Plan einer stufenweise sich vollziehenden Vervollkommnung, die, an den Grenzen der Formationen durch Vernichtung unterbrochen, jeweils einer neuen Schöpfung bedurfte. Das Dogma war stärker als die der Erfahrung hier eigentlich näherliegende Deutung körperlich-genetischen Zusammenhangs. Und über die Konvergenz der Lebenslinien nach unten schreibt AGASSIZ (1833): »*Ich habe die seitlichen Zweige hier nicht mit dem Hauptstamm verbunden. Denn ich bin der Überzeu-* Antievolutio-
gung, daß sie von diesem nicht auf dem Weg direkter Erzeugung sukzessiv näre Überzeu-
gung

171

abstammen, sondern daß sich jeder dieser Zweige selbständig verhält, obwohl er zugleich Teil einer größeren systematischen Einheit ist. Diese Bindung an ein größeres Ganzes kann allein aus der Weisheit des Schöpfers begriffen werden.«

Hier sehen wir in der Paläontologie zum letzten Mal das Rechnen mit einer massiven metaphysischen Kausalität. Indem man nun von ihr absah, errang die Forschung die vorher fehlende oder eingeschränkte Autonomie in methodischer Hinsicht und erfuhr dadurch verstärkte Impulse. Die zweite Hälfte des 19. Jahrhunderts neigte dann freilich unter dem Eindruck dieser geistesgeschichtlich einschneidenden Emanzipation dazu, die naturwissenschaftliche Erkenntnis zu verabsolutieren; erst im 20. Jahrhundert bahnte sich erneut die Einsicht in die – nun freilich anders verstandenen – Grenzen der wissenschaftlichen Methodik an.

Es sei übrigens hier erwähnt, daß auch wir heute oft gut tun, die Linien an den Abzweigungsstellen nicht ganz durchzuziehen. Denn die Frage des Anschlusses ist nur selten exakt und endgültig zu beurteilen. Im Gegensatz zu AGASSIZ aber entspricht es unserer durch Erfahrungen inzwischen umgestimmten Vernunft, uns die Linien wenigstens prinzipiell durchgezogen zu denken.

BRONN Einen Teil solcher Erfahrungen machte zu jener Zeit der Heidelberger Zoologe und Paläontologe H. G. BRONN. Auch er sah bei seinen Sammelexkursionen und Studien in den Profilen, daß sich die fossilen Arten in aufsteigenden Linien veränderten, und auch er nahm plötzliche Ablösung von Art zu Art an. Aber er erkannte im Gegensatz zu D' ORBIGNY und AGASSIZ, daß diese Ablösung keineswegs zu jeweils gleichen Momenten an den Grenzen der Formationen, sondern in davon unabhängiger zeitlicher Streuung geschehe (Abb. 34). Das sprach nicht für Katastrophen, sondern für andere Ursachen der Wandlung. Er sah diese Ursachen in begrenzter Lebenszeit der in sich unveränderlichen Arten, die nach ihrem Abtreten Platz für eine neuentstandene Art schufen. Aus Revolutionen war Evolution geworden, BRONN nahm für die Neuentstehung ähnlich wie schon BLUMENBACH eine noch unbekannte natürliche Ursache oder Kraft, also keine übernatürliche Schöpfung, in Anspruch, mußte aber angesichts der aufsteigenden Vervollkommnung von Art zu Art zugleich doch auch an einen hierin sich auswirkenden Plan denken. Insgesamt, so erklärte er noch 1858 bei der Versammlung deutscher Ärzte und Naturforscher in Karlsruhe, habe auf diese Weise ein Wechsel der Erdbevölkerung mindestens 25–30mal stattgefunden.[163] Damit meinte er sicher nicht, daß sich alle Lebenslinien – so wie nach D' ORBIGNYS Vorstellung – in je 25–30 Arten unterteilen lassen, sondern daß sich bei da schnellerem, dort langsamerem Artenwechsel das Gesicht der Erdbevölkerung insgesamt rund 30mal erneuert habe. *» Die neuen Organismenarten sind immer und überall neu geschaffen, nie und nirgends aus den alten umgestaltet worden.«* Von Katastrophen aber ist nicht mehr die Rede. Der Wechsel

Neuerschaf-
fung statt
Evolution

172

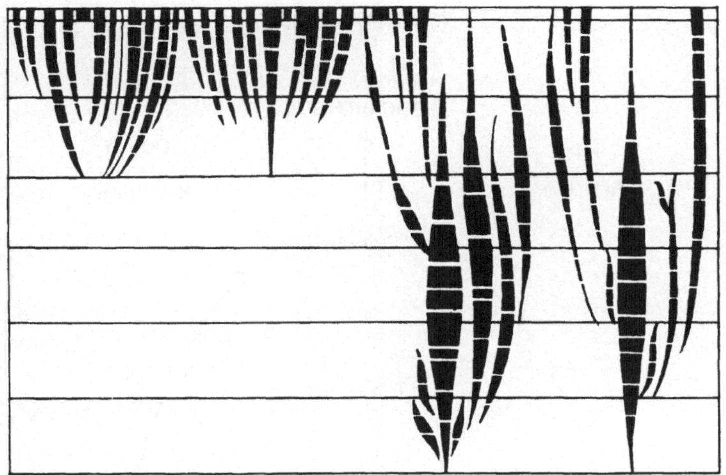

Abb. 34. Gang planvoller Evolution mit Beschränkung der Diskontinuität auf die Art-
grenzen; durch Umzeichnung des AGASSIZschen Beispiels Abb. 33 im Sinne von
H. G. BRONN schematisch dargestellt.

der gesteinsbildenden Verhältnisse und derjenige des Lebens vollzieht
sich aktualistisch in kleinen Schritten. An die Stelle von Explosionen, die
den Gang des Lebens in CUVIERS und D' ORBIGNYS ›heroischen‹ Konzeptionen unterbrachen, ist der schnelle Takt kleiner ungleichzeitiger Zün-
dungen getreten, welche die Linien des Lebens vorwärtstreiben. Das
Gleis der Diskontinuitätstheorien (wenn wir die von BLUMENBACH über
CUVIER, D' ORBIGNY und BRONN verfolgten Vorstellungen so nennen
wollen) ist ganz nah an jenes andere herangeführt, auf dem die Erkenntnis konkreten stammesgeschichtlichen Zusammenhangs ihren Ausgang
nahm, und zwar nicht erst mit DARWIN, sondern schon ein halbes Jahrhundert früher. Dem Beginn auf diesem anderen Gleis, verbunden mit
dem Namen LAMARCK, müssen wir uns nun zunächst zuwenden
(Abb. 35).

J. B. LAMARCK war CUVIERS etwas älterer Gegenspieler in Paris. Seine LAMARCK
wichtigsten Thesen sind allgemein bekannt. Als bedeutender Systematiker beschäftigte er sich mit rezenten und fossilen Wirbellosen und sah,
daß die Lebewelt früher andere Arten als heute aufwies. Da er als einer
der ersten erklärten Aktualisten vom ruhigen Vollzuge der Erdgeschichte
überzeugt war, sah er weder einen Grund zu Katastrophen noch überhaupt zum Aussterben einst lebender Arten, es sei denn, sie wären dem
Menschen zum Opfer gefallen. Dagegen erschien ihm die Veränderung

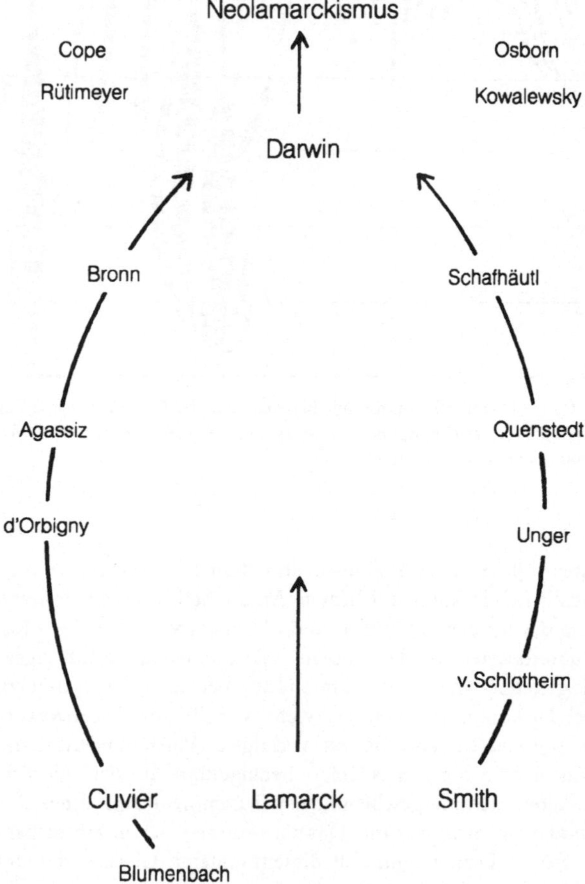

Abb. 35. Die ›drei Gleise‹ der geistigen Phylogenese der Paläontologie im 19. Jahrhundert, links der Diskontinuitäts-, rechts der Kontinuitätstheorien. (Aus HÖLDER 1976)

aller natürlichen Dinge und damit auch aller einst lebenden Arten ganz
selbstverständlich. » *Verwunderlich ist es vielmehr, daß wir unter den versteinerten Überresten einstmals Körper überhaupt noch solche antreffen, von denen
uns lebende Analoga bekannt sind.*«[164]

Und dann fragt sich LAMARCK nach den Ursachen des Artenwandels
und findet einen Fingerzeig in der Zweckmäßigkeit der Organismen, die
auf ein Zusammenspiel zwischen Milieu und organischer Form weist.
Dabei erkannte er sehr wohl, daß die Umwelt auf die Geschlechterkette
nicht unmittelbar prägend einzuwirken vermag, wie es sich ein R. HOOKE
wohl einst gedacht hatte. Massive Umwelteinwirkungen mechanischer
und chemischer Art führten ja allenfalls zu individuellen Schäden, die
sich nicht auf die Nachfahren übertrugen. Dagegen vermutete LAMARCK
in der umweltgemäßen Funktion, im verstärkten Gebrauch oder Nichtge-
brauch eines Organs je nach den sich ändernden Gegebenheiten des
Milieus eine Möglichkeit zur Einleitung formverändernder Tendenzen,
die sich dann – so schloß er – auch auf die Nachfahren übertragen ließen.
Wir sehen hier also die Vorstellung einer gleichsam diplomatischen Reak-
tion und Antwort der Organismen auf die Forderung der Umwelt, die
wir – unter Abwandlung des bekannten GOETHE-Wortes – etwa folgendermaßen kennzeichnen könnten: »Was du durch Klugheit dir erworben
hast, vererb es, daß die Künftigen es besitzen!«

» *Wenn irgendeine Affenrasse, insbesondere die vollkommenste, durch die
Verhältnisse gezwungen wurde, die Gewohnheit auf Bäumen zu klettern und
die Zweige mit den Füßen sowohl als mit den Händen zu erfassen ... aufzuge-
ben, und wenn die Individuen dieser Rasse während einer langen Reihe von
Generationen gezwungen waren, ihre Füße nur zum Gehen zu gebrauchen, ...
so mußten die Vierhänder zweifellos allmählich zu Zweihändern umgebildet
werden*« (Philosophie zoologique, 1809).

Hier bezog LAMARCK also auch schon den Menschen in den von ihm
angenommenen Entwicklungsgang des tierischen Lebens ein – ohne viel
Aufhebens, und merkwürdigerweise auch ohne viel zustimmenden oder
ablehnenden Widerhall, der später DARWIN schon bei der leisesten
Andeutung dieses Gedankens entgegenschlug.

Woher kam es, daß LAMARCKs doch eigentlich sehr plausible und ein-
leuchtende Theorie der Artenwandlung durch Vererbung erworbener
Eigenschaften, über deren Möglichkeit oder Unmöglichkeit man ja
damals noch nichts Bestimmtes wissen konnte, so wenig Aufsehen
erregte? LAMARCK hat außerordentlich viel geschrieben, darunter auch
allerlei Naturphilosophisches und mancherlei, was ohne Bedeutung war.
Die mit seinem Namen heute verbundenen Gedanken waren damals
Triebe in einem Gestrüpp, das den Blick auf sie verdeckt zu haben scheint.
Daß seine Gedanken nur eine plausible Vorstellung, aber keinen nach-
prüfbaren Tatbestand zum Inhalt hatten, dürfte für die geringe Beachtung

nicht ausschlaggebend gewesen sein: Denn das war auf Seiten der Katastrophentheorie nicht anders. Und doch lag das von dieser gezeichnete Bild der Vernunft jener Zeit offenbar näher, war also die Zeit noch nicht reif für den Durchbruch des Gedankens konkreter Entwicklung – so wenig reif, daß sie sich nicht einmal zum Widerstand veranlaßt sah. LAMARCKS Gedanken, so hoch auch die wesentlichen unter ihnen einzuschätzen sind, waren die Gedanken eines Außenseiters. So endete die Bewegung, die LAMARCK auf diesem ›Gleis‹ in Gang zu setzen versuchte, in Nichtbeachtung und Ablehnung.

Trotzdem stand auch LAMARCK mit seinem Gedankengut, wenigstens demjenigen einer allgemeinen Artwandlung, nicht allein. G. R. TREVIRANUS, der Begründer des Wortes Biologie, schrieb schon 1805 die Sätze: *» Uns scheint, daß es nicht ... die großen Katastrophen der Erde sind, welche die Tiere der Vorwelt vertilgt haben, sondern daß viele diese überlebt haben, und daß sie vielmehr aus der jetzigen Natur verschwunden sind, weil die Arten, zu welchen sie gehörten, den Kreislauf ihres Daseins vollendet haben und in andere Gattungen übergegangen sind.«*[165]

UVIER und
GEOFFROY
T. HILAIRE

Ein anderer Gegner CUVIERS war GEOFFROY ST. HILAIRE, der jenem 1831 in einem bekannten Pariser Akademiestreit gegenübertrat. Es ging dabei vordergründig um die Einheit oder die – von CUVIER verfochtene – ursprüngliche Vierstämmigkeit des Tierreichs, wobei sich für GEOFFROY mit der Einheit der Evolutionsgedanke verband, den CUVIER so strikt ablehnte. Obwohl GEOFFROY dabei zu emotional argumentierte und CUVIER gegenüber unterlag, war er doch dem weiteren Weg der Wissenschaft näher und hatte den uneingeschränkten Beifall des alten GOETHE für »die synthetische Behandlungsweise der Natur« auf seiner Seite, der an dem Streit aus der Ferne mit brennendem Interesse teilnahm. GEOFFROY war übrigens gleich CUVIER und LAMARCK auch ein mit diesen zusammen am Pariser Naturhistorischen Museum tätiger und verdienter Paläozoologe, der als solcher über jener beiden Ruhm aber fast in Vergessenheit geriet. Wie sehr in seinen Streit mit CUVIER – der ihm ideenmäßig nahestehende LAMARCK war schon ein Jahr zuvor (1829) gestorben – unterschiedlichen Charaktere und Weltanschauungen hereinspielten, hat F. BOURDIER (1969) dargestellt.[166]

> *But fossils plainly teach the art*
> *of knowing each discordant part.*
> (Allein die Fossilien lehren erfassen,
> wie all die Schichten zusammenpassen.)
>
> WILLIAM SMITH[167]

Zu den erwähnten beiden ›Gleisen‹ der Deutung zu Beginn des 19. Jahrhunderts – dem der Diskontinuitätstheoretiker einerseits und dem akatastrophischen, mehr aktualistisch anmutenden LAMARCKschen Gleis andererseits – tritt als drittes das empirische Gleis. Auf ihm bewegten sich jene Männer, denen es zunächst weniger um Deutung, als vielmehr einfach um Aufnahme, Feststellung, Registrierung und damit verbundene Ermittlung des Gesteinsalters ging.

Der erste Vertreter solch nüchternen Tatsachensinnes war der englische Straßen- und Kanalbauingenieur WILLIAM SMITH, der an zahlreichen Aufschlüssen des englischen Deckgebirges erkannte, daß bestimmte Fossilien wie Meeresmuscheln und Ammoniten immer nur in bestimmten Schichten vorkommen. 1796 schrieb er: »*Fossilien wurden seit langem als große Kuriositäten studiert… Dies taten Tausende, die aber niemals der wundervollen Ordnung und Regelmäßigkeit achteten, mit der die Natur diese sonderbaren Erzeugnisse verteilt und jeder Klasse ihre besondere Schicht zugewiesen hat… Die Schichten waren der Reihe nach Meeresboden und enthalten die mineralisierten Denkmäler der damals existierenden organischen Wesen.*«

Wie so oft in der Wissenschaftsgeschichte ist freilich auch hier das ›niemals (zuvor)‹ widerlegbar. Denn schon um 1700 wußte R. HOOKE (S. 15), um 1780 der Abbé SOULAVIE (S. 169) etwas davon. Auch WERNER hat, was überraschen mag, in einer unveröffentlichen Vorlesung über ›Versteinerungslehre‹ die paläontologische Thematik behandelt und dabei in seinem Manuskript notiert: »In Flözkalkgebirgen ist es merkwürdig, daß verschiedene Schichten auch verschiedene Versteinerungen führen«, um dann allerdings hinzuzufügen: »Dies beweist einen Unterschied im Niederschlage.« Er dachte also mehr an eine Abhängigkeit von der Gesteinsbildung als von der Zeit, wie es seiner Urmeer-Theorie entspricht.

Eine auffallende, von WERNER aber dennoch anscheinend unabhängige Entsprechung hierzu findet sich bei J. A. DE LUC, dessen vielseitiges, insbesondere in Briefen niedergelegtes Schrifttum wegen manch phantastischer und allzu bibelgebundener Deutungen oft abschätzig beurteilt wurde, dem aber ELLENBERGER (1981) eine Rehabilitation vor allem in paläontologischer Hinsicht widerfahren ließ, – ganz abgesehen davon, daß CUVIER nachweislich aus seinem Gedankengut geschöpft hat. Auch DE LUC hing nämlich der neptunistischen Vorstellung eines sich chemisch verändernden Urmeeres an, dessen im Unterschied zu WERNER plötzliche, also mehr im Sinne CUVIERS katastrophistische Veränderungen den Wechsel der marinen Organismen teils durch Untergang, teils durch Wandlung nach sich gezogen haben sollen. Ebenso führte DE LUC den Wandel der Landpflanzen auf Veränderungen der Atmosphäre zurück. Den Ursprung des Lebens freilich nannte er » *eines der größten Geheimnisse, weil alles, was je gelebt hat, stets aus schon Lebendem entstanden ist.* «[168]

DE LUC war also mit der Erkenntnis des Wechsels der Fossilien in den sich folgenden verschiedenartigen Gesteinslagern dem Leitfossilprinzip schon nahe, ohne daß er es, so wenig wie WERNER, konkret in eine darauf bezogene Stratigraphie hätte eingehen lassen.

Diesen Schritt tat erst jener oben genannte, berühmte SMITH, Autodidakt bäuerlicher Herkunft und von nur geringer Schulbildung. Frei von aller theoretischer Voreingenommenheit sah er in dem Übereinander der Schichten und Fossilien das ja am nächsten liegende zeitliche Nacheinander, das auch gelehrten damaligen Sammlern geistlichen Standes (TOWNSEND, RICHARDSON) im Banne des biblischen Sintfluttextes entgangen war. So konnte er selbstbewußt sagen: » *Die riesigen, zuvor sinnlos ver-* Fiskalisches Bewußtsein *schwendeten Gelder bei der Suche nach Kohle und anderen Mineralstoffen ohne Berücksichtigung der regelmäßigen* [durch Fossilien erkennbaren!] *Ordnung der Schichten, die uns solche Erzeugnisse liefern, sowie der Bau von Kanälen, auf denen es dann gar nicht genug zu transportieren gab, zeigen die Notwendigkeit besserer allgemeiner Unterrichtung über dieses umfangreiche Stoffgebiet.* «[169]

v. SCHLOTHEIM In Deutschland brach E. F. v. SCHLOTHEIM der Erforschung der formations- und zeitgebundenen Petrefakten die Bahn. Vor allem sein Werk über ›Beiträge zur Naturgeschichte der Versteinerungen in geognostischer Hinsicht‹ (1813) diente dieser Zielsetzung: » *Offenbar kann uns das Vorkommen der Versteinerungen die wichtigsten Aufschlüsse zur näheren Bestimmung des relativen Alters mehrerer Gebirgsarten ... verschaffen* «, woraus sich zugleich über » *die wunderbar entwickelte Bildung der organischen Schöpfung die merkwürdigsten Tatsachen offenbaren werden.* «[170]

VON SCHLOTHEIM (Abb. 36) wirkte bahnbrechend, was BLUMENBACH (S. 58) 30 Jahre zuvor noch versagt geblieben war – und viele Männer widmeten sich nun mit Leidenschaft dem Sammeln und der Bearbeitung der Fossilien unter diesem faszinierenden Gesichtspunkt ihrer Bindung an bestimmte Gesteinslager. Schon das allein, dieses Eintauchen in frühere Meeresgründe mit ihren vergangenen Lebensgestalten, war ja doch ein Erlebnis, dem hinzugeben sich lohnte. Es erscheinen prächtige Tafelwerke in Folioformat, etwa von v. ZIETEN oder GOLDFUSS.[171] Auch die Länge der Zeit beginnt mehr und mehr ins Gesichtsfeld zu treten. Bei REINECKE Coburg sammelt I. C. M. REINECKE in aller Stille im Fränkischen Jura und schreibt ein kleines Büchlein in lateinischer Sprache.[172] Auch er sieht, daß sich die Versteinerungen in der Schichtenfolge verändern, allmählich

178

Abb. 36. Die beiden Entdecker des Leitfossilprinzips. *Links* Ernst Friedrich von Schlotheim (1764–1832) (Skizze nach Photographie aus W. Langer 1982[170]) *Rechts* William Smith (1769–1839) (Skizze aus White u. Schneer: Geotimes 1976)

offenbar durch die Transformation (= Evolution) der Arten über Varietäten zu neuen Arten: Reale historische Entwicklung der Organismen also. Und so schreibt er: » *Die Idee von Revolutionen wird nur geboren, wenn die Phantasie die Wirkungen von Zehntausenden von Jahren auf einen Augenblick zusammendrängt.*« Diese Erkenntnis lag, antagonistisch zur gleichzeitigen Katastrophentheorie, nun *auch* in der Zeit.

Das Leitfossilprinzip, sei es auf Einzelarten oder Artgesellschaften bezogen, hat sich bis heute voll bewährt. Je genauer man die Formen zu unterscheiden lernt, z. B. die Ammoniten im Jura, desto feiner gelingt die über weite Strecken gültige Gliederung und Datierung der Schichtgesteine anhand der Evolution des Lebens. In tertiären Sedimenten werden neuerdings Säugetierfossilien mit wachsendem Erfolg herangezogen. Auf den modernen Forschungsschiffen bestimmt der Bordpaläontologe aus den Bohrkernen der oft immerhin einige hundert Meter und am Kontinentalrand noch weit mächtigeren Bodensedimente das Alter der Ablagerung. Es handelt sich dabei um Foraminiferen, Radiolarien, Diatomeen und die Nannofossilien (winzige Skeletteile pflanzlicher Organismen, von denen Zehntausende auf 1 ccm Sediment kommen). Daraus, sowie aus der radiometrischen Altersbestimmung der unterlagernden Basalte ergibt sich das nach den Rändern zunehmende, aber nicht mehr als 180 Mio. Jahre betragende Alter der heutigen Ozeanböden. Außerdem lassen sich einst vorhandene, heute unterbrochene biogeographische Beziehungen, z. B. zwischen Pazifik und Karibik vor dem jungen Aufsteigen der mittelamerikanischen Landbrücke, erkennen.

179

20.3 Schichtung, Biostratigraphie, Fazies

*Wenn der suchende Geologenjünger ... nicht mehr bloß
Steine sieht und nach Versteinerungen jagt, sondern aus seiner Erinnerung Hunderte von Aufschlüssen zum Vergleich
heranziehen kann und so das alte wogende Meer mit seiner
Lebewelt erblickt und das einstige Festland vor seinem Auge
auftauchen sieht, dann sind Kampf und Mühe vergessen.*

GEORG WAGNER in seiner Muschelkalk-Dissertation
1913.

Die auf STENOS Lagerungsgesetz beruhende zeitliche Gliederung der
Gesteine (Oberes jünger als Unteres, s. S. 7) ergab sich einst daraus, daß
man das räumliche übereinander als ein Gewordenes anstatt als ein von
Anfang an Gegebenes zu begreifen lernte, sei es, daß es sich um einfache
Schichtung oder um Diskordanzen handelte. Noch J. G. LEHMANN hielt
allerdings die Gesamtheit der Schichtgesteine für den Niederschlag der
einen Sintflut (S. 32). VON JUSTI (1771) schrieb dagegen: »*Eine jede Erd-
schicht, eine jede Steinlage ist der redende Zeuge von einer ehemals auf dem Erdboden vorgegangenen großen Überschwemmung.*« Schon AVICENNA hat sich
das um das Jahr 1000 ähnlich gedacht. J. C. W. VOIGT (1791) erkannte
dagegen in der Regelmäßigkeit der Schichtung die Ruhe des Meeres:
»*Man muß erstaunen, wenn man solche Schichten stundenweit an den entblöß-
ten Wänden eines Tales, gleich als nach der Schnur gezogen, erblickt, und erhält
von der Ruhe, die in diesen Tiefen herrschte eine Vorstellung, die kaum mit dem
Begriff eines flüssigen Elements und der stürmenden Bewegung auf dessen Oberfläche vereinigt werden zu können scheint.*«[173]

Es ist also eine bunte Palette von Meinungen, über die dann aber
kraft WERNERS weltweit geachteter Autorität sowie ›des menschlichen
Beharrungsvermögens auch in wissenschaftlichen Fragen‹ (HAARMANN
1942) bis weit ins 19. Jahrhundert hinein dessen Theorie vom sinkenden
Urozean dominiert, der erdumspannende Sedimentschalen zur Ablagerung gelangen ließ: chemisch-physikalischer Wechsel zwar mit der Zeit,
aber Einförmigkeit im Raum. Gleiches Zeit-Raum-Verständnis eignete
auch der späteren Katastrophentheorie, nach der Faunenschnitte mit oder
ohne tektonische Umbrüche (E. DE BEAUMONT) erdweit scharfe Zeitgrenzen zogen. ELLENBERGER (1972) sieht darin einen infantilen Zug früher
Stratigraphie, der bis heute überall da nachwirkt, wo man sich mit Hilfe
der ›modisch gewordenen‹ Stratotypen und in ihnen an biologischen
Wendepunkten eingeschlagenen ›goldenen Nägeln‹ die Erfassung weltweit einheitlicher Zeitgrenzen vortäuscht, »als ob Stratigraphie eine
exakte Wissenschaft wäre«.

Mit WERNERS System war die einfache Unterscheidung von primären
und sekundären Gesteinen, die allerdings schon FÜCHSEL (1763; s. S. 32)

180

zu erweitern begann, in eine genauere Skala zeitlicher Einheiten (WER-
NERS ›Formationen‹) überführt. Sie war, seinem sächsischen Forschungsge-
biet entsprechend, naturgemäß noch unvollständig, entbehrte z. B. noch
des Juras, den erst ALBERTI (1826 in der Abhandlung, in der er die ›Trias‹
begründete) richtig einzuordnen verstand. Die Untergliederung des Juras
(›Jurakalk‹ 1795 A. v. HUMBOLDT) wurde zuerst in England durch
W. SMITH in die Wege geleitet, der dabei das Leitfossilprinzip entdeckte
(S. 177).

Im Schwäbischen Jura hat es F. A. QUENSTEDT (1809–1889), der zu
Beginn seiner Laufbahn die Schlotheimsche Sammlung in Berlin zu ordnen hatte, in der Kunst der Schichtgliederung anhand von Fossilien für
seine Zeit, ja für das ganze 19. Jahrhundert, besonders weit gebracht. Und
auch er liest, wie REINECKE, und in diametralem Gegensatz zu seinem
großen französischen Gegenspieler D' ORBIGNY, aus den geschichteten
Gesteinen, wenigstens den marinen Sedimenten, eine Geschichte ganz
natürlicher, undramatischer Veränderungen durch lange Zeiten und eine
ganz kontinuierliche Veränderung der Lebensformen ab. Das » *Darlegen,
wie eines aus dem anderen hervorgehe, bildet den Angelpunkt aller meiner
Untersuchungen.*« Auch QUENSTEDT war kein Theoretiker. Er gehört gerade
deshalb dem hier jetzt verfolgten Gleis neben der katastrophischen und
der lamarckistischen Deutung der Lebenswandlung an. Denn ihm ging es
allein um das ihn unendlich fesselnde Phänomen des Lebens, wie es war,
und weniger um die Erklärung. Offensichtlich aber dachte er, ohne
BRONN zu polemisieren und ohne daraus ein besonderes Problem zu
machen, schon an ganz konkreten blutsmäßigen Zusammenhang: » *Zahl-*

Abb. 37.Links FRIEDRICH AUGUST QUENSTEDT (1809–1889), Erforscher des Schwäbischen Juras, Begründer der Feinstratigraphie. *Rechts* ALBERT OPPEL (1831–1865), Stratigraph des europäischen Juras und Schöpfer des Zonen-Begriffs.

lose Beispiele machen es mehr als wahrscheinlich, der Lebensfaden der Schöpfung sei zu keiner Zeit abgeschnitten [gewesen], sondern Leben erzeugte Leben in stetiger Kette ... Wenn also das Lebendige aus Lebendigem ward, so konnte es nur durch Veränderung werden; durch Enkel oder Zwischenglieder, die den Eltern nicht mehr gleichen.«[174]

QUENSTEDT (Abb. 37) war also in seiner Erkenntnis über die Evolution hinaus zum Deszendenzgedanken vorgestoßen und damit ganz nahe an die erst einige Jahre später publizierte DARWINSCHE Erkenntnis herangekommen, ohne sie freilich so wie dann DARWIN mit rezentzoologischen Indizien ins Licht heben oder gar nach den Ursachen fragen zu können. Aber die Zeit, das zeigt sich hier abermals, war reif, auch von der Paläontologie her. Ähnliches wie für QUENSTEDT läßt sich für den Münchener Geognosten und Paläontologen SCHAFHÄUTL und für den Paläobotaniker F. v. UNGER sagen.

Für QUENSTEDT war die Versteinerungskunde einerseits Zoologie, andererseits entscheidende Hilfswissenschaft für die Stratigraphie. Er war beides: Paläozoologe und Stratigraph. Dabei aber geriet er in Schwierigkeiten: Denn wie sollte man mit sich ändernden Lebensformen Grenzen in die Gesteinsfolgen legen, wenn sich der morphologische Übergang bei jenen als kontinuierlich-fließend erwies?

QUENSTEDT sah sich deshalb gezwungen, der Grenzziehung auch den Gesteinswechsel mit zugrunde zu legen, der mit einem Wechsel der organischen Formen oder Faunen zwar zusammenfallen kann, wenn hier Überlieferungslücken vorliegen oder Faunenverschiebungen eingetreten sind, ohne daß er mit einem solchen Wechsel im organismischen Bereich

182

zusammenzufallen braucht. Damit aber, daß die Gesteinsgrenzen – die in älteren stratigraphischen Systemen selbstverständlich die Hauptrolle spielten – nun auch in einem biostratigraphisch auf die Fossilien bezogenen System gleichberechtigtes Indiz blieben, erschwerte sich QUENSTEDT den Blick über sein begrenztes schwäbisches Arbeitsgebiet hinaus. Denn dort draußen verhielten sich, das sah auch er schon, die Gesteinsgrenzen durchaus anders als in Württemberg.

Mit der dem aufkeimenden Aktualismus entsprechenden Einsicht in die regionalen Verschiedenheiten der Schichtfolgen wurde WERNERS urozeanische Theorie stillschweigend zurückgedrängt, ohne ihre Herrschaft über die Geister, wenigstens im unbewußten Bereich, schon verloren zu haben. Sonst hätte es nicht des Pariser Geologieprofessors C. PRÉVOST bedurft, der es 1839 prinzipiell ablehnte, aus regional Vorhandenem auf überall ebenso Vorhandenes zu schließen. Er schloß vielmehr von Fehlendem – z.B. vom Fehlen des Muschelkalks in weiten Gebieten Europas auch dort, wo die sonstige Gesteinsfolge vollständig ist – auf horizontale Vertretung, z.B. von Kalkstein durch Ton oder Sandstein.[175]

Während PRÉVOST mehr theoretisch-deduktiv zu diesem Ergebnis kam, sammelte A. GRESSLY, Genie im Naturburschenkleid und zusammen mit THURMANN bahnbrechender Erforscher des Schweizer Juras (Abb. 38), auf zahllosen Berggängen die entsprechenden Tatsachen: Korallenkalk z.B. fand er nach der Seite hin in ammonitenführende Kalke, Tone in Sandsteine usw. übergehend. » *Ich denke mir, daß diese petrographischen und paläontologischen Veränderungen einer Ablagerung in der Horizontalen durch lokale und sonstige Bedingungen hervorgerufen werden, von denen die Organismengattungen und -arten auch in den heutigen Meeren noch so stark abhängig sind. Wenigstens war ich überrascht, in der Verteilung der Fossilien die Assoziationsgesetze der Organismen und in den sie einschließenden Gesteinen die Existenzbedingungen wiederzufinden, die auch heute die Verhältnisse im Meere bestimmen. Ich werde also bei der Stufen-Beschreibung jeweils vermerken, ob mir die Fazies eher auf küstennahes Flachmeer, auf tieferen Meeresboden, auf pelagische oder auf Hochseeverhältnisse zu weisen scheint*« (1838). Während der Faziesbegriff in diesem Sinne von GRESSLY stammt, hatte er in sachlicher Hinsicht in LAVOISIER (s. S. 100) bereits einen Vorgänger.

GRESSLY erkannte auch, daß die starke Bindung der ›Faziesfossilien‹ an ihre Umwelt zu längerer Lebensdauer als bei den ›Leitfossilien‹ führen kann, sodaß sie die nach diesen gezogenen Zeitgrenzen brechen.

Erst später wurde ihm, bevor er in tragische Umnachtung verfiel, auf Reisen die beglückende Erfahrung zuteil, den biofaziellen Wechsel an den Küsten des Mittelmeers, der Kieler Bucht und des Nordmeers bestätigt zu sehen. Doch brach auch GRESSLYs Werk das Eis der vorwiegend vertikalen Betrachtung stratigraphischer Profile noch nicht. Es ist fast unbegreiflich, daß der im benachbarten Schwäbischen Jura gleichzeitig so

183

erfolgreiche Quenstedt den Namen Gressly nicht erwähnt und die auch ihm bekannten Unterschiede der ›Lager‹ in der Horizontalen nicht im Sinne der Fazieslehre auswertet, sondern in ihnen eher Störfaktoren seiner stratigraphischen Arbeit statt positiver Denkansätze sieht. Das hat sich erst in unserem Jahrhundert entscheidend geändert, so durch die bahnbrechende ›Erwanderung‹ (Anführungszeichen von uns) der einstigen Küstenlinien des fränkischen Hauptmuschelkalks durch G. Wagner (1913)[175a] oder neuerdings durch die fazielle Gliederung zahlreicher fossiler Riffbereiche seitens des Erlanger Paläontologischen Instituts (E. Flügel).

Mit dem Faktor Fazies zwar auch nicht unbekannt, in seinem großzügigen stratigraphischen Verfahren aber ebenfalls ohne Bezug darauf, gliedert der französische Paläontologe A. d'Orbigny (S. 170) den Jura um die Jahrhundertmitte in zehn Etagen (Stufen), als reichten sie – in fast Wernerscher Weise, aber durch Katastrophen unterbrochen – um die ganze Erde herum. Doch hatte der weltweite Ansatz zur Folge, daß sein System bis heute gültig blieb, während es der regional geprägte Quenstedt, als seines Erachtens zu sehr über den Daumen gepeilt, ablehnen mußte. Sein Schüler A. Oppel (Abb. 35) machte es sich dagegen bei seinem auf Europa ausgedehnten Jura-Vergleich zu eigen. Dabei gliederte er

die Stufen in faunistisch begründete ›Zonen‹, deren Umfang bzw. Dauer er bei der ersten Konzeption eigentlich an eine charakteristische Fossilgemeinschaft binden wollte. Er entschloß sich jedoch dann, sie durch die Lebensdauer einer ausgewählten Zonen-Leitart festzulegen. Des Widerspruchs scharfer stratigraphischer Grenzziehung zu dem in diesen Jahren durch Darwin in Fluß geratenen Artbegriff war sich Oppel in seinem Jura-Werk (1856–58) voll bewußt.[176] Er entschied sich trotzdem im Interesse der stratigraphischen Aufgabe, die er sich gesetzt hatte, für den noch linnäisch anmutenden Begriff der unveränderlichen Art – wie das viele Stratigraphen de facto bis heute tun. Es gibt eben so manches Dilemma, das sich nicht ohne einseitige Entscheidung meistern läßt.

Oppels Zonenschema für den Jura, anfangs aus dreißig Zonen bestehend, wurde immer mehr verfeinert und gab Anlaß zu zahlreichen Diskussionen über die konkrete Bindung an die Lebensdauer des Indexfossils oder ein stattdessen abstrahierendes Zonenverständnis bis hin zu der für den ganzen Erdball gültigen ›Zonenzeit‹, wobei dem namengebenden Fossil weithin nur noch symbolischer Charakter zukommt.

Im Gegensatz dazu hebt die heutige Stratigraphie wieder stark auf lokal und regional unterschiedliche lithologische und biostratigraphische Befunde ab. Das hat im ›Internationalen stratigraphischen Führer‹ (Guide)[177] freilich zu einem sophistisch anmutenden litho-, bio- und chronostratigraphischen (chronologischen) Begriffsgerüst geführt, das mehr Genauigkeit vorgibt, als möglich ist. In all dem aber bleibt die

Oppelsche Zone trotz nicht überall einheitlichem Verständnis ein brauchbares und allgemein angewandtes Mittel stratigraphischer Gliederung der Sedimentgesteine.

Ein Meilenstein in der Auflösung stratigraphischer Problematik war 1950 die Entdeckung, daß in Tiefwassersedimente eingeschaltete, in sich oft gradierte Flachwassersedimente durch Trübeströme (»turbidity currents«) in die bathyale Umgebung gerieten. Seitdem braucht der oft vielfache vertikale Wechsel bathyaler und litoralneritischer Fazies, z.B. in allodapischen Kalken (griech. ›dápis‹ Teppich, ›allodapós‹ weither kommend, fremd) nicht mehr auf ein ebenso häufiges Auf und Ab des Meeresbodens zurückgeführt zu werden. Dadurch war vor allem auch die Tektonik von den zuvor zwar angenommenen, aber immer schwer verständlich gebliebenen kurzzeitigen Niveauschwankungen befreit. Außerdem machte die von der Schlammfracht der Trübeströme ausgeübte Erosionskraft die tiefen untermeerischen Cañons vor den Mündungen großer Ströme verständlich, soweit sie sich nicht auf frühere Spiegelsenkung wie im Mittelmeer (S. 157) oder bei nur geringer Tiefe auf eiszeitliche Spiegelschwankungen zurückführen ließen. Trübeströme

Doch nochmals zurück in die ersten Jahrzehnte der Leitfossilforschung. Der Schotte R. Murchison, der als pensionierter Offizier mit W. Smith in Südengland unterwegs war, und der Cambridger Professor A. Sedgwick übertrugen die Smithsche Methode zunächst in gemeinsamem Forschen, später aber als wissenschaftliche Gegner auch auf das ältere Paläozoikum (Werners ›Übergangsgebirge‹), was zur Begründung, Gliederung und Abgrenzung der Systeme Kambrium, Silur und Devon führte. Altpaläo-
zoikum

Ließ sich das Leitfossilprinzip aber in jedem Falle schematisch anwenden? An dieser Frage entzündete sich ein Streit um die Untergrenze des Karbons (die damalige Silur/Karbon-, nach Ausgrenzung des Devons die Devon/Karbon-Grenze), als Th. de la Beche, Direktor des Geological Survey, bei Geländearbeiten in Devonshire 1834 eine nach ihrer Lithologie silurisch anmutende Grauwacke (Kulm) für vorkarbonisch erklärte, obwohl sie eine karbonische Flora enthielt. Andere wie Murchison und Lyell hielten das für einen Rückfall in Werners lithologische Stratigraphie, während de la Beche unter Hinsicht auf die heutige Floren- und Faunenvielfalt auch den Fossilien schwankende, von lokalen und regionalen Umweltsbedingungen abhängige Zeitgrenzen zuzubilligen geneigt war, womit er also gewissermaßen über Smith schon hinausdachte. Das Problem stellte sich seither immer wieder und fand von Fall zu Fall unterschiedliche Entscheidung, in begrenzten Regionen meistens zugunsten des Leitfossilien-Wertes. Auch de la Beches Grauwacke erwies sich als Karbon. ›Devonische
Kontroverse‹

185

RUDWICK (1985) hat die damalige ›Devonische Kontroverse‹ in einem packenden Buch dargestellt.[178] Dabei gab ein Bündel dazu überlieferter Briefe die seltene Möglichkeit, den Disput im Hin und Her des kurzfristigen Wechsels der brieflich geäußerten Meinungen zu verfolgen, also gleichsam unter dem ›historischen Mikroskop‹ statt dem üblicherweise viel undifferenzierter und ›grobkörniger‹ überkommenen Ideenstreit. Es zeigt sich, welche Rolle in ihm den verschiedensten Faktoren zukommt: Abhängigkeiten persönlicher Art, Unterschieden zwischen Theoretikern und Empirikern, zwischen wohlhabenden ›gentlemanlike geologists‹ und in Institutionen bescheidener dotierten Beamten, zwischen streitbaren und vermittelnden, kirchlich mehr oder weniger gebundenen und kirchlich ungebundenen Geistern, zwischen Fachleuten und mitarbeitenden Laien (Hobbygeologen, Sammlern, Steinbrechern)!

Zum Namen schreibt MURCHISON (Das silurische System, 1835), daß er ihn » *nach dem Gebiet unserer Vorfahren, der keltischen Silurer* « gewählt habe, wobei er halb scherzend der möglichen Annahme vorbeugt, er bezöge sich auf die darin vorkommenden fossilen Fische (›silurus‹ lat. = Flußfisch, Wels).

Die erwähnte Entzweiung zwischen SEDGWICK und MURCHISON ergab sich aus Meinungsverschiedenheiten über die Abgrenzung zwischen dem von SEDGWICK lithologisch erforschten und begründeten Kambrium und dem von MURCHISON anhand des Fossilgehalts aufgestellten Silur, in dem er den Beginn des irdischen Lebens entdeckt zu haben glaubte. Fasziniert von dieser Idee zog er auch Gesteinskomplexe von SEDGWICKs Kambrium, in dem sich Fossilien fanden, zum (Unteren) Silur, das dann später von LAPWORTH (1879) als Ordovizium verselbständigt wurde. RUDWICK (1976) hat dargestellt, wie an diesem und damit überhaupt an solch einem Streit ein ganzes Gefüge von Differenzen auf gleichsam verschiedenen Ebenen eskalierend mitwirkt, nämlich vordergründig-irrtümlicher, grundsätzlicher methodischer und theoretischer, ja auch metaphysischer (Lebensschöpfung!) und psychologischer Art.

Psychologie der Kontroverse

> *Solche meilenweit dahingestreckt zwischen 400 und
> 500 Fuß hohe, seltsam zerklüftete Kreidewände, mit den
> Millionen eingeschichteter Feuersteine, gaben allerdings über
> ihre Entstehung vieles zu denken! Noch wußte man damals
> nicht, was* EHRENBERG *später entdeckt hat, daß alle diese
> ungeheuern Massen wunderbaren, nur mikroskopisch
> erkennbaren kleinen Geschöpfen und deren schneckenartig
> gewundenen Gehäusen ihre Entstehung verdanken; man
> wurde nur durch tausendfältige, größere eingeschlossene Kör-
> per, Seeigelschalen und Stacheln, Muscheln, Korallen und
> Sepienstücken darauf hingewiesen, dies alles als Absetzung
> früherer Flutperioden des Planeten zu betrachten, indes es
> war darum nicht weniger merkwürdig; bleibt es ja doch in
> gewissem Sinne zuletzt immer unbegreiflich.*
>
> C. G. CARUS, Arzt, Maler – auch der Rügener Steilküste
> – und Naturphilosoph über seine Rügen-Reise 1819 in
> seinen »Erinnerungen und Denkwürdigkeiten« (um
> 1852).

Nach der im 17. Jahrhundert unabhängig voneinander erfolgten Erfindung des Mikroskops durch LEEUWENHOEK und MALPIGHI wurden damit 1731 erstmals fossile Mikroorganismen, und zwar in den Pliozänsanden von Bologna, entdeckt und beschrieben, nachdem zuvor schon GESNER einige mit bloßem Auge sichtbare fossile Foraminiferen als *Nautilus* dargestellt hatte.

Zumal seit 1800 wurden dann zahlreiche mikroskopische Fossilgattungen bekannt, so in Frankreich durch MONTFORT und LAMARCK, in England durch LONSDALE. 1838 wies F. A. ROEMER und dann auch D'ORBIGNY auf deren ihrer Häufigkeit zu verdankende Bedeutung als Leitfossilien hin. Der Breslauer Botaniker H. R. GÖPPERT sowie CH. G. EHRENBERG beschrieben um 1840 erstmals tertiärzeitliche Pollen, was freilich lange Zeit ohne Widerhall blieb. Erst 1916 kam es in Skandinavien zur Entwicklung des Pollendiagramms. Zahlreiche weitere Namen, nun schon bezogen auf Spezialgebiete wie Rhizopoden, Radiolarien, Spongien, Ostracoden, Bryozoen, Conodonten finden sich bei HILTERMANN (1965) genannt, dessen historischer Darstellung wir hier folgen.

Umfangreiches Mikrofossilmaterial aller Formationen beschrieb in der zweiten Jahrhunderthälfte der Berliner Professor CH. G. EHRENBERG,[180] wobei er die Foraminiferen noch immer für Cephalopoden hielt, obwohl sie D'ORBIGNY bereits 1826 als ›Foraminifera‹ neben diese gestellt hatte. Insgesamt aber bedeutet EHRENBERGS vielseitiges Lebenswerk die eigentliche Begründung der Mikropaläontologie. Der ebenfalls hochverdiente A. E. REUSS wies bereits auf die Wichtigkeit auch geringer morphologischer Unterschiede für die Biostratigraphie hin. Der englische

Foraminiferen-Forscher W. WILLIAMSON (1848–84) meinte dagegen, anders als bei Vielzellern nur fließende Übergänge erkennen zu können, und nahm mit dieser später widerlegten Auffassung lange Zeit großen Einfluß auf Geo- und Paläontologen, bis der Amerikaner J. J. GALLOWAY 1926 feststellte: »*Das Alter von Schichten kann mittels ... Foraminiferen genau so sicher bestimmt werden wie mit jedem anderen marinen Fossil.*«

J. A. CUSHMAN (1881–1949) griff vom Studium rezenter insbesondere auf tertiäre und kretazische Foraminiferen-Faunen zurück und widmete ihnen Hunderte von Publikationen. 1917 richtete eine mexikanische Erdölgesellschaft das erste mikropaläontologische Labor ein, und 1924 hielt Professor GALLOWAY an der Columbia-Universität den ersten mikropaläontologischen Kurs. Wieder war, 125 Jahre nach W. SMITH, eine auf Leitfossilien beruhende, kostensparende Arbeitsmethode gefunden, die – in diesem Fall – teure Fehlbohrungen vermeiden half.

Seit 1931 kam die Mikropaläontologie auch in der deutschen Erdölgeologie zum Zuge (O. STUTZER, K. STAESCHE, C. A. WICHER, F. HECHT, H. HILTERMANN; für tertiäre Pollen R. POTONIÉ). In jüngster Zeit konnten mehrere Mikropaläontologen anhand von Foraminiferen Artumwandlungen und -aufspaltungen sowie auch kontinuierliche Umbildungen von Gattung zu Gattung nachweisen. (F. BETTENSTAEDT †1978 und seine Schüler).

20.5 Deszendenztheorie und Paläontologie

CH. DARWIN (1809–1882) hat, nach den mehrgleisigen Bahnen des ihm vorangehenden Erkenntnisganges (Abb. 33), zweifellos ein neues Gleis eröffnet.[181] Wie nahe die älteren Gleise diesem neuen Ausgangspunkt indessen schon gekommen waren, habe ich an einer Anzahl von Beispielen zu zeigen versucht. DARWIN selbst traf die Entdeckung der Artenwandlung indessen unvorbereitet. Er hatte als junger und weithin autodidaktischer Naturforscher von keiner anderen These als jener der Unveränderlichkeit der Arten gehört. 1844 schrieb er, mitten in der Arbeit und bereits rückblickend, an J. HOOKER: »*Ich war so frappiert über die Verbreitung der Organismen auf den Galapagos-Inseln ... und über den Charakter der amerikanischen fossilen Säugetiere usw., daß ich mich entschloß, blindlings alle Arten von Tatsachen zu sammeln, welche sich in irgendeiner Weise auf die Frage beziehen könnten, was Spezies sind ... Endlich kamen Lichtstrahlen, und ich bin beinahe überzeugt (der Meinung, mit der ich an diese Frage herantrat, völlig entgegengesetzt), daß die Spezies nicht unveränderlich sind ...; mir ist, als gestände ich einen Mord ein.*«[182]

DARWINS Deszendenztheorie sei hier kurz mit den Worten E. KUHN-SCHNYDERS (1956) charakterisiert: »Der Erfolg dieser Theorie beruhte

188

wesentlich darauf, daß DARWIN zugleich eine Erklärung über die Ursachen des Umwandlungsprozesses der Arten geben konnte. Wie der Züchter das Variieren der Arten benützt und die ihm passenden Individuen ausliest, um eine neue Spielart zu erhalten, so geht eine unbewußte Auslese in der Natur vor sich. Der künstlichen Zuchtwahl ... entspricht eine natürliche Zuchtwahl in der Natur. Hier übernimmt der Kampf ums Dasein die Rolle des Züchters. Dieser Prozeß führt (indirekt also!) zur Anpassung der Lebewesen an ihre Umwelt. Neben dieser Selektionstheorie zog DARWIN noch andere Erklärungsprinzipien heran«,[183] nämlich lamarckistische der aktiven Anpassung –, und es ist wichtig, sich also zu vergegenwärtigen, daß er durchaus kein einseitiger, nur der Selektionslehre zugeschworener Darwinist war, sondern daß es ihm in erster Linie um den dank seiner empirischen Arbeit zum Durchbruch gelangten Abstammungsgedanken ging und erst in zweiter Linie um den Modus der Entwicklung, also die Art und Weise des Verfahrens der Natur.

DARWIN selbst hat, obwohl er in der Paläontologie eine Stütze seiner Theorie wenigstens in allgemeiner Hinsicht sah, von deren Möglichkeiten nicht sehr hoch gedacht: *» Die edle Wissenschaft der Geologie«* — so schreibt er — *» verliert an Ruhm durch die außerordentliche Lückenhaftigkeit ihrer Urkunden. Die Erdrinde mit den in ihr ruhenden Überresten darf nicht als ein gefülltes Museum betrachtet werden, sondern nur als eine armselige, durch Zufall und in langen Zwischenpausen zusammengebrachte Sammlung. Die Entstehung der großen fossilführenden Formationen [ist nur] ... die Folge eines Zusammentreffens günstiger Umstände, und den leeren Zwischenräumen zwischen den aufeinanderfolgenden Schichten wird man eine lange Zeitdauer zusprechen.«*[182]

DARWIN und Geologie-Paläontologie

Die Paläontologie selbst war optimistischer, und sie hatte Grund dazu, zumal ja mindestens einige ihrer deutschen Vertreter die Tatsache der konkreten Entwicklung schon vor 1859 ausgesprochen hatten. Sie nahm DARWINS Theorie ruhig auf, es gab keinen Erdrutsch. Manche Paläontologen, die der Tatsache der Artwandlung selbst schon ganz nahe gekommen waren, blieben gegenüber DARWINS spezielleren Ausführungen über die Ursachen allerdings ablehnend oder zurückhaltend, so BRONN, der DARWINS Werk sogleich ins Deutsche übersetzte,[181] oder QUENSTEDT.

Und doch wirkte DARWINS Theorie als zündender Funke zu neuer Sicht und neuem Antrieb gerade in der Paläontologie. In England stellte sich LYELL in der 10. Auflage seiner ›Principles of Geology‹ ganz auf DARWINS Seite und übernahm damit die aktualistische Betrachtung, auf die er sein geologisches Werk begründet hatte, auch für die Geschichte des Lebens — woran auch ihn vorher das Bedürfnis nach scharf getrennten Leitfossilien sowie sein allzu strenger Uniformismus und sein Schöpfungsglaube gehindert hatten. Ein überzeugter Vorkämpfer der Theorie DARWINS, mit dem er auch in lebhaften Briefwechsel trat, wurde der

Zündender Funke

189

deutsche Paläontologe F. Rolle (Martin u. Uschmann 1969). In der Schweiz hatte L. Rütimeyer in seiner Baseler akademischen Antrittsrede 1856 gesagt, daß der stetige Fortschritt der organischen Schöpfung, obwohl er immer wieder aufgenommen werde, infolge von Umwälzungen der Erdrinde durch ›Risse‹ unterbrochen worden sei. In seiner Rektoratsrede 1867 dagegen spricht er nur noch von den Schwierigkeiten, die Auge und Geist haben, um die tatsächliche Kontinuität der doch getrennt vor sie tretenden fossilen Lebensformen zu erkennen, und weiter von den Schwierigkeiten, sie mit Hilfe der Linnéschen Nomenklatur zu erfassen, die auf unveränderliche Arten zugeschnitten sei.[184]

Zu dem letzteren Punkt ist zu bemerken, daß die Rettung der auf Linné zurückgehenden Taxonomie und Nomenklatur in eine von der Deszendenztheorie bestimmte Biologie und Paläontologie hinein immer wieder Verwunderung erregen muß. Ergeben sich taxonomische Grenzen doch nun eher aus der Liebe zu Ordnung und Tradition als aus der Natur, in der sich die Wandlung über Zeitgrenzen hinweg, wenigstens nach Darwin, fließend vollzieht.

Pferde-
Stammbaum

Nach 1858 galt es, einzelne Reihen der fossilen Überlieferung auf ihren stammesgeschichtlichen Zusammenhang zu überprüfen. Das tat Hilgendorf (1866)[185] für die tertiären Süßwasserschnecken von Steinheim a. Aalbuch. Das leitete Rütimeyer[185a] für die Säugetiere an tertiären Huftieren ein, und das setzte der russische Paläontologe W. Kowalewsky (1843–1883)[185b] fort, ein Schüler Haeckels. In seinen Arbeiten erfuhr, nun unter neuem Gesichtspunkt, Cuviers vergleichend-anatomische Methode in der Paläontologie eine neue Blüte und führte zur Aufdeckung fossiler Entwicklungsreihen in der lebensgeschichtlichen Vergangenheit. Die erste Konzeption des berühmten Pferdestammbaums, des später sogenannten Paradepferdes der Paläontologie, geht auf Kowalewskys Arbeiten zurück. Im Rückblick von heute aus müssen wir freilich

Postulierte
Kontinuität

sagen, daß er den Beweis der Kontinuität des stammesgeschichtlichen Zusammenhangs an dem ihm zur Verfügung stehenden europäischen Fossilmaterial gar nicht erbringen konnte. Denn die Pferde gelangten nur als Einwanderer gelegentlich nach Europa, während sich ihre zusammenhängende stammesgeschichtliche Entwicklung in Nordamerika vollzog.[186] Das europäische Material wäre also eigentlich eher geeignet gewesen, die ältere Theorie der diskontinuierlichen Neuschöpfung in aufsteigender Stufenfolge zu stützen. Wenn Kowalewsky trotzdem den Zusammenhang sah, so aus dem Apriori seiner darwinistischen Überzeugung heraus. Auch durfte er dort, wo sich Diskontinuitäten zeigten, die Lückenhaftigkeit natürlich einkalkulieren.

Lebenswissen-
schaft und ihr
totes Fundgut

Denn wir dürfen nicht übersehen: Das Ja zu einem stammesgeschichtlichen Zusammenhang, das in der Paläontologie schon vor 1859 da und dort deutlich ausgesprochen worden war, blieb auch jetzt, nach 1859, für die unter das Zeichen der Deszendenztheorie getretenen Paläontologen – mit einer Goethischen Formulierung – mehr eine Sache des Impulses als der Nötigung. War denn bei aller Bemühung der vergleichenden Anatomie, aller Verdichtung der vertikal sich folgenden fossilen Funde zu einer immer geschlosseneren Reihe, mehr zu machen als einen solchen Zusammenhang zu postulieren? Und weiter: War denn die Frage nach den Ursachen der stammesgeschichtlichen Veränderungen, zu der doch DARWIN vor allem Anstoß gegeben hatte, für die Paläontologie überhaupt sinnvoll? RÜTIMEYER (1867; s. Anm. 184) hat die Grenzen der Naturgeschichte – und er meint hiermit die Paläontologie – sehr vorsichtig abgesteckt: » *Ihr Objekt ist nicht das Werden, sondern, wenigstens zunächst, das Gewordene … Ihre Methode besteht daher auch nicht im Versuch, d. h. in der Anbahnung und Überwachung des Werdens, sondern lediglich in der Erfahrung und Kontrollierung und Beobachtung des Gewordenen.* « Und ihr Werkzeug dabei ist das Auge, dessen Wahrnehmungen den mannigfachsten Deutungen des Urteils unterliegen können.

Das sind enge, die Ursachenfrage dem Paläontologen entrückende Grenzen – ›wenigstens zunächst‹. Aber sollte sich nicht aus der Beobachtung und Registrierung des nacheinander Gewordenen doch ein Recht oder wenigstens eine Möglichkeit zur Stellungnahme auch in dieser Hinsicht ergeben? Mußte sich nicht das von DARWIN an rezentem Material meisterhaft erschlossene Geschehen auch im fossilen Fundgut mehr und mehr widerspiegeln, wenn eine intensivierte Forschung die großen Lükken zwischen den Lebensgruppen geschlossen und ihre Verwandlung von Art zu Art über fließende Mutationen endgültig aufgezeigt hätte? Und vor allem: Mußte sich nicht die Zweckmäßigkeit, die nach DARWIN alle organischen Formen kennzeichnete, auch an den fossilen Schalen und Skeletten augenscheinlich machen lassen, wenn man sie nicht nur als totes Fossilgut, sondern als lebendige Wesen in ihrer Umwelt zu verstehen suchte?

In der Tat, diese Zweckmäßigkeit war da – und nicht nur das: Vergleichende Anatomie und funktionelle Morphologie der fossilen Reihen ließen KOWALEWSKY das Werden der Zweckmäßigkeit, ihre sich steigernde Vervollkommnung erkennen. Was DARWIN von rezentem Material aus postuliert hatte, ließ sich sehen, aus der organischen Form ließ sich gar die Umwelt samt ihrem Wechsel erkennen. Niedere Zahnkronen altertümlicher Pferdeartiger wiesen auf Laubnahrung in Wald und Gebüsch, ein Lebensraum, dem manche Gruppe verbunden blieben; höhere Kronen vom mittleren Tertiär an wiesen auf härtere Nahrung kieselsäurereicher Gräser, die erst damals die Steppen zu begrünen begannen. Der sich verändernde Fußbau, das sich verbessernde Sprunggelenk ließen erkennen, daß diesen Pferden mit hohen Zahnkronen nun ›grünes Licht‹ zu immer rascherer Bewegung in die – vor allem nordamerikanischen – Grassteppen hinein gegeben war.[187]

Für den Rückblick, von uns aus, hätte sich nun eigentlich die Frage einstellen müssen, ob jene verschiedenartigen Pferde teils dank zufällig geringerer Veränderung im Wald bleiben mußten, teils dank zufällig stärkerer Variation der betreffenden Eigenschaften in die Steppe überwechseln konnten – oder ob die Invasion der Steppen dadurch erfolgte, daß sich die ihr zugewandten Gruppen in immer schnellerem Laufe, im Zermahlen immer härterer Nahrung übten und auf diese Weise immer vollkommenere Steppentiere wurden.

In der paläontologischen Literatur des ausgehenden 19. Jahrhunderts stellt sich diese Frage so aber eigentlich nicht. Sie wird sogleich – sowohl in der europäischen als in der eine große Tradition einleitenden amerikanischen Wirbeltierpaläontologie – in der zweiten Weise beantwortet: Anpassung durch aktiven Gebrauch, Vererbung der dabei erworbenen Eigenschaften und Fähigkeiten.

Woher kommt dieser Rückgriff der im Anschluß an DARWIN forschenden Paläontologen auf LAMARCK, dieser ›Neolamarckismus‹ der neueren Paläontologie? Man könnte darauf verweisen, daß DARWIN die lamarckistische Deutung selbst von Fall zu Fall durchaus gelten ließ. Im Jahre 1877 schrieb er an den Wiener Paläontologen MELCHIOR NEUMAYR, der ihm seine Arbeit über die Congerien des Wiener Beckens zugesandt hatte, sogar in ganz massiv (ja mehr als!) lamarckistischem Sinne: » *Nun läßt sich nicht mehr daran zweifeln, daß Arten durch direkte Wirkung der Umgebung modifiziert werden können.*«[188] Ein weiterer Grund

liegt sicher darin, daß die Theorie der aktiven Anpassung unserem menschlichen Denken sehr plausibel ist. In ihm erscheint die Natur wie der planende Mensch nicht als verschwenderische, sondern als planende, zielende, diplomatisch verfahrende Haushälterin. Das entspricht unserer Vernunft, unserer persönlichen Lebenserfahrung. Es entspricht auch der wirtschaftlichen Vernunft des 19. Jahrhunderts. Daß die Natur im Dienste der überpersönlichen Lebenserhaltung der Arten anders verfahre als der planende Mensch und diese Erhaltung durch das verschwenderisch-›zufällige‹ Zusammenspiel von Mutation und Selektion sichere, das ergab sich erstmals aus DARWINS gewissenhafter Empirie gegen die Vernunft, sicher auch gegen seine persönliche Vernunft: Denn er war selbst durchaus kein Mann des Daseinskampfes. Es ist ein Beispiel dafür, wie der Naturforscher vor der Sprache der Natur bescheiden zurückzutreten habe, und DARWINS persönliche Bescheidenheit paßt dazu.

Die Paläontologie konnte jenen Charakterzug der Verschwendung an ihrem Material, dessen von DARWIN bedauerte Lückenhaftigkeit sie erfolgreich zu schließen begann, nicht in gleicher Weise erkennen. Denn abgesehen von der stammesgeschichtlichen Kontinuität, die sich auch für sie mehr und mehr ergab, bekam sie in den nur ihr zugänglichen Zeiträumen der Vergangenheit anderes zu sehen, was DARWIN so nicht sehen

192

konnte: Anzeichen für Aufstieg, Blüte und erlahmend-alternden Niedergang großer Lebenseinheiten,[189] die in Zeiten starker Variabilität zu reicher Verzweigung gelangen, in späteren Zeiten aber durch erlahmende Variabilität dem Untergang entgegengehen konnten; weiterhin Anzeichen dafür, daß zumal vollkommen angepaßte, stark spezialisierte Zweige vom Untergang bedrohter sind als primitiver gebliebene, denen die Zukunft gehörte; auch ergab sich der Eindruck erstaunlich gerade gerichteter Formveränderungen mit lange Zeit gleichbleibender Entwicklungstendenz.

Wenn die darwinistische Lehre in ihrem engeren Sinne und nach ihrem üblichen Verständnis in der Fülle der lebendigen Gestalten nur ein mechanistisches Spiel kleiner Zufälle sah, so schien sich dem Auge des Paläontologen eine Lebensgeschichte zu enthüllen, die sich nach großen, ihr innewohnenden Regeln und im Erblühen und Wiedererlöschen überindividueller Einheiten vollzog. Das Leben schien sich dabei der Umwelt gegenüber aktiv sie meisternd zu verhalten und sich in der Eroberung des Landes, der Steppen, des Luftraumes, der Rückkehr ins Wasser und in tausendfachen kleineren Bezügen gleichsam selbst seine Aufgabe zu stellen. Aus solcher Anschauung der Regelhaftigkeit erwuchsen die sogenannten ›Gesetze‹ der Paläontologie: Das Gesetz des Unspezialisierten (law of unspecialized) von E. D. Cope, der sich reduzierenden Variabilität von D. Rosa, der Nichtumkehrbarkeit von L. Dollo, auch der Erweis des Haeckelschen Biogenetischen Grundgesetzes an fossilem Material. Depéret hat diese gesetzliche Paläontologie auf französischer Seite umfassend dargestellt, H. Osborn und O. Abel trugen dieses ›neolarmarckistische‹ Banner bis weit ins 20. Jahrhundert hinein.[190]

Der Begriff ›Neolamarckismus‹ ist dadurch gerechtfertigt, daß Lamarck selbst zwar in dieser Richtung gewiesen, aber noch nichts untermauert hatte. Auch von ›natürlichem‹ Aussterben der Arten oder größeren Einheiten, unabhängig von schädlichen Einflüssen der Umwelt oder des Menschen, war weder bei Lamarck noch bei Darwin die Rede.[191] Der Potenz des Lebens schien dort innerhalb der irdischen Zukunft keine Grenze gezogen zu sein. Steinmann als extremer Lamarckist glaubte in diesem Sinne gegen Ende des Jahrhunderts jeden Untergang einstiger Lebenskreise zugunsten ihres Weiterlebens in veränderten Gestalten – Ichthyosaurier in Walen, langhalsige Sauriern in Giraffen usw. – verneinen zu können.[192] Er setzte damit anstelle der sonst angenommenen Einwurzeligkeit (Monophylie) der Lebensgruppen – z. B. der Säugetiere – eine extreme Polyphylie.

Auch der Neolamarckismus herrschte selbstverständlich nicht mit Ausschließlichkeit. Es gab neben ihm schon um 1890 auch eine mehr ›darwinistische‹ Richtung, deren Wortführer M. Neumayr (›Stämme des Tierreichs‹ 1889) war. Er lehnt jeden Vitalismus ab, wie er sich mit dem larmarckistischen und neolamarckistischen Gedankengut oft verband, und bestreitet dementsprechend ebenfalls jeden ›inneren‹ Grund des Aussterbens, das auch er sich allein im Kampf der Lebenskonkurrenten ums Dasein – stets allmählich – vollziehen sieht.

Erst um 1890 meldete sich, nachdem MENDELS Werk unbeachtet geblieben war, auch die experimentelle Genetik zu Wort (DE VRIES).[193] Sie sprach einerseits für das Zusammenspiel der von ihr entdeckten Mutationen (DARWINS Varianten) mit der Selektion, ersetzte aber andererseits die von DARWIN angenommene kontinuierliche Artwandlung aufgrund sich erblich mischender durch sprunghafte Wandlung erblich unabhängiger Merkmale. Angesichts der nach wie vor diskontinuierlich erscheinen

den Fossilüberlieferung – nicht nur der von L. WAAGEN (1869) ebenfalls Mutationen genannten sprungartigen Abfolge jurassischer Ammoniten-Arten – erhob sich die Frage, ob die Paläontologie in den nur ihr zugänglichen Zeiträumen nicht auch größere Diskontinuitäten der organischen Entwicklung erfassen und daraus auf andere, der Kürze der Gegenwart nicht erkennbare Ablaufsformen und Faktoren schließen könne. Phasen der Ruhe z.B. oder gesteigerter Aktivität in dem millionenjährigen Zusammenspiel zwischen Leben und Umwelt vermag ausschließlich die Paläontologie zu erkunden. Die nur ihr sichtbaren ›stammesgeschichtlichen Gestalten‹,[193a] immer neu vom Werden zum Vergehen, bleiben unabhängig von der Deutung reale Erscheinungen, ohne die das nur

experimentell erlangbare Bild höchst unvollständig wäre. Man braucht sich nur einmal einen Augenblick vorzustellen, daß der Glücksfall der Überlieferung des Lebens aus vergangenen Jahrmillionen nicht gegeben wäre, um zu ermessen, wieviel der Lebensforschung dann fehlte!

In Deutschland hat vor allem O.H. SCHINDEWOLF (1896–1971) an Beispielen wie den fossilen Cephalopoden, zumal den Ammoniten, oder an den erdmittelalterlichen Sauriern darauf hingewiesen, daß ihr Gesamtbild im Rückblick dem Lebensgang eines ›stammesgeschichtlichen Großindividuums‹ von der ›Geburt‹ (einer anfangs explosiven Entfaltung) über eine kontinuierliche, wenngleich von Krisen unterbrochene Fortentwicklung zum ›Alter‹ mit seinen Auflösungserscheinungen und endli

chem Zerfall gleiche. Wenn freilich SCHINDEWOLF (1950) im Rahmen dieser ›Typostrophentheorie‹ für die jeweilige ›Geburt‹ besondere Großmutationen annahm, die unmittelbar von Ordnung zu Ordnung, von Klasse zu Klasse führten (›der erste Vogel entsprang einem Reptilei‹), so ließ sich dagegen wiederum die Lückenhaftigkeit der Überlieferung, aber auch die Möglichkeit geltend machen, daß eine normale Kleinmutation sich als – erst im Rückblick erkennbare – Schlüsselmutation für eine umfangreiche Neuentwicklung auswirke.[194] Am Beginn der Ammoneen aus den Bactriten mit noch gerader Gehäuseröhre lassen sich eigentlich nur solche kleinen tastenden Änderungsschritte erkennen.[195] Auch SCHIN-

194

DEWOLF hielt in seinem letzten Lebensjahrzehnt nicht mehr daran fest, daß das aus dem fossilen Befund sich ergebende Erscheinungsbild den der Rezentgenetik allein bekannten Kleinmutationen widerspreche.

Gegentheorie des Typostrophismus war in Deutschland und vor allem in den USA, wo er unverdient wegwerfend behandelt wurde, die neodarwinistische Synthetische Theorie der ›additiven‹ Evolution, die alle Entwicklung ›gradualistisch‹ durch ausschließlich kleine Mutationsschritte erklärt.[196] Nach SCHINDEWOLFs Tod kam in Amerika aber plötzlich das ›punktualistische‹ Modell auf (GOULD u. ELDREDGE 1977, STANLEY 1983),[196a] nach dem neue Arten in isolierten Kleinpopulationen infolge nur hier sich rasch durchsetzender Mutationen und Genrekombinationen entstehen. Am fossilen Befund führt das, weil der engbegrenzte Entstehungsraum meist unbekannt bleibt, zu scheinbar übergangsloser Verdrängung der unterlegenen Ausgangsart, während solch höffige Kleinpopulationen in der rezenten Vogelfauna durch E. MAYR seit 1942 bekannt sind und neuerdings in Krater-, ja sogar künstlichen Stauseen unerwartet rasche Artbildung beobachtet werden konnte. E. MAYR hielt dabei gradualistisch an nur kleinen Schritten innerhalb solcher Beschleunigung fest, während ELDREDGE und GOULD — ganz wie SCHINDEWOLF — auch mit plötzlich zu überartlichen Einheiten führenden Makromutationen rechnen. Artbildung (oder auch mehr) ist demnach an Isolierung kleiner von großen Populationen und damit Abzweigung gebunden, während unverzweigt durch die Zeit laufende Linien eine nur sehr langsame Abänderung zeigten, weil sich genetische Änderungen in einem großen Genpool nur schwer durchsetzen können. Lebende Fossilien lassen sich dann als Endglieder unverzweigter Linien verstehen. Soweit sich erkennen läßt, ist das ein den Neodarwinismus bedeutsam modifizierendes, aber keineswegs aufhebendes Konzept; die Auslese allerdings wird dabei von einem an Kleinstmutationen kontinuierlich zu einem an größeren Mutationen nur diskontinuierlich wirksamen Faktor.

Daneben aber gibt es auch gewichtige Stimmen für artliche, ja gattungsmäßige Wandlung ohne Verzweigungsgeschehen, sei es kontinuierlicher (FAHLBUSCH 1983)[196b] oder auch hier diskontinuierlicher Art (WAAGEN s. o.). Die Unterscheidung fossiler Arten dieser oder jener Entstehung dürfte schwierig bleiben und auch die Beschränkung des Begriffs ›Chronospezies‹ auf unverzweigte Linien scheitern.

Ähnlich wie der Punktualismus beschränkt auch die von W. HENNIG (1950)[197] begründete Kladistische Methode die Artbildung auf Gabelungspunkte. Sie erhebt den Anspruch, über Kladogramme (Verzweigungsdiagramme, Abb. 39) zu einer daraus ablesbaren und zwar eindeutigen ›Konsequent-phylogenetischen Systematik‹ zu führen. Die nicht-kladistische traditionelle Methode lasse demgegenüber jeweils mehrere Möglichkeiten offen. Das stimmt theoretisch. In praxi aber ringt auch die

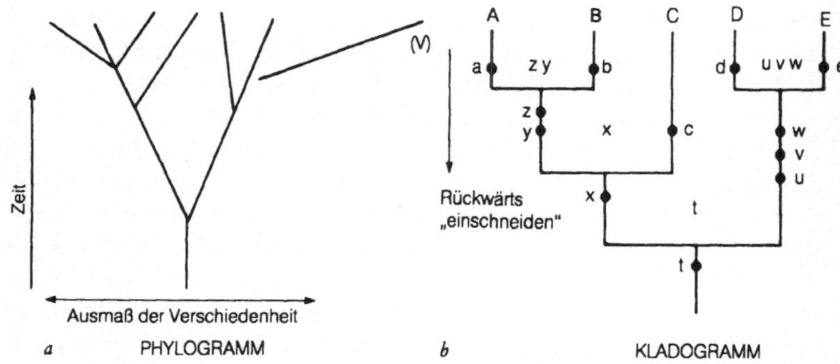

Abb. 39. *a* Das traditionelle Phylogramm, demgemäß die stammesgeschichtliche Verzweigung (nicht immer nur einfache Gabelung) am fossilen Material von unten nach oben erschlossen wird und auch die Zeit sowie die zunehmende Verschiedenheit in die Darstellung eingehen. *V* Vögel mit unsicherem Anschluß an die Saurier und starker Abwandlung.

b Das Kladogramm. Aus je einem abweichenden (apomorphen) Merkmal *(A, B; D, E)*, im übrigen aber übereinstimmenden von der Stammart überkommenen Merkmalen *(y, z; u, v, w)* wird unter dem Postulat, daß die Evolution ausschließlich auf dem Wege einfacher Gabelung erfolge, auf immer ältere Stammarten bzw. -gruppen zurückgeschlossen. *t* und *x* eignen als ›plesiomorphe‹ Merkmale allen Nachkommen, nehmen aber in ihrer Aussagekraft immer mehr ab.

Kladistik meistens mit mehreren Möglichkeiten, weil die Unterscheidung der sogenannten plesiomorphen (älter angelegten) und apomorphen Merkmale schwierig ist und oft genug der persönlichen Entscheidung unterliegt. Der Streit darüber, ob eine rein phylogenetisch begründete Systematik überhaupt möglich sei oder ob der Weg nicht immer zunächst über eine vorwiegend morphologisch begründete Systematik zur Phylogenie führe, ist alt (W. ZIMMERMANN und W. HENNIG gegen SCHINDEWOLF, A. REMANE und E. MAYR). In der umfangreichen diesbezüglichen Literatur finden sich beide Standpunkte plausibel vertreten, was darauf schließen läßt, daß es sich nicht um ein Entweder-Oder handelt, sondern daß sich Systematik und Phylogenie hin und her verzahnen.

Die Paläontologie ist mit der kladistischen Methode (von deren interne Problematik hier abgesehen; der Paläontologe glaubt neben Abzweigungen und Gabelungen auch Radiationen zu kennen!) und damit mit einer rein phylogenetisch bestimmten Systematik überfordert. Es ist ihr nur selten möglich, eine Gruppe auf eine Wurzelart zurückzuführen und sie monophyletisch abzusichern. Wir Paläontologen tun oft genug schwer, die einzelnen vertikalen Entwicklungslinien zu erfassen, und müssen uns nicht selten, vorerst wenigstens, mit horizontalen Gruppierungen begnügen, arbeiten also notgedrungen oft mehr anagenetisch-

196

typologisch als genealogisch. Deshalb sehen wir oft mehrere Lösungsmöglichkeiten eines phylogenetischen Problems und suchen uns, diese
abwägend, der genealogischen Linienführung anzunähern.

In diesem Zusammenhang ein Wort zur ›typologischen‹ Arbeitsweise
als einem an die Paläontologie häufig gerichteten Vorwurf. Es ist ganz
klar, daß für den Paläontologen, dem Populationen nur in günstigen Fällen vorliegen und der es nicht selten gar mit Einzelfunden zu tun hat,
zunächst oft Charakterisierung und Unterscheidung von Typischem am
Beginn seiner Arbeit steht (SCHINDEWOLF 1969).[198] Diese Betrachtung
verbindet sich für ihn aber, allen Behauptungen von anderer Seite entgegen, keineswegs mit der Meinung, seine Arten seien unveränderliche
Wesenheiten auf dem Hintergrund platonischer Ideen! A. NAEF, der
wegen seines Bekenntnisses zur Idealistischen Morphologie häufig ins
Licht eines Gegners der Deszendenztheorie gerückt wird, hat geschrieben: » *Von einer Gegnerschaft zur Deszendenztheorie überhaupt, das sei hier
ausdrücklich festgestellt, kann dabei gar keine Rede sein. Von derselben sind wir
vielmehr ausgegangen und werden auch zu ihr zurückkehren.*« Er hielt jedoch
die Selbständigkeit der reinen oder historischen Morphologie gegenüber
der Stammbaumforschung dort für geboten, wo die geneologischen
Linien der Blutsverwandtschaft nicht oder noch nicht zu ermitteln sind.[198]

Die Paläontologie kann wegen ihrer weitgehenden Beschränkung auf
Hartteile lange nicht alle Bereiche der Evolution überstreichen, z. B.
weder die so wichtigen Merkmale der Weichkörper-Organisation noch
etwa den Wurzelbereich der großen Invertebraten-Gruppen. Es ist deshalb
begrüßenswert, daß die Arbeitsgruppe um W. F. GUTMANN am Senckenberg-Museum mit Hilfe theoretisch erschlossener Modelle in dieses
Dunkel vor- oder richtiger zurückzudringen sucht.[199] Grundthese ist
dabei, daß man zur Erklärung jeder Skelettbildung von dem ihr zugrundeliegenden Weichkörper auszugehen habe, d. h. einem Hydroskelett oder
›Pneu‹, in dem sich Hartmaterial ausschließlich an funktionell bereits
ruhig gestellten Partien bilden könne. Daraus sowie aus dem allen morphologischen Änderungen zugrunde gelegten Ökonomieprinzip ergäben
sich modellhafte Ableitungen z. B. erster gepanzerter Fische aus einer vorangehenden, nur zum Schlängeln befähigten Wurmkonstruktion oder die
Widerlegung der verbreiteten (paläontologisch freilich keineswegs ausschließlich vertretenen) Ansicht, daß die kiefertragenden Fische (Gnathostomen) einst direkt aus den noch kieferlosen Agnathen hervorgegangen
seien. Diese Methode bedeutet sicher eine wichtige Ergänzung der in der
Regel allein auf Hartteile angewiesenen paläontologischen Forschung.
Schwer verständlich klingt aber die Behauptung, daß es sich hierbei um
eine den Darwinismus ablösende, revolutionär neue Theorie handle,
während man darin doch auch einfach seinen weiteren Ausbau sehen
kann. Auch der dabei besonders betonte Zwang zu stetiger organismenin-

nerer Korrelation im Evolutionsgeschehen wurde doch auch vom Darwinismus stillschweigend als Selbstverständlichkeit vorausgesetzt, obwohl man der Anpassung unter dem Einfluß äußerer Selektion in seinem Rahmen die größere Beachtung geschenkt hat und das nähere Studium der inneren Korrelation durchaus geboten erscheint. Unverständlich bleibt der weitgehende Unfehlbarkeitsanspruch und die Ablehnung der auf den Zeitfaktor und die Homologienforschung begründeten, selbstverständlich vorwiegend auf Hartteile angewiesenen paläontologischen Arbeitsmethoden. An die Stelle der Homologienforschung soll Funktionsanalyse treten, weil alle Übergangsformen ja funktionstüchtig gewesen sein müßten – was sicher niemand bezweifeln wird.

Im übrigen bedürfe es heute keiner Neufunde mehr, sondern nur neuer theoretischer Begründung. Solch erkenntnistheoretischer Angriff kommt von dem Philosophen K. R. POPPER, der das induktive Verfahren überhaupt negieren zu können meint. Er räumt jedoch im Vorwort seiner ›Logik der Forschung‹[200] milde ein, daß sich der Fachwissenschaftler in seinem Fachgehäuse durchaus auch ohne die philosophische Reflexion bewegen dürfe, die den Philosophen aufgetragen sei. Ob freilich bei solcher Haltung naturwissenschaftliche Ergebnisse von philosophischer Seite ernstgenommen zu werden brauchen und ob die auch dem Naturwissenschaftler wichtige Wahrheitssuche dabei nicht ins Zwielicht gerät, sei dahingestellt. Gewiß kann theoretische Erkenntnis über die reine Erfahrung hinausgehen (VOLLMER 1981);[201] aber gerade deshalb hat jene sich immer wieder an den Erfahrungstatsachen zu messen, die wir Paläontologen – eine nicht gering zu achtende Kunst! – beschreiben und die umgekehrt auch ihrerseits stets mehr sind als die Theorie. Aus historischer Sicht muß allerdings auf die stets zeitbedingte Fragwürdigkeit neuer Thesen und auf die häufige Wiederkehr schon ad acta gelegter Auffassungen hingewiesen werden.

POPPER, der naturwissenschaftlichen Problemen gegenüber durchaus aufgeschlossene KANT unserer Tage, hat auch den Darwinismus insgesamt einer – wiederholten und dabei nicht immer widerspruchsfreien – Kritik unterzogen. Er ordnet ihn unter den Begriff des Hypothetikodeduktionismus (›hypotheticodeductionism‹) ein. Soweit dieses Wort seiner Philosophensprache erkennen läßt, entspricht DARWINS Evolutionstheorie demnach nur einer von Deduktionen abgeleiteten Hypothese. Wissenschaftler, so meint POPPER, stellen immer zuerst Hypothesen auf, die sie dann an Beobachtungsdaten prüfen.

Es sei nicht bestritten, daß es das gibt und daß daraus, wenn sich eine intuitiv gefaßte Hypothese später als richtig erweist, Bedeutendes ergeben kann. Es fragt sich aber, ob das auf die Schlußfolgerungen aus jener Faktensammlung zutrifft, die DARWIN in Jahrzehnten erst auf Reisen und dann in Arbeitszimmer und Garten seines Downhauses mühevoll zusam-

198

mengebracht hat – oder ob hier nicht doch die ältere Weisheit
ISAAC NEWTONS in seinen ›Principia‹ gelte: »In der experimentellen Philosophie [hier in erweitertem Sinne für Naturwissenschaft] werden von
den Phänomenen bestimmte Folgerungen abgeleitet und danach zu allgemeinen Aussagen erweitert«. Bis vor kurzem pflegte man nicht daran zu
zweifeln, daß naturwissenschaftliche Erkenntnisse insbesondere auf dieser
Methode beruhen – in stetem Zusammenspiel freilich mit dem deduktiven Verfahren; denn jedes induktiv gewonnene, in Erwartung möglicher
neuer Befunde grundsätzlich nicht endgültige Ergebnis kann auch seinerseits wieder zur Basis einer weiterführenden Deduktion werden.

20.6 Der fossile Mensch und seine Herkunft

> *Der Menschen ältere Brüder sind die Tiere.*
> JOHANN GOTTFRIED HERDER 1784
>
> *Als Pflanze und Thier war der Mensch also vollendet*
> *Auch seine Vernunft hatte schon von fern angefangen, sich*
> *zu entfalten.*
> FRIEDRICH SCHILLER 1791[202]

Im Rahmen der allgemeinen Sintfluttheorie waren menschliche Reste
zusammen mit anderen Fossilien zu erwarten. Dem entspricht SCHEUCHZERS Deutung des Öhninger Lurchs *Andrias* als in der Sintflut umgekommenen Menschen (S. 167). J. A. DE LUC (1782) und G. CUVIER (1812)
bestritten aber die Möglichkeit menschlicher Fossilfunde, weil die einstigen menschlichen Wohnstätten von der Sintflut zerstört worden seien
und heute unter den Meeren lägen. Der Mensch
in der Sintfl

BUCKLAND meinte seit 1821, das Fehlen menschlicher Reste in Lagerstätten pleistozäner Fossilien konstatieren zu können und schloß daraus
auf eine schon lange vor der Erschaffung des Menschen untergegangene
ältere Schöpfung (S. 56). C. E. A. v. HOFF schrieb dagegen noch 1834, daß
es der Weisheit des Schöpfers widerspreche, sich den Menschen jemals
›von diesem herrlichen Wohnplatze‹ der Erde ausgeschlossen zu denken. Vormenschl
che Schöpfu

Der beherrschende Einfluß E. DE BEAUMONTS, der an katastrophalen
Untergängen und jeweils völliger Neuschöpfung festhielt, führte bei der
Académie Française zu jahrzehntelanger Nichtachtung der Funde des
erfolgreichen belgischen Höhlenforschers PH.-CH. SCHMERLING sowie des
Franzosen J. BOUCHER DE PERTHES, eines berühmten Autodidakten, der
allerdings auch mancher Fälschung auf den Leim ging, wie das alles
PFANNENSTIEL (1972) dramatisch dargestellt hat. Nicht besser erging es
E. A. LARTET, der 1864 die Mammutgravur von La Madeleine im Vézèretal als Zeugnis der künstlerischen Größe des frühen Menschen ans Licht Lastende
Autorität

hob. Ein Sinneswandel auch in der Französischen Akademie kehrte erst ein, nachdem CH. LYELL, A. v. HUMBOLDT u.a. dem Nachweis des fossilen Menschen durch jene so lange verkannten Männer längst zugestimmt hatten.[203]

Zu der Frage nach der Existenz eines vorzeitlichen Menschen gesellte sich die nach seiner Herkunft.

LINNÉ konnte bei der Betrachtung des menschlichen Körpers » *schwerlich ein einziges Merkmal finden, wodurch der Mensch vom Affen unterschieden werden kann, es sei denn die Hauzähne.*« Trotzdem galt ihm der Mensch als vom Tier unabhängige Schöpfung. Sein Begriff der unveränderlichen Art ließ noch den jungen DARWIN vor dem Gedanken einer Veränderung der Arten zurückschrecken.

GOETHE war von einer ideellen, Tier und Mensch umfassenden Einheit überzeugt und über seine Entdeckung des Zwischenkieferknochens auch in einem Säugetierschädel deshalb beglückt (1784).[204]

H. STEFFENS, ein Schüler WERNERS wie SCHELLINGS, schrieb 1801, die »Natur stieg die Stufenleiter des Organischen allmählich hinauf.« Nach TAUSCHER (1818) hat sich » *der physische wie der geistige Mensch ... im tierischen Organismus allmählich veredelt und gleichsam heraufgebildet*«. Nach J.G.J. BALLENSTEDT (1819) hat sich auch der Mensch in ›fortdauernder Schöpfung‹ ›allmählich entwickelt‹. Ideell gedachte Stufenfolge und realkörperlicher Zusammenhang lassen sich in den Formulierungen des frühen 19. Jahrhunderts nicht immer klar trennen.

L. OKEN sagte vor der Versammlung deutscher Naturforscher und Ärzte in Berlin 1828 im Sinne der romantischen Naturauffassung: » *Die Thiere betrachte ich als Abweichungen des Menschen.*«[205]

Bei den entsprechenden Versammlungen der Fünfzigerjahre trat aber der Gedanke an den realen Zusammenhang zwischen Tier und Mensch hervor, wie ihn schon LAMARCK (1809) durch Anpassung unter dem Zwang der Umwelt geäußert hatte, so 1851 aus dem Munde des Altonaer Arztes H.P.D. REICHENBACH: » *Der Boden, auf welchem der erste Mensch entstand, war ein Thier, seine erste Mutter ein Thier und die erste Nahrung seines Mundes die Milch von Thieren*« – eine Äußerung, die damals in der ›Neuen Preußischen Zeitung‹ mit Hohn und Spott bedacht wurde. Für reale Deszendenz sprach sich 1858 in Karlsruhe auch H. SCHAAFFHAUSEN aus. CH. DARWIN stieß also mit dem so vorsichtigen Satz » *Licht wird auch fallen auf den Ursprung des Menschen und auf seine Geschichte*« in seiner ›Entstehung der Arten‹ (1859) einerseits offene Türen ein, lieferte aber zugleich erstmals eine fundierte Theorie der Gesamtevolution einschließlich des Menschen.

Die 1958 gelungene Entlarvung des › *Eoanthropus dawsoni* ‹ aus Sussex in Südengland als eine gerissene Fälschung unseres Jahrhunderts bedeutete für die menschliche Abstammungslehre eine starke Entlastung von

200

einem ihren Erwartungen widersprechenden, lange Zeit rätselhaften Fossilfund.[206]

Schließen wir mit R. v. KOENIGSWALD (1955):[206] » *Erst merkwürdig spät* Fazit *hat der Mensch in seinem Drange nach Erkenntnis die Erde, auf der er steht, mit seinen Fragen belästigt. Und die Antwort, die er auf die Frage: Woher komme ich? Wer ist der Mensch? erhielt, hat ihn zwar um einige Illusionen ärmer gemacht, ihm aber dafür das Wissen um seine Vergangenheit erschlossen, die gewaltiger ist, als er es je hat träumen können. Denn es zeigt sich, daß die Geschichte des Lebens auch seine Geschichte ist und daß er, der sich einzigartig und isoliert wähnte, durch tausend Bande mit dem Lebendigen organisch verknüpft ist.«*

Noch bis gegen die Mitte unseres Jahrhunderts sah es die Paläontologie als ihre selbstverständliche Aufgabe an, nicht nur den Ablauf der Evolution zu erforschen, sondern auch an der Erforschung der zugrundeliegenden Faktoren teilzunehmen. Anspruch und Aktivität dieser Art leiteten sich davon her, daß die meisten Paläontologen aufgrund der Befunde an fossilem Material (Reihen fortschreitender Anpassung, orthogenetische Reihen) dem Neolamarckismus anhingen. Das heißt, sie waren überzeugt, daß die Organismen über eigene (endogene) Kräfte der Anpassung und gerichteten Evolution verfügten, auch wenn diese Kräfte noch unbekannt waren.

Seit den Vierzigerjahren beugten sie sich aber zunehmend dem Neodarwinismus, der als Synthetische Theorie der Evolution in der Rezentbiologie und Genetik zu alleiniger Herrschaft gelangt war. Demnach sind die Organismen rein passiv den zufälligen Mutationen und der sie siebenden Auslese durch die Umwelt unterworfen. Damit geriet aber auch die Paläontologie in eine nur noch passive Rolle, weil das fossile Material dazu nichts auszusagen vermag.

Mit der Molekularbiologie, die sich mit dem Neodarwinismus verbündete, ließ auch das Interesse für den historischen Aspekt der Evolution, also für die ureigenste Domäne der Paläontologie, nach.

Freilich fehlt es auch innerhalb der Biologie, Kybernetik und Molekularbiologie nicht an Stimmen, die den Neodarwinismus für einen unzulässigen Reduktionismus halten und ihm unbegründete Selbstsicherheit vorwerfen.[207] Die Paläontologie kann zu dieser verwirrenden Problematik keine unmittelbaren Beiträge liefern. Ihr Schrifttum sollte sich deshalb in der Faktorenfrage zurückhalten, so sehr sie auch daran interessiert ist. In dieser Situation sieht sie sich wieder auf die ihr allein eigenen und auch in Zukunft unerschöpflichen Forschungsfelder zurückgewiesen: die Systematik und Biologie fossiler Organismen, das Erscheinungsbild und den historischen Ablauf der Evolution in der Erd- und Lebensgeschichte. Aus dem dabei erarbeiteten Fundus allerdings wird sie von anderer Seite kommende Antworten zur Faktorenfrage auch künftig kritisch zu prüfen haben.

Zu dem gegenwärtigen Aufgabenkreis der Paläobiologie gehört vor allem auch das Studium biogeographischer Verschiebungen im Lichte der Plattentektonik, die ihrerseits auf die paläontologische Datierung der

Tiefseesedimente mit angewiesen ist. Und es gehört die bei Untersuchungen an fossilem Material schon immer mitschwingende, in den letzten Jahrzehnten aber stark intensivierte Erforschung fossiler Lebensgemeinschaften und ihres Milieus (Biotops) dazu – auch Biotope entwickeln sich, zeigen Evolution! – aber auch der Organisation des fossilen Lebewesens, die es in funktions- und konstruktionsmorphologischer Hinsicht zu der besonderen Einpassung in seine Umwelt befähigte oder ihm bei deren Veränderung hinderlich wurde. Hieraus ergibt sich der Auftrag, aus dem Erfahrungsschatz vergangenen Lebensgeschehens maßgeblich zum Verständnis der gegenwärtigen irdischen Lebenskrise ›sub specie generis humani‹ und zu deren Steuerung beizutragen.

Zu den Gegenwartsaspekten gehört auch der Einzug der Elektronischen Datenverarbeitung in Geologie und Paläontologie. Um auch davon noch ein Beispiel zu geben – da auch heutige Forschung schon morgen wieder Geschichte sein wird – bedurfte es eines jüngeren Verfassers, der im folgenden letzten Kapitel zu Wort kommt. Ich freue mich, ihn in einem damals erstsemestrigen Paläontologie-Hörer meines letzten Amtsjahrs an der Universität gefunden zu haben, der dann unter der neuen Ägide von Professor Friedrich Strauch den ›Schritt in die Moderne‹ tat.

22 Hilfsmittel Computer

– Zur jüngsten Geschichte der Geologie/Paläontologie –
von PETER PAUL SMOLKA, Münster

Schon zu Beginn dieser kurzen Geschichte der Geologie und Paläontologie hat sich gezeigt, daß beide Disziplinen eng zusammenhängen. Die Deutung der fossilen Glossopetren durch NICOLAUS STENO zog eine erste Impression historisch-geologischer Art nach sich. Später stützte der Wechsel der Fossilien im Profil die katastrophische Deutung der Erdgeschichte. Umgekehrt ließ die Untersuchung der Schichtgesteine auf die einstigen Lebens- und Todesbedingungen der fossil überlieferten Organismen schließen.

Diese methodische Nähe zeigt sich auch in der jüngsten, auf EDV-Einsatz beruhenden Entwicklung. Nach einem kurzen methodischen Exkurs soll im folgenden ein Beispiel quantitativer Paläontologie gegeben werden, bei dem es u.a. darum geht, das Verteilungsmuster einer heutigen Artengemeinschaft im Atlantik in Beziehung zu entsprechenden fossilen Mustern zu setzen und daraus Schlüsse geologischer und paläontologischer, insbesondere auch klimatologischer Art zu ziehen.

Wir sehen an diesen Dingen, daß angewandte Geologie und Paläontologie sich z.T. nur noch durch die Bezeichnung ihrer Forschungsobjekte unterscheiden. Die Kürze des zur Verfügung stehenden Raumes zwingt zu Auswahl und Zusammenfassung. Der auf dem Feld der Computergeologie Tätige möge manche Lücke und vor allem Vereinfachung deshalb entschuldigen.

Dennoch wird versucht, einiges von der in der Computer-Geologie/Paläontologie üblichen Denkweise zu verdeutlichen, sodaß Leser, die die Geschichte der Geologie noch mitgestalten, Anregungen beziehen können. Alle im folgenden genannten Systeme und Programme (außer T21) sind übrigens erhältlich, und zwar von der Arbeitsgruppe für Computer-Geologie am Geologisch-paläontologischen Institut der Universität Münster (Ltg. Prof. Dr. F. STRAUCH).

Wie in anderen Bereichen auch, wurde Datenverarbeitung zunächst zum Sichten und Ordnen großer Datenbestände, sowie deren (graphischer) Darstellung verwendet (Zeichnen von seismischen Profilen, Bohrungen, Logs, Fossiltabellen etc.). Der nötige apparative Aufwand und die Notwendigkeit, in Neuland vorzustoßen, brachten es mit sich, daß dieser Teil der Grundlagenforschung nicht von akademischer Seite betrieben wurde, sondern von den großen Erdölfirmen (schon Ende der 60er Jahre).

204

Da Deskription stets der weiteren wissenschaftlichen Auswertung dient, war die nächste Konsequenz die, in diesen Datenmengen Gesetzmäßigkeiten zu erkennen. Mathematische Modelle, geometrische Methoden (z.B. die Faktorenanalyse) und Methoden, die den ›Zufall‹ verwenden, hielten Einzug in die Geologie/Paläontologie.

An diesem Punkt ergaben sich einige Probleme, die von älteren Kollegen oft intuitiv erkannt (aber leider überbewertet wurden), von jüngeren Kollegen zwar gesehen, aber oft ignoriert wurden:

Mathematische Verfahren machen oft Vereinfachungen nötig. So ist es z.B. möglich, daß bei einem manuell erstellten Isolinienplan (nur um ein einfaches Beispiel zu nennen), ›die 10er Linie immer die 10er Punkte trifft‹, und zwar auch dann, wenn die Daten sehr inhomogen verteilt sind. Übliche, auf einem mathematischen Ansatz beruhende Programme können das nicht oder zeigen in den Flächen zwischen den Punkten oft erhebliche Oszillationen. Fälle wie diese zeigten scheinbar, daß menschliche Fertigkeit nicht auf Maschinen zu simulieren ist.

Dazu folgen nun einige Sätze.

1. Modelle

Modelle sind i.d. Regel vereinfachte Abbildungen der Wirklichkeit unter Verwendung mathematischer Formeln. Hierbei wird versucht, die Zusammenhänge mit wenigen Gleichungen näherungsweise zu beschreiben. Da sowohl die Gleichungen wie die Daten i.d.R. unvollständig sind, ist es vor der eigentlichen Vorhersage oft nötig, die das Modell steuernden Variablen so lange sinnvoll zu verändern, bis eine bekannte Situation richtig ›vorhergesagt‹ wird. Wird das Modell anschließend für Vorhersagen angewandt, die hinsichtlich ihrer Rahmenbedingungen grundsätzlich vom Kalibrierungsfall abweichen, so können die Ergebnisse u.U. völlig falsch sein.

Bei solchen Modellen wird davon ausgegangen, daß der zu modellierende Vorgang grundsätzlich physikalisch beschrieben werden kann, aus Gründen des zur Zeit begrenzten Verständnisses, sowie aus Gründen der Rechnerkapazität oder unzureichender Kenntnis der Daten aber Vereinfachungen vorgenommen werden.

In der Paläontologie werden o.g. Modelle in Ermangelung der Kenntnis physikalischer Zusammenhänge i.d.R. sehr selten angewandt.

2. Verfahren, die den ›Zufall‹ mit einbeziehen

Anders ist es, wenn der ›Zufall‹ eingeführt wird. Hierbei *kann* der Zufall als derzeit bestmögliche Beschreibung eines an sich deterministischen Prozesses angesehen werden, dessen Zusammenhänge wir nicht kennen oder meßtechnisch nicht erfassen können oder wollen. Ein Beispiel soll dieses erläutern: Um die Temperatur eines Luftpakets in 10 km Höhe im

Rahmen der Meßtechnik vorherzusagen, ist für eine kurzfristige Vorhersage (1 sec) die Kenntnis einiger Parameter der unmittelbaren Umgebung erforderlich, für eine langfristige Vorhersage (einige Tage bis Wochen) z.T. schon die Kenntnis der Verteilung der Wassertemperatur in 10 m Tiefe. Wenn in so einem Fall Zufallsprozesse eingeführt werden, sind sie das derzeit bestmögliche Hilfsmittel, an sich deterministische Prozesse zu beschreiben (nicht: zu verstehen), und aufgrund dieser Beschreibung Vorhersagen zu treffen.

Aus diesem Grund wird häufig folgender Ansatz gewählt:

1. Es werden Gesetzmäßigkeiten ›vermutet‹.
2. Es wird durch die vorhandenen Daten geprüft, ob diese Gesetzmäßigkeiten die Daten gut beschreiben. Was durch die Gesetzmäßigkeiten nicht beschreibbar ist, wird als ›Zufallsanteil‹ angesehen.
3. Es wird geprüft, ob innerhalb vorher festgelegter Unsicherheitsgrenzen die durch die Gesetzmäßigkeiten gemachten Aussagen zutreffen, oder ob die Aussagen auch durch die anderen Gesetzmäßigkeiten (den ›Zufallsanteil‹) erklärbar sind.

Wird korrekt gearbeitet, so lassen sich auf diese Weise auch komplexe Sachverhalte quantitativ beschreiben und ist es möglich, mit den gefundenen Gleichungen für unbekannte Situationen ›Vorhersagen‹ (z.B. für die Vergangenheit) zu machen.

Zwei Dinge werden jedoch oft außer acht gelassen:

1. Die Gleichungen *beschreiben* einen Sachverhalt. In der Regel ist der Sachverhalt damit noch nicht verstanden.
2. Außerhalb des Datenbereiches, in dem die Gleichungen gewonnen wurden, können ganz andere »Gesetzmäßigkeiten« herrschen. Extrapolationen beinhalten also immer auch eine Spur Abenteuer.

Fehlvorhersagen u.a. aufgrund der Nichtbeachtung o.g. Limitationen, haben zuweilen zu der Auffassung geführt, daß ›Erfahrung‹ durch nichts zu ersetzen ist.

Deshalb geht ein jüngerer Zweig der Computer-Geologie dahin, sich klarzumachen, was im menschlichen Hirn abläuft, wenn ›Erfahrung‹ ins Spiel kommt, und die zur jeweiligen Problemlösung relevanten Prozesse auf Maschinen zu emulieren. Falls nötig, werden dabei auch komplexere Formeln verwandt, falls nicht ggf. auch nur wenn → dann – Ketten und die vier Grundrechenarten. Systeme wie z.B. »ISO/9 – das System zur Herstellung perfekter Isolinienpläne« (zur Lösung des o.g. Isolinienproblems), ›BDLOG‹[208] (zur Bestimmung von Faunen-/Florengemeinschaften und Paläotemperaturen) und ›HYDROCALC‹ (zur Auswertung von Pumpversuchen) zeigen, daß Geologie und Paläontologie in ihrer Methodik wieder enger verwandt sind, als dies vielen bewußt ist.

An einem konkreten Beispiel (Auswertung planktischer Foraminiferen-Faunen) werden nun neuere Möglichkeiten der Computer-Geologie/
Paläontologie erläutert:

Es werden zunächst insgesamt 27 Arten und 61 im gesamten Atlantik
verteilte rezente Proben betrachtet. Die Arten selber verhalten sich nicht
zufällig. Nimmt z.B. eine Art ab, so nehmen gleichzeitig einige andere
Arten mit ab, einige weitere Arten nehmen zu. Es bietet sich somit an,
das Verhalten der Arten nicht durch 27 Variable auszudrücken, sondern
durch weniger (z.B. fünf). Eine derartige Informationsverdichtung wurde
früher manuell so vorgenommen, daß die eine Variable ›polare Fauna‹
genannt wurde, eine andere ›subpolare Fauna‹ etc. Ein quantitatives Verfahren, das diese Informationsverdichtung vornimmt und noch weitere
Anwendungsmöglichkeiten hat, ist die Faktorenanalyse. Die 27 Arten
spannen ein Koordinatensystem aus 27 Achsen auf. Die Faktorenanalyse
legt nun in dieses 27-achsige Koordinatensystem so fünf Achsen hinein,
daß trotz der Variablenreduktion von 27 auf 5 die Häufigkeitsverteilung
aller 27 Arten möglichst gut beschrieben wird (z.B. zu 90 Prozent). Das
Maß für den Anteil jeder dieser fünf Achsen an der Beschreibung der
Häufigkeitsverteilung der 27 Arten (in jeder Probe) ist die sogenannte
Faktorladung (i.d.R. quadriert und mit 100 multipliziert, so daß sie als
Prozent leicht zu lesen ist).[209]

Jeder Faktor hat in jeder Probe eine Faktorladung (einen Anteil).
Diese Anteile können nun zu Isolinien verarbeitet werden. Hierbei zeigt es
sich, daß die Anteile nicht zufällig sind, sondern sich in bestimmten Gebieten häufen: z.B. hat ein Faktor hohe Anteile vor Grönland, im Bereich
des Labradorstroms und vor der Antarktis, ein anderer in den Tropen,
wieder ein anderer in den subpolaren Gebieten. Es liegt somit nahe, diese
Faktoren als Faunen anzusehen (polare, subpolare, tropische etc. Fauna).

Da die Daten in der Regel nicht in Form eines Rasters verteilt sind,
und da die Isolinien sehr exakt sein müssen, müssen die Isolinien entweder manuell gezeichnet werden, oder durch ein System wie ISO/9, das
den Geologen simuliert.

Es bietet sich somit an, die Faktoren (Faunen) mit Umweltparametern
(Winter- und Sommertemperatur, Salinität, etc.) in Beziehung zu setzen.
Es werden X-Y Diagramme erstellt (Fauna als X, Temperatur als Y). In
den entstehenden Punktwolken zeigen sich charakteristische Geradensegmente, die manuell oder durch ein System wie ›HYDROCALC‹ erkannt
werden können. Es zeigt sich hierbei, daß einige Faunen bei niedrigen
Temperaturen niedrige und bei hohen Temperaturen sehr hohe Anteile an
der jeweiligen Gesamtfauna haben, andere Faunen (z.B. die gemäßigten)
lassen eindeutige Zuordnungen nicht direkt zu (hoher Anteil bei gemäßigten Temperaturen, niedriger Anteil bei hohen *und* niedrigen Temperaturen). Es ist nun möglich (manuell oder per Programm) sich eine Ent

scheidungskette auszudenken, die jedem Satz aus fünf Faunen eine Temperatur zuordnet. So kann z.B. mit einer eindeutigen Fauna begonnen werden, eine Interimstemperatur bestimmt werden, mit dieser eine Entscheidung getroffen werden. Danach wird ein Ast einer gemäßigten Fauna (der kalte oder der warme) ausgewählt, damit wieder eine Interimstemperatur bestimmt, usw. Es kann bei dieser Vorgehensweise alles programmiert werden, was das menschliche Hirn auch leistet (einschließlich ›Ausnahmen‹). Es ist auf diese Weise möglich, Temperatur-Berechnungsverfahren zu entwickeln, die zum einen die Leistungen des menschlichen Hirns in diesem speziellen Gebiet übertreffen (es wird immer an alles gedacht), zum anderen die ›Gleichmacherei‹ multipler Regressionsverfahren nicht besitzen.

Es ist jedoch wichtig festzuhalten, daß die gewonnenen Gleichungen Sachverhalte recht gut beschreiben können. *Warum* aber eine Fauna (oder eine Art) bei niedrigen Temperaturen selten vorkommt, *warum* eine Art bei niedrigen Temperaturen gegenüber anderen Arten sich nicht so gut durchsetzen kann, wird durch die genannten Gleichungen natürlich nicht geklärt. Beschreiben und erfolgreiches Anwenden sowie Verstehen können ganz verschiedene Dinge sein.

Mit dem genannten Ansatz eröffnet sich eine neue Perspektive: Bei jeder Berechnung der rezenten Atlantikfauna kann eine fossile Probe mitgeschickt werden. Streng mathematisch ist dies unzulässig. Wird jedoch beachtet, daß sich die Prozente der rezenten Faunen durch das Mitschikken der einen fossilen Probe nur auf der zweiten Nachkommastelle verändern, so ist diese Vorgehensweise als Näherungslösung akzeptabel. Es finden sich somit in der einen fossilen Probe die Anteile der rezenten Faunen wieder. Dies hat zwei nützliche Effekte:

1. Es kann das o.g. Temperaturverfahren angewandt werden.
2. Es kann die Geschichte rezenter Faunen durch Raum und Zeit verfolgt werden (in Form von zeitscheibengebundenen Isolinienplänen).

Da Computer geduldig sind, kann nun z.B. innerhalb einer Dissertation das gesamte Tertiär weltweit ausgewertet werden, während früher die Bearbeitung eines einzelnen Teilbeckens viele Jahre in Anspruch nahm. Weltweite Isofaunenpläne/Isothermenkarten (in Grad Celsius) sind nun keine Perspektive der Zukunft mehr, sondern seit einigen Jahren bereits Routine.

Die Ergebnisse dieser Isothermenkarten wurden als Eingabe für ein Klimamodell (T 21) verwendet. Auch dieses Modell verwendet Parametrisierungen (Zusammenfassung ›unwichtiger‹ Prozesse als (z.T. variable) Konstanten).

Bei diesem Experiment zeigte sich, daß das Modell für diejenige Situation, die der heutigen ähnelte (eine quartäre Situation), sinnvolle

Ergebnisse lieferte, für eine pliozäne Situation (mit ganz anderen Wasser-
temperaturen) nicht. Für die beteiligten Meteorologen mag dies ein ent-
täuschendes Ergebnis sein (es überwogen im Pliozän die parametrisierten
kleinräumigen Prozesse, wie z.B. rezent in den Tropen), interessant bleibt
dieses Ergebnis trotzdem: Die Anwendung von Modellen in Bereichen,
in denen sie nicht kalibriert wurden (s.o.), kann u.U. problematisch sein.

Für die Diskussion um die Auswirkungen eines möglichen Treib-
hauseffektes zeigte dies, daß durch einen Blick in die Vergangenheit
(Jungtertiär) u.U. vergleichsweise sichere Aussagen gewonnen werden
können. Die moderne Paläontologie ist somit alles andere als eine fossile
Wissenschaft.

Ferner ergibt sich die Möglichkeit, durch Faktorenanalysen fossile
Faunen ohne rezente Vergleichsfaunen zu bearbeiten. Werden die entsprechenden Bohrungen dann geplottet und die Faunenanteile in Form
von Logs dargestellt, so lassen sich Faunenumschwünge, über die früher
diskutiert wurde, sofort visuell erkennen.

Oben wurde angesprochen, daß auch einfache wenn → dann – Ketten realisiert werden können. Dies hat zur Folge, daß sogar die ›manuelle‹
Temperaturbestimmungsmethode (mit Spannen, Optima, Häufigkeiten
und Ausnahmen) programmiert wurde. Diese Methode ist nicht darauf
angewiesen, rezente Faunen in fossilen wiederzufinden, es reicht, wenn
Arten mit Temperaturpräferenzen vorhanden sind. Ein so programmiertes
Temperaturverfahren ist sehr robust und erlaubt Aussagen bis weit in prä-
miozäne Zeiten. Mit dem gleichen Ansatz können auch stratigraphische
Auswertungen programmiert werden.

Ausblick:

Es wurde gesagt, daß ein System wie ›HYDROCALC‹ selbständig Geradensegmente in Punktwolken erkennt. Nicht angesprochen wurde, daß
Formerkennungsverfahren (z.B. das ST-Verfahren zur Bestimmung von
Kornkurvenformen) bereits seit einigen Jahren routinemäßig laufen. Es
bietet sich somit an, nicht nur Formen von Kornkurven, sondern Formen
von Fossilien zu erkennen. Die mathematischen Grundlagen hierzu
(Neuigkeitsfilter etc.) wurden von dem finnischen Mathematiker KOHO-
NEN u.a. schon zur Verfügung gestellt. Wann so ein System einsatzreif ist,
hängt in erster Linie davon ab, ob sich genügend engagierte Leute finden,
die ihre Freizeit für so etwas opfern.

Sie haben richtig gelesen: Freizeit. Auch in diesem Punkt hat sich der
Kreis geschlossen: Wie am Beginn der Geschichte der Geologie können
wirklich neue Verfahren, deren Entwicklung auch ein gewisses Risiko
beinhaltet, nur in der Freizeit realisiert werden. Bezahlt (gefördert), wer-

den i.d.R. diejenigen Dinge, die es schon gibt, die in der Erlebniswelt des Geldgebers vorkommen (z.B. simpelste Datenbanksysteme).

Dinge, die es auch an renommierten Orten (früher den Fürstenhöfen, heute den Großforschungseinrichtungen) noch nicht gibt, gelten vor ihrer Realisierung als Phantasterei. Sie sind häufig heute nur noch finanzierbar, wenn sie getarnt realisiert werden (›BDLOG‹, ›ISO/9‹, u.a.), oder in der Freizeit (›HYDROCALC‹), u.a.

Da aber immer dann, wenn sich ein Kreis schließt, häufig etwas völlig Neues beginnt, ist es sinnvoll, diesen letzten, nachdenklich stimmenden Aspekt der Geschichte der Geologie/Paläontologie nicht überzubewerten, sondern die nächsten 25 Jahre Geschichte der Geologie/Paläontologie aufmerksam zu verfolgen.

Vielleicht werden sie ganz anders, als wir uns es jetzt vorstellen (können oder wollen).

Schlußwort

Der Rückblick in die Geschichte der Wissenschaft macht uns bescheiden:
die Einsicht in schon moderne Gedanken unserer Vorgänger bescheiden
dahin, daß wir oft nicht die ersten sind; die Einsicht in ihre Irrtümer, daß
auch wir davon nicht frei sind. Denn – so der Wissenschaftshistoriker
BERNHARD STICKER –: » *Was wir heute als sicheres Wissen zu besitzen glau-*
ben, wird vielleicht morgen im Lichte neuer Erfahrungen schon überholt sein,
aber es ist deswegen nicht aufgehoben im üblichen Sinne, wie ein Gesetz, das
nicht mehr gültig ist, sondern aufgehoben im dialektischen Sinne einer coinciden-
tia oppositorum in der Geschichte [d.h. des In-Eins-Fallens der Gegensätze
im Transzendenten], *als bleibendes Zeugnis menschlichen Erkenntnisvermögens*
in einem ganz bestimmten geschichtlichen Augenblick und in einem ganz
bestimmten geschichtlichen Raum.« Und, so möchte ich hinzufügen, weil
sich das wissenschaftliche Bild eines Objekts in seiner Auseinandersetzung mit dem Subjekt in jedem wissenschaftlichen Augenblick ändert,
gehören diese Änderungen zu seiner Ganzheit, seinem Gesamtbild, und
läßt uns erst die Geschichte der Wissenschaft im einzelnen und im ganzen unser eigenes, augenblicksgebundenes, wissenschaftliches Tun eigentlich »verstehen«. GOETHE hatte deshalb recht, als er 1820 schrieb: » *Die*
Geschichte der Wissenschaft ist die Wissenschaft selbst « –[210] gewiß nicht in
dem Sinne, daß jedermann Geschichte der Wissenschaft treiben müsse;
nicht selten schließen sich ja der Vorstoß in Neuland und der Rückblick
in die geistige Vergangenheit fast aus –, sondern in dem Sinn, daß auch
unser Denken und Tun geschichtlich getragen, bedingt und flüchtig ist,
und daß wir darüber doch nicht zu verzagen brauchen. Was wäre der Sinn
eines Forscherlebens, das sich oft schon nach wenigen Jahren überholt
hat, wenn er nicht in der Hingabe selbst, in dem Wissen um letztliche
Überbrückung der Gegensätze im Ringen um die Wahrheit läge?

Geschichte der Geologie und Paläontologie befaßt sich mit naturgeschichtlichen Wissenschaften. Das gibt ihr eine besondere Note, weil es
dabei auch auf Objektseite nicht nur um die Erforschung gesetzlichen,
sondern auf dessen Hintergrund auch geschichtlichen, also unwiederhol-
baren Geschehens geht. Immer steht der Forscher dabei dem im letzten
Grunde unantastbaren Geheimnis der Schöpfung gegenüber. Aus Antrie-
ben, die außerhalb der Wissenschaft liegen, kann er sich ihrer *Erschöp-*
fung in lediglich gegenwärtigem Interesse schuldig machen, aber auch um
ihre Bewahrung für künftige Generationen bemühen. Das ist eine neue

und zwar ethische Aufgabe für den Naturforscher unserer Zeit.[211] In Zusammenhang damit drängen sich zum Ausklang noch viele Gedanken auf. Doch genüge es, auf das so überschriebene Schlußkapitel in HANS CLOOS' ›Gespräch mit der Erde‹ hinzuweisen, das am Ende des Krieges geschrieben wurde, die Tat von Hiroshima als Beginn eines auch geodynamisch neuen Zeitalters bezeichnet und das dieser große Geologe unseres Jahrhunderts unter das Wort AUGUSTINS gestellt hat: Nemo intrat in veritatem nisi per caritatem.[212] Seien wir deshalb dankbar, daß sich auch heute Menschen in Ost und West für die liebende Erforschung und Bewahrung der Schöpfung einsetzen.

Anmerkungen

Der Text kann ohne die Anmerkungen gelesen werden. Sie dienen dem Nachweis
eines Teils der Zitate (in L. v. Buchs Gesammelten Werken z. B können sie anhand der
Jahreszahlen selbst aufgesucht werden) sowie ergänzenden Erläuterungen, Literaturhin-
weisen und biographischen Notizen.

Die Einzelziffern gelten oft mehreren aufeinander folgenden Textstellen.

[1] Seit der Schöpfung im großen gegebene Landformen und Gesteine entsprachen
nicht nur der biblischen Auffassung, sondern – abgesehen von geringen späteren
(dennoch wichtigen, s. S 17) Veränderungen – derjenigen z. B. des Engländers
N. Carpenter (1625) und des deutschen Geographen B. Varenius (1650) (Davies
1969 i. d. Abschnitt ›Topography as old as the Creation‹). Die Deutung der
Gesteine als von der Sintflut oder anderen Gewässern abgesetzten Niederschlag
erlaubte dagegen, in den Fossilien Organismen zu sehen.

[2] Steno: Geological papers. Lat. u. engl. Odense Univ Press, Kopenhagen, S 65–131

[3] Steno: Prodromus. Ostwalds Klassiker d. exakt. Wissensch., Nr 209, 1923.

[4] Pfannenstiel (1969), S. 3.
Ellenberger (1988) bezieht sich auf Nicoletta Morello, Quaderni 17, Genua
1988. Aufgrund eingehenden erneuten Studiums der Texte Stenos räumt er diesem in der Geschichte der Geologie eine ähnliche Schlüsselstellung ein, wie das
hier geschieht, ohne daß damit einer einseitigen Steno-Verherrlichung (›Stenola-
trie‹, wie das Hooykaas einmal genannt hat) das Wort geredet werden soll
(Ellenberger, S. 324).

[5] ›Das Wort Geschichte‹. Diss Freiburg 1908. Der folgende Text aus Agricolas
Hauptwerk ›De re metallica‹ (metallum = Bergwerk) ist den Ausgewählten Werken, Bd 8, S 151 entnommen (Berlin 1974).

[6] Scherz G (1971) Niels Stensen auf Reisen. In: Dissertations on Steno as Geologist. Odense Univ Press, Kopenhagen. – Carus CG, Briefe über Landschaftsmalerei, 1831. – Simon W (1976) Die ersten Aufschlüsse im Bild und der Beginn der
Geologie in Europa (1430–1550). Aufschluß 27: 37–51. – Siehe auch Petrarcas
Landschaftserlebnis, S. 25

[6a] Scherz G (1987) Niels Stensen. Eine Biographie, Bd. 1. Leipzig. 376 S.

[7] Jacob F (1972) Die Logik des Lebendigen. (Deutsche Übers. von »La logique du
vivant«.) Mit Vorwort von CF v Weizsäcker. S Fischer, Frankfurt.

[8] Gesner K (1565) De rerum fossilium, lapidum et gemmarum maxime figuris et
similitudinibus (Über die Figuren und Bilder der aus der Erde gegrabenen Gegen-
stände, vor allem der Steine und Edelsteine), erschienen zu Zürich 1565 im
Todesjahr des berühmten Zoologen; ältestes gedrucktes Buch mit Fossilienabbil-
dungen. – Accordi B (1980) Michele Mercati (1541–1593) e la Metallotheca.
Geol Romana 19. – Für die Übersetzung des Mercati-Textes a. d. Ital. habe ich
Dr. Alessandra Grigolli (Trient) zu danken.

[9] Robert Hooke (1635–1703), Architekt der City von London; Micrographia,
1665; Schrift über Erdbeben posthum 1705. Textzitat in Hölder 1960, S 376.

[10] Joh Ray (Rajus) (1627–1707), ›sorgfältiger englischer Naturforscher‹ (so Leibniz), ›Vater der englischen Naturgeschichte‹ (Davies), botanischer und zoologi-
scher Systematiker, der erstmals (1686) den Artbegriff auf der Grundlage der Fortpflanzung definiert hat.

213

[11] Zu LEONARDO DA VINCI s. WEYL (1958) – BRENTJES B, BRENTJES S (1979) Ibn Sina (Avicenna). Der fürstliche Meister aus Buchara. Teubner, Leipzig, 100 S. Zu Fossilien als Grabbeigaben s. SCHINDEWOLF 1948, S 58–59.

[12] KAEVER M (1973) Die Geschichte des Nildeltas in der Sicht von Herodot. Münster Forsch Geol Palaentol 29: 77–96. – GUENTHER EW (1977) Strabo … Gießener Geol Schr 12: 97–108

[13] RISTORO D'AREZZO: Compositione del Mondo.

[13a] Über die Schriften des ARISTOTELES (384–22 v. Chr.) zur Natur ›De coelo‹, ›Meteorologia‹ und ›De mundo‹ Näheres bei BÜTTNER 1979, S. 16–21. Skizze zu ARISTOTELES' unter Gott als dem ersten Beweger in Sphären gegliederten Weltbild s. dort S. 141; Text zu MERCATOR und ARISTOTELES S. 140–148, mit Zitat deutscher Ausgaben der genannten Aristoteles-Schriften.

[14] FAVENTIUS (Dominikanermönch): De montium origine, dialogus. (ADAMS 1954).

[14a] Über das noch ein weiteres Jahrhundert anhaltende ›Desinteresse an Kopernikus‹, das sich erst mit NEWTON (1643–1727) änderte, s. BÜTTNER 1979, S. 28. Auch für STENO stand die Erde noch im Mittelpunkt.

[15] BURNET TH (1681) Telluris theoria sacra. London. Lebhafte Schilderung des phantasievollen Inhalts durch F. A. QUENSTEDT in ›Sonst und Jetzt‹ (1856).

[15a] W. WHISTON, Mathematiker, 1703 Nachfolger NEWTONs in Cambridge; ging aber wegen theologischer Differenzen dieses Lehrstuhls bald verlustig, war in späteren Jahren in selbstgestellter innermissionarischer Aufgabe tätig (G. L. DAVIES). – J. H. G. v. JUSTI (1771) Geschichte des Erdkörpers, S. 286.

[15b] J. WOODWARD (1665–1722), Prof. in London. ›Essay towards the natural History of the Earth‹. London 1695.

DAVIES (1969) schildert WOODWARD als einen ohne Universitätsstudium zu hohen Ehren aufgestiegenen vielseitigen, in seinen Thesen allerdings auch umstrittenen Gelehrten, dessen etwas ungehobeltes Wesen den Umgang mit seinen Mitmenschen erschwerte. Er gilt als glänzend beobachtender erster englischer Feldgeologe, überzeugte sich von der organismischen Natur der von ihm mit Begeisterung gesammelten Fossilien (auf seine der Univ. Cambridge gestiftete Sammlung wurde der Woodwardian chair [Lehrstuhl] gegründet). Er hätte aufgrund seiner Beobachtungen über die Verteilung der Fossilien in den Schichten lange vor W. SMITH zum ersten Stratigraphen werden können, wenn er nicht im Banne des biblischen Berichts alle Gesteine und Fossilien auf die Sintflut zurückgeführt und die Ordnung der letzteren in den Schichten nicht erst sekundär auf den Wiederabsatz des aufgewühlten Materials gemäß der Schwere zurückgeführt hätte.

In der Beurteilung der Sintflut unterschied er sich von dem etwas älteren BURNET. Denn während dieser als strenger Puritaner in der Sintflut ein göttliches Strafgericht sah, das in seinen Nachwirkungen (Zerrissenheit der Erdoberfläche, Erdbeben, Vulkane) bis heute sicht- und erfahrbar blieb, suchte WOODWARD gemäß dem mit der englischen Restauration einsetzenden positiveren Lebensgefühl die Sintflut eher als Neuanfang für die Menschheit zu verstehen, nach zuvor noch nicht voll geglückter menschlicher Kreatur (!) (DAVIES, S. 80).

Siehe auch EYLES VA (1971) John Woodward (1665–1728): a bio-bibliographical account of his life and work. J. Soc. Biblphy. Nat. Hist. 5: 399–427 (mit Bildnis).

[15c] Das Lissabonner Erdbeben 1755 erschütterte dann diesen Glauben und führte wie kein anderes Ereignis des weltoffenen 18. Jahrhunderts in die Spannung zwischen physikotheologischer und sich anbahnender naturgesetzlicher Deutung; dazu J. R. NEWMAN (1957) Sci Amer July 1957: 164.70, abgedruckt in F. H. T. RHODES u.

R.O.Stone (Hrsg. 1981): in L.V. S.59–63; Gedicht Voltaires darüber S.197. Dennoch hat sich auch die physikotheologisch-optimistische Deutung geologischer Erscheinungen erhalten, s. J.Hutton.

16   Auszugsweise 1693, vollständig erst 1748 erschienen. Lat. u. deutsch. Engelhardt W.v. (Hrsg). Klett, Stuttgart 1949, 182 S.

16a   Kirchers Erdbild mit Zentralfeuer sowie Feuer- und Wasserkammern (Pyro- und Hydrophylacien) ist in Hölder 1960, Taf.3 bei S.32 wiedergegeben.

17   Petrarca: Fischer-Bücherei (Pantheon), Frankfurt a.M. 1956. – Prescott H.F.M.: F.Fabris Reise nach Jerusalem. Herder, Freiburg, 1961, S.71.

18   »... von Bekanntem auf das Unbekannte«: C.E.A. v.Hoff sah deshalb in dem Vulkanisten Moro einen Vorläufer des Aktualismus (Geschichte der Veränderungen, Bd.3, 1834, S.319).

19   M.Lomonossow (1711–65), russischer Historiker, Naturforscher und Dichter der Aufklärungszeit. 1739–41 Studium d. Naturwiss. und Bergbaukunde in Marburg und Freiberg, Prof. d. Chemie in St.Petersburg. »Über die Schichten der Erde« (1763) als Beilage eines Werkes über Metallurgie und Hüttenkunde. – Schütz W (1976) Michail W. Lomonossow. Teubner, Leipzig, 104 S. – Colonne (1734) Natürliche Geschichte des Weltalls. Paris 1734.

20   Carozzi AV (1969) De Mailett's Telliamed (1748):: An ultra-neptunian theory of the Earth. In: Schneer CJ (Hrsg) Toward a history of geology 1969.

21   Graf GL Leclerc de Buffon, geb. in Montbard (Burgund), Intendant des Jardin des Plantes in Paris. »Buffon's Hypothese der sechs Naturepochen wird stets eine der großartigsten und eigenthümlichsten bleiben, welche von den Naturforschern ersonnen wurde.« (F.Hoffmann 1838). »Wer einmal müde ist, der sollte sich diese Fabel der Geologie zu Gemüt führen ...« (M.Pfannenstiel, Mskr). – Mit Buffon »war die Geologie, auch wenn sie ein theoretisches Ziel verfolgte, auf den Weg der Beobachtung gewiesen und durch die Person ihres Verkünders sozial gehoben«. (Semper 1914).
      Buffon unterwarf sich 1751 der Aufforderung d. Theol. Fakultät der Sorbonne zum Widerruf derjenigen seiner Thesen, die dem mosaischen Bericht widersprachen.

22   N.A.Boulanger, Brücken- u. Straßenbauer. Anecdotes de la nature, 1753, (Mskr.); s. Ellenberger 1983. – Bubnoff V. (1940) Zwei Welten. Geol Rundsch 31, S.451.

22a   Ellenberger (1975–77) In der Morgenfrühe der modernen Geologie, s Schriftenverzeichnis. Die Gautier vorschwebende dünne Erdkruste über hohlem Inneren (›Terre creuse‹) soll spiegelbildlich zur äußeren ein nach innen gekehrtes Relief besessen haben, beide durch entsprechende Gebirge und Meere gegliedert. Illustration dazu auf der Titelseite von Ellenberger 1975–77 und Engelhardt V 1982b.

23   Zittel 1899, S 166. Zu Linné E s Anm 158.

24   Lebensbild Lehmanns s.Freyberg B v (1955) Erlanger Forsch. 1 B: 159 S.

25   G.Arduino (1713–95), einer aus Deutschland eingewanderten Familie Hardwin entstammend; Professor in Padua.

26   Füchsel (1722–73). Historia terrae et maris ex historia Thuringiae ... Erfurt 1762 (selten), s. Watznauer 1980.

27   Zitiert nach Mather u. Mason 1967, S.85–87. – J.Michell (1724–1793) war Professor und Geistlicher in Cambridge; bekannt auch durch ein Werk über die Ursachen von Erdbeben, besonders desjenigen von Lissabon 1755. Gilt als Begründer der Seismologie.

28   Abraham Gottlob Werner (1749–1817) Gedenkschrift Freiberger Forschungsh C 223, Leipzig 1967. Vater war Eisenhüttenbesitzer. Seit 1775 Lehrer a.d. 1765

gegründ. Freiberger Bergakademie, weltweite Ausstrahlung. WERNER setzte Geognosie und Oryktognosie (=diagnostische Mineralogie) gegen hypothetische Geologie. Jedoch sehr unterschiedliche Beurteilung seiner Abhängigkeit von eigener Beobachtung bzw. seinem neptunistischen System, in dem alles zu glatt aufging. »Mit den Augen anderer sah er durchaus nicht« (CH. S. WEISS). Kind der Aufklärung. Freilich: »Das blind dogmatische Glaubenssystem sollte beseitigt werden, und ein starres Vernunftsystem entsteht« [HAARMANN E (1939) Geol Rundsch 30]. WERNER blieb trotz zahlreicher Rufe Freiberg treu; zahlreiche seiner Schüler lehrten im Ausland. – GUNTAU (1984): Werner, Biogr Naturwiss Bd 75, Teubner Leipzig.
JAMES HUTTON (1726–1797), schottischer Landedelmann, WERNERS uniformitaristischer Gegenspieler. ›Theory of the Earth‹ 1785. – J. PLAYFAIR, Prof. d. Mathematik u. Geologe, macht dieses Werk durch seine »Illustrations of the Huttonian Theory« (1802) bekannter.

²⁹ QUENSTEDT FA (1856) Sonst und Jetzt, S 194.

^{29a} Solideszenz: s. GOETHE, Cotta Bd 20: Nachwort (H. HÖLDER), S 1032.

³⁰ BERGMAN T (1769) Physikalische Beschreibung der Erdkugel.

³¹ GUNTAU M (1967) Bergakademie 5: 294–297.
Zu WERNERS Aktualismus auch WAGENBRETH: Freiberger Forschungsh C 223: S 87.

^{31a} In einem Kollegheft E BEYRICHS laut WO DIETRICH (1961) Geschichte der Sammlungen ... Ber Geol Ges H 4: 261.

³² R. E. RASPE (1736–1794) entdeckte als erster die vulkanische Natur der hessischen Basalte. Anonymer Verf. der Münchhausiaden, Hrsg. von LEIBNIZ' philosophischen Werken. Prof. u. Kustos am Antiquitätenkabinett in Kassel; floh 1745 wegen Unterschlagungen nach England, fand dort im Bergwerkswesen Verwendung und verfaßte 1763 eine auch geologiegeschichtlich interessante Schrift über neue Vulkaninseln im Mittelmeer. Er hatte Kontakt mit HUTTON und wurde auch von LYELL noch rühmend genannt. Vorbild für ›the tramping philosopher‹ Dousterwivel in SCOTTS ›The antiquary‹. HAARMANN E (1942) Ein Münchhausen als Geologe. In: Lose Blätter ... Ceol Rundsch 33: 104–120. – Über RASPES Beitrag zur Geologie s. auch CAROZZI (1969) Arch Sci Genève 22.

³³ Kurze Klassifikation, 1787. – Scheibenberg (1788) KÖHLERS Bergmänn J 1.

³⁴ VOIGT JCW (1752–1821) Studium in Freiberg 1776–79. – WAGENBRETH (1979) Der Ilmenauer Bergrat J. C. W. VOIGT u. s. Bedeutung für d. Geschichte d. Geologie. Abh Staatl Mus Mineral Geol Dresden 29: 59–97, 7 Abb.

^{34a} VOIGT an WIDENMANN (1794) KÖHLERS Bergmänn J 6.

³⁵ ›New South Wales Geology – its origin and growth.‹ Centenary Vol R Soc N S W, 265–279 (Bild S 271).

³⁶ SWEET JM (1967) The Wernerian Natural History Society in Edinburgh. Freiberger Forschungsh C 223: 205–218, 4 Abb.

³⁷ OSPOVAT M (1967) The ›Wernerian Era‹ of American Geology. In: WERNER-Gedenkschr Freiberger Forschungsh C 223: 237–244. – WHITE GW (1970) WILLIAM MACLURE was a Uniformitarian and not a real Wernerian. J Geol Educ 18: 127–128. – Ders (1979) Maclure's concept of primitive rocks. In: History of concepts in precambrian geology. Geol Assoc Can Spec Pap 19. – OSPOVAT hat WERNERS ›Kurze Klassifikation‹ in Englisch herausgegeben (Hafner, New York 1971), mit Einführung. OSPOVAT betont den apriorischen Charakter von WERNERS Lehre. Eindrucksvoll WERNERS Bildnis hier (1816) sowie in Freiberger Forschungsh C 223.

[38] LEOPOLD VON BUCH, geb 1753 auf Rittergut Stolpe b. Angermünde, gest. 1853 zu Berlin. Privatgelehrter, unverehelicht, großer Fußgänger und Reisender; Studium in Berlin, Freiberg, Halle, Göttingen. Als WERNER-Schüler zunächst Neptunist, später führender Plutonist von einheitlichem geologischen Weltbild, das er im Alter gegen anderweitigen Erkenntnisfortschritt verteidigte. 1800–1802 bergmännische Tätigkeit im Schweizer Jura. Gelehrtengestalt von kleinem Wuchs, anekdotenumrankt. – Die v. BUCH-Zitate sind dessen Gesammelten Werken (Hrsg. EWALD J, ROTH J, ECK H, DAMES W, 4 Bde, Reimer, Berlin 1867–85) entnommen. Bd 1 enthält Lebensabriß bis 1806 (EWALD). Weitere Würdigungen: BRINKMANN R (1948) Z Dtsch Geol Ges 98, 1–6. – BECKSMANN E (1939) Z Dtsch Geol Ges 91: 750 1939. – WAGENBRETH: Bergakademie 5, 92–101. – WAGENBRETH (1979) L. v. Buch u. d. Entwicklung d. Geologie im 19 Jhdt. Abh Staatl Mus Mineral Geol Dresden 29: 41–57

[38a] Brief v. BUCHS an NAUMANN (1849) Z Dtsch Geol Ges 1: S 1–7.

[39] POULETT-SCROPE: Considérations on Volcanos, 1825.

[39a] HAARMANN (1942) S 162 (›Aus den Anfängen d. europäischen Geologie‹).

[40] GILBERT (1877) s. MATHER u. MASON (1967) S 592.

[41] GOETHES Schriften z. Geologie, Mineralogie und Meteorologie. Cotta-Gesamtausg Bd 20. HÖLDER H, WOLF E (Hrsg) Stuttgart 1960.
GOETHE: Schriften zur Geologie und Mineralogie. GÜNTHER SCHMID (Hrsg) 2 Bde. Böhlau, Weimar 1947, 1949.
SEMPER M (1914) Die geologischen Studien Goethes. Leipzig, 389 S.
HÖLDER H (1985) Goethe als Geologe. Z Dtsch Geol Ges 136: 1–21.
WAGENBRETH O (1984) Goethes Stellung in der Geschichte der Geologie. In: GOETHE u. d. Wissenschaften. Wiss Beitr Friedrich-Schiller-Univ Jena, 13 Abb (z. T. GOETHE-Skizzen). Jena, S 59–77.
PRESCHER H (Hrsg) (1978) Goethes Sammlungen zur Mineralogie, Geologie und Paläontologie. Katalog, 16 Abb. Akademie Verlag, Berlin, 714 S.

[42] Der Stockholmer Chemiker BERZELIUS berichtet uns von einem gemeinsamen Besuch des Kammerbühls mit GOETHE 1822, daß der alte Herr (G) von einem Diener begleitet gewesen sei, der ihm wie immer bei seinen Exkursionen einen großen Hammer und eine Hacke nachgetragen habe. (Cotta 20: 449).

[43] WAGENBRETH O (1968) Wiss Z Hochschule Architek Bauwes Weimar, 15: 63–80

[44] H. B. DE SAUSSURE, s. Anm. 60.

[45] KOHLBRUGGE (1913) Goethe als Naturforscher. Würzburg, 154 S.

[46] CAROZZI MARGUERITE (1979) Les pélerins et les fossiles de Voltaire. Gesnerus 36: 82–97, Zürich. S. auch CAROZZI M 1983. – Über VOLTAIRES widersprüchliche und sich wandelnde, zunehmend beobachtungsfremde Haltung zu geologischen Erkenntnissen s. SCHNEER CJ (1981/82) Voltaire, the skeptical geologist. Hist Nat No 19–20: 59–64, Paris. – Die wahre Natur in Tiefländern vorkommender fossiler Muscheln als Folge geringerer Meeresüberflutungen bestritt VOLTAIRE nicht.

[47] Die letzten Zitate nach RUPKE: ›The great chain of history‹ (1983). Der Titel dieses der Zeit von BUCKLAND geltenden Buches bezieht sich auf die naturgeschichtliche Kette (chain), in die auch der Mensch hineingestellt ist. – S. auch BOYLAN PJ (1967) Dean W. Buckland, a pioneer in cave science. Stud Speleol Publ Assoc Pengely Cave Res Centre 1: 237–253. – PAGE LE (1969) Diluvialism and his critics. In: SCHNEER CJ (Hrsg) S 257–271. – Die Sintflut als lediglich letzte, geologisch bedeutungslose Überschwemmung, die allenfalls den Höhlenlehm hinterließ, in BUCKLANDS ›Geology and mineralogy considered with reference to natural theology‹. (Im Bridgewater Treatise, genannt nach dem Earl of Bridgewater, der durch

Testamentsverfügung diese naturtheologische Schriftenreihe initiiert hat – Nr 6, 1836).

[48] D DE DOLOMIEU (geb. 1750 auf Schloß Dolomieu a.d. Isère, † 1801 Paris), Prof. a.d. Ecole des Mines Paris, Schüler DE SAUSSURES, aber weithin Autodidakt, Vulkanist, vulkanische und seismologische Studien (Italien, Ardèche), machte auch erste alpin-tektonische Beobachtungen. 1791 entdeckte er in den Südalpen den mit Säure nicht brausenden Kalkstein, der später (vom Sohn H. DE SAUSSURES) nach ihm Dolomit genannt wurde. Name ›Dolomiten‹ erst seit 1876 gebräuchlich. – Bewegtes Leben: Malteserritter, Gouverneur von Malta, 1799 Teilnahme an der französischen Ägypten-Expedition, auf der Rückkehr in den Wirren der Gegenrevolution gefangengenommen und zwei Jahre lang in zernervender Haft auf Sizilien. Nach Heimkehr wieder Professor in Paris, aber bald nachher den Anstrengungen einer neuerlichen Alpenreise erlegen. (MORET: Trav Lab Géol Lyon 1952). – Zitat aus Bergmänn J, 6 Jg 1793; französ. in J Phýs 1791.

[49] GOETHE vermutete gar, daß bei V BUCHS ›Ultravulkanismus‹ eine Schelmerei dahinterstecke. Sei es doch »kaum denkbar, daß ein sonst gescheiter Mann auf einem Punkt so ganz absurd sein sollte«.

[50] G.CUVIER (geb. 1769 im damals württ. Mömpelgard = Montbéliard; † 1832 Paris), Elève der Stuttgarter Hohen Karlsschule, 1795 vergl. Anatom in Paris, Bearb. d. fossilen Vertebratenfunde vom Montmartre (1798), Prof. in Paris am Jardin des Plantes. 1814 Staatsrat, 1831 Pair v. Frankreich. CUVIER spielte eine große Rolle beim Wiederaufbau des Unterrichtswesens unter BONAPARTE, war Großmeister der Ev.-Theol. Fakultät in Paris, Dr. med. Univ. Tübingen. Hauptwerk: ›Recherches sur les ossements fossiles‹ 1812, in 2 Aufl (1821–24) mit ›Discours sur les révolutions de la surface du globe‹. – CUVIER soll an 11 Pulten gleichzeitig an verschiedenen Werken gearbeitet haben.

[51] ›Monographie des Bunten Sandsteins, Muschelkalks und Keupers.‹ S 335. 1834.

[52] ›Cours élémentaire de paléontologie et géologie stratigraphique‹. Paris 1849.

[52a] ›Der ferne Spiegel. Das dramatische 14. Jahrhundert‹. Deutsche Übers dtv 1982.

[52b] UREY H.C. (1973): Kometen als Epochemacher. (Mit Diskussion durch M.BREWER, D.STÖFFLER, K.VOGEL und K.WURM). Bild d. Wissenschaft, S.1339–1354.

[52c] ERBEN H.K. (1970) Biomineralization, Bd. 1, Stuttgart – New York.

[53] Als Lektüre von und über HUTTON greife man nicht zuerst zu der umständlich geschriebenen zweibändigen ›Theory of the Earth‹ (1795; Facsimile Reprint Weinheim/Bergstr. u. Wheldon & Wesley, Codicote, Herst. 1959), sondern zu J PLAYFAIRS gekürzter und erläuternder Neufassung ›Illustrations of the Huttonian Theory of the Earth‹ mit biographischer Skizze (1802; Reprint Dover Publ Inc, New York 1956). Gut lesbar sind HUTTONS erste Veröffentlichungen (Abstract concerning the System of the Earth, 1785; Theory of the Earth 1788; Observations on Granite 1790) in: WHITE GW (Hrsg) Contributions to the History of Geology, Bd. 5. Hafner, New York 1973. Kurze Biographie und auszugsweise Darstellung von HUTTONS geologischen Werken in EB BAILEY (1967) James Hutton – the Founder of modern Geology. Elsevier. – Wichtig: DAVIES (1969) Kap. 5; dazu AV CAROZZIS Rezension in Stud Hist Phil Sci 4. – CLERKS wiedergefundene Zeichnungen s CRAIG GY (1978) The lost drawings. Scott Acad Press, Edinburgh. – Zitat über Siccar Point aus PLAYFAIRS Biographical account of Dr. J.Hutton (1805, S 72 in Edition WHITE, s.o.).

[53a] ›Ist Immanuel Kant der geistige Vater der Huttonschen Theorie?‹ Z Geol Wiss 2: 1333–35.

218

^{53b} Eine nach der Lithographie von J. KAY (vol. 1, No. 24) gefertigte Zeichnung findet sich auch in DOTT RH James Hutton and the concept of an dynamic earth. In: SCHNEER (Hrsg.) 1969: 122–41.

⁵⁴ H v TREBRA, sächs. Oberberghauptmann, 1740–1819; s. u. a. HERRMANN W (1955) Goethe und Trebra. Freiberger Forschungsh D 9. Zitat aus: Erfahrungen vom Innern der Gebirge, 1785. – CHARPENTIER V (1804) Beitr Geognost Kenntn Riesengebirges, 1804.

⁵⁵ Leonhards Taschenbuch 8: 339–40, 1814. – Über die Blaue Kuppe s Leonhards Taschenbuch 9. – Über C. E. A. v. HOFF s. REICH O (1905) Karl Ernst Adolf v. Hoff, der Bahnbrecher der modernen Geologie. Eine wissenschaftliche Biographie. Leipzig 1905. – ANDRÉE K (1930) v. Hoff als Schriftgelehrter und die Begründung der modernen Geologie. Schr K Dtsch Ges Königsberg/Pr, Königsberg.

⁵⁶ ›Das Erbe WERNERS und HUTTONS‹. Geologie 7: 531–59.

⁵⁷ ›Neptunismus und Plutonismus‹. Fortschr Mineral 60: 21–43.

⁵⁸ ›Histoire naturelle de la France méridionale‹, 1780–84.

⁵⁹ ›Gang und Gehwerk einer Falte‹. Z Dtsch Geol Ges 100: 1948.

⁶⁰ H. B. DE SAUSSURE (1740–90), Genf. ›Voyages dans les Alpes‹. 1 Aufl, 1779–1796. Erforschung der Alpen als Beobachter ohne Vorurteile und einseitiges Theoretisieren in zu jener Zeit noch seltener Ergriffenheit von ihrer Schönheit. Er fand in ihnen »nichts beständig als ihre Mannigfaltigkeit«. Montblanc-Besteigung 1787 (als zweiter nach Erstbesteigung 1786). Denkmal in Chamonix. – Der Gedanke an Bergformen als Kristalle kommt auch schon bei NEWTON und noch (1785) bei GOETHE vor: »Der ganze Bau unserer Erde ist aus Kristallisation entstanden.« In den letzten sechs Lebensjahren war DE SAUSSURE leidend. A. V. CAROZZI hat sein Lebenswerk, das auch die Vertretung freisinniger Politik in Genf einschloß, fesselnd gewürdigt in ›Les savants genevois dans l'Europe intellectuelle du XVIIe au milieu du XIXe siècle‹ (um 1986). – Zu NEWTON s. DAVIES (1969) S 142, aber auch 34.

⁶¹ Die Zitate L. v. BUCHS sind dessen Gesammelten Werken [EWALD, ROTH u. ECK (Hrsg)] 4 Bde. Berlin 1867–85) entnommen.

⁶² In: ›Die Entstehung einiger tektonischer Grundbegriffe‹. Geol Rundsch 59: 1–36

⁶³ L. ELIE DE BEAUMONT (1798–1874), Professor in Paris, großer kartierender Geologe, der mit dem Werk ›Recherches sur quelques-unes des révolutions de la surface du globe‹ (Ann Sci Natur 19: Paris 1829–30) zum Begründer der vergleichenden Tektonik wurde (RÜGER 1932).

⁶⁴ Texte zu DANA, HALL, AIRY, PRATT und THOMSON s MATHER u. MASON (1967).

⁶⁵ Nach FAURE G (1986) Principles of Isotope Geology. New York.

⁶⁶ ›Die Großfalten der Erdrinde‹ (1914).

⁶⁷ Über die beiden ESCHER und die Alpengeologie überhaupt s. das schöne Buch STAUB R: Der Bau der Glarneralpen. Tschudi Glarus 1954.

⁶⁸ ALBERT HEIM (1849–1937), vielseitiger, auch für das Allgemeinwohl wirkender Forscher, mit künstlerischem Darstellungsvermögen der alpinen Morphologie und Tektonik. Hauptwerk: Geologie der Schweiz, 3 Bde. 1919–22. Tauchnitz Leipzig. MARIE BROSCHMANN-JEROSCH, ARNOLD u. HELENE HEIM (1952) Albert Heim, Leben und Forschung, Basel, 268 S.

⁶⁹ SCHIMPER K. (geb. 1803 in Mannheim, † 1867), Botaniker und Geologe, s. MÄGDEFRAU K (1968, 1973). SCHIMPERS Leben war in persönlicher und wissenschaftlicher Hinsicht beschattet. Bedeutende Resultate seiner alpingeologischen und glaziologischen Studien fanden erst nach seinem Tode ihre verdiente Anerkennung.

⁷⁰ Beiträge Geol. Karte Schweiz, Liefg 9.

219

[71] Eduard Suess (1831–1914). Großer Geologe und Humanist, Schöpfer der Wiener Hochquellenleitung und Donauregulierung. Liberaler Politiker. Akad. Lehrer f. Geologie u. Paläontologie a.d. Univ. Wien 1857–1901. – Als Student geriet er einmal wegen einer brieflichen Anfrage nach der (Gebirgs!-)Erhebung Mittelitaliens in politische Kerkerhaft! – ›Eduard Suess zum Gedenken‹. Österr Akad Wiss Philos-Hist Abt Sber 422: H 41, 100 S.

[72] Bull Soc Belge Geol 6: 1892–93, S 26.

[73] Schardt (1894) Eclog Geol Helv 4. – Lugeon (1901) Bull Soc Geol Fr (4) 1, 770. Klassiker der schweizerischen Alpengeologie neben A. Heim waren H. Schardt (1858–1930); Professor in Neuchâtel; E Argand (1879–1940), global denkender tektonischer Synthetiker, las 17 Sprachen, Nachfolger Schardts; M. Lugeon (1870–1953), Professor in Lausanne, auch als Gourmand bekannt durch seinen Weinkeller und sein Buch ›La fondue vaudoise‹; R. Staub (1890–1961).

[74] Bull Ct Geol Fr 10: 1899.

[75] Otto Ampferer (1875–1947), neben A. Wegener Begründer des Mobilismus. ›Denken in den Tiefen der Berge‹ (Wegmann), Entthronung der »Erdfeste«. Nachruf von Kraus E (1948) Neues Jahrb Geol Paläontol Monatsh (1945–48). – Klebelsberg R (1949) Jahrb Geol B-Anst Wien 92. – Zitate s. Anm. 77.

[76] E. Haarmann (Osnabrück 1882– Bonn 1945), Begründer des 1943 kriegszerstörten Berliner Geologenarchivs. 2. Geol.-Archiv heute in Freiburg [Pfannenstiel M (1974) Geol Rundsch 63: 1–22, mit Listen der vorhandenen Korrespondenzen].

[77] Ampferer (1906) Über das Bewegungsbild ... Jahrb Geol R-Anst 56: 539–621. – Ampferer u. Hammer (1911) Querschnitt durch d. Ostalpen. Jahrb Geol R-Anst 61: 697 ff.

[78] ›Geologie der Glarneralpen‹. Beitr geol Kt Schweiz nF 28.

[79] Ludwig Kober (1883–1970), Alpin- und Globaltektoniker von hohem Gedankenflug. Seine ›Tektonische Geologie‹ (1942) läßt sich als Weiterführung von Suess' ›Antlitz der Erde‹ kennzeichnen, geschrieben um »das angefangene Werk der Natur zu vollenden« (L. v. Buch), heute freilich überholt (›In den Ozeanischen Rücken liegen alte Orogene vor‹, S 413). 18 Buchveröffentlichungen. Bau und Entstehung der Alpen, 2 Aufl 1955. – Sein Schüler A. Tollmann beschrieb Kobers originale Persönlichkeit zu dessen 100. Geburtstag (mit Bild von ›Meister und Adlatus‹, Mitt Österr Geol Ges 76: 19–25, 1983).

[80] Vacek zit nach Heim A (1921) Geol Schweiz 2/1: 9. Argand: Bull Soc Vaudoise 55.

[81] Z Dtsch Geol Ges 92: 302 ff.

[82] ›Die mitteldeutsche Rahmenfaltung‹: Jahrb Niedersächs Geol Ver 3. – Hans Stille (Hannover 1876–1966), Prof. in Leipzig, Göttingen und Berlin wurde zum großen, weltweit orientierten deutschen Tektoniker des 20. Jhdts. Ausbau der Lehre v.d. orogenetischen Phasen, ›Grundfragen der vergleichenden Tektonik‹ (1924).

[83] J.F. d'Aubuisson de Voisins: Geognosie, übers. v. Wiemann, 1821. Frühaktualistisches Werk eines Werner-Schülers: »Die Zeit, die so enge Grenzen für uns hat, hat keine für die Natur.« – Soulavie s. Anm. 58.

[84] ›Der Bau der Alpen‹, 1924; s. auch Anm. 63.

[85] ›Beschreibung des Grindelwaldthales‹. Mag. Naturkd. Helvetiens, 3.

[86] Buxtorf A: Jahresber Oberrhein Geol Ver 1907. – Thurmann J (1832) Les soulèvements jurassiques. – Gressly s. Anm. 175. – Laubscher H (1961/62) Eclogae Geol Helv 54: 1961, 55: 1962. – Wegmann E (1961) Bull Geol Inst Uppsala 40.

[87] Dieser Abschnitt stützt sich auf D. Pfeiffer (1963).

88   ›Antlitz der Erde‹, Bd 3, S 630.

89   A. v. CHAMISSO, französischer Adelssohn, der Revolution wegen mit seinen Eltern
      neunjährig nach Deutschland, Soldat im preußischen Heer, 1812 Studium der
      Botanik in Berlin, deutscher Dichter, Naturforscher. 1815–18 mit russischem
      Expeditionsschiff um die Welt; darüber ausführlicher Reisebericht mit ergänzen-
      den ›Bemerkungen und Ansichten‹.

90   ›Der Boden der Ozeane und die Erdgeschichte.‹ Naturwissenschaften 1961:
      319–23.

91   SEIBOLD I (1987) Anfänge der deutschen Meeresgeologie – Johannes Walther zum
      Gedächtnis. Z Dtsch Geol Ges 138: 1–12. – WALTHER J (1912) Das Gesetz der
      Wüstenbildung. Leipzig. – SCHÜTTE H ›Sinkendes Land an der Nordsee? Zur
      Küstengeschichte Nordwestdeutschlands.‹ Öhringen 1939, 144 S.

92   Nach dem aus der Schweiz stammenden Geographen A. GUYOT, 1854–84 Prof.
      a. d. Princeton Univ (USA).

93   Kapitel ›Meer und Land‹ in Anlehnung an HÖLDER 1960, S 259 ff. und E WEG-
      MANN 1967 b.

93ᵃ   JAMIESON (1865) Q J Geol Soc London 21: 178.

93ᵇ   PFANNENSTIEL M (1952) Quartär der Levante. Abh Akad Wiss Mainz, Math-Nat
      Kl Nr 7 (mit Zitat zu 1944: Dardanellen).

94   Das Kapitel lehnt sich eng, z. T. wörtlich, an HÖLDER 1977, Kap ›Stufenlandschaft‹
      S. 165 ff. an.

94ᵃ   Schwäbische Lebensbilder Bd 2.

94ᵃ   SCHWARZ E (1832) Reine natürliche Geographie Würtembergs.

94ᶜ   BUCH L v (1839) Abh K Akad Wiss Berlin (1837).

95   QUENSTEDT W (1960) B. Ehrhart und der Boden Schwabens. Zwiebelturm 15.

96   Jahrh Ver Vaterl Naturkd Württemb 17: 1861.

97   NEUMAYR M (1837) Die geographische Verbreitung der Juraformation. Denkschr
      Akad Wiss Wien Math-Nat Kl 50.

98   »Geognostische Profile der Schwäbischen Alb.« Stuttgart 1834.

99   Nach MATHER u. MASON 1967, S 411.

100   ›The Colorado River Region and John Wesley Powell‹. Geol Surv Prof Pap 669:
      145 S, 1969. – Auch Geotimes May–June 1969, POWELL-Heft über sein Leben
      und seine Expeditionen und seinen Einfluß auf die Geologie (mit wundervollen
      Zeichnungen des Colorado-Canyons von W. H. HOLMES). – POWELL war Offizier
      im amerikanischen Bürgerkrieg, Prof. d. Geologie, Ethnologe, Direktor des US
      geol. Survey.

101   ›Die erklärende Beschreibung der Landschaftsformen‹, S 105; 1912. – DAVIS'
      reichlich schematische Theorie zog eine Schule nach sich, deren bedeu-
      tendste deutsche Anhänger A. und W. PENCK waren. – F. v. RICHTHOFEN: China,
      Bd 2.

102   J. A. DE LUC 1727 Genf–1817 Windsor, 1798–1804 Honorarprof. in Göttingen,
      Reisebegleiter der englischen Königin. ›Phantastischer Vielschreiber‹ (ZITTEL) mit
      manchen absurden Ideen neben für seine Zeit auch fortschrittlichen Erkenntnis-
      sen, z. B. des Werts der Fossilien für die Charakterisierung der Schichtgesteine
      (Vorläufer von SMITH) und der Annäherung der fossilen Organismen an die
      lebenden Formen. – F. ELLENBERGER u. G. GOHAU (1981). – Auch J. A. DE LUCS
      Bruder G. A. DE LUC und sein ihm (J. A.) gleichnamiger Neffe veröffentlichten
      geologische Aufsätze [STEINER W (1969) Hercynia 6].

102ᵃ v. BUCH: Verbreitung großer Alpengeschiebe 1811, veröff. 1815; 1827; Ges.
      Werke Bd. 2 u. 3. – Rohsteine um Berlin, posthum veröff., Bd. 4, Teil 2. – Bild der

›Pierrabot‹ in SCHWARZBACH (1981) Denkmäler und Gedenktafeln von Eiszeitforschern in Mitteleuropa. Eiszeitalter Gegenw 31: S 6.

[103] WAGENBRETH O (1978) Der Ilmenauer Bergrat J.C.W.Voigt u. seine Bedeutung für die Geschichte der Geologie. In: Geologen d. Goethezeit. Abh Staatl Mus Mineral Geol Dresden 29: 59–97.

[104] GOETHE: Cotta-Ausg. Bd.20 (1960), S 503–505. – PHILIPPSON R (1927) Hat Goethe die Eiszeit entdeckt? Jahrb Goethe-Ges 13.

[105] ›Theory of the Earth‹ S 218; ›Illustrations‹ § 348, S 388.

[106] DAVIES (1968) J Glaciol 7 No 49: 115–16. – RUTSCH RF (1962) Grindelwald, Wiege der experimentellen Gletscherforschung. Z ›Die Alpen‹ (2 S).

[107] VENETZ J (1833) Denkschr Schweiz Ges ges Naturwiss 1. – L. AGASSIZ, berühmter Paläontologe und Glazialgeologe. Erzählende Schilderung seines ruhelosen Lebenslaufs durch M.L. ROBINSON (1941) Louis Agassiz (dtsch Übers, Rascher Zürich Leipzig. S. auch Anm. 162.

[108] OSWALD HEER (1809–1883), Pfarrersohn a.d. Sernfttal, Paläobotaniker. Werke über fossile Floren der Schweiz und der Arktis. Seine Studierstube war seinerzeit Zentrum der geologischen Polarforschung (M. SCHWARZBACH). Erforschung der Natur in religiöser Ergriffenheit als Schöpfungsplan. Hauptwerk: Die Urwelt der Schweiz. 1 Aufl 1865, 2 Aufl Zürich 1883.

[109] ESCHER H. (1820) Ann Phys 65.

[110] Zum Sahara-Meer s. POMPECKJ (1904) Nachruf auf ZITTEL. Palaeontographica 5.

[111] BERNHARDI (1832) Leonhards u. Bronns Jahrb Min Geol. Petref-Kde. – MORLOT A v (1844) Über die Gletscher der Vorwelt und ihre Bedeutung. Bern. – TORELL (1875) Z Dtsch Geol Ges 27. – WAGENBRETH O (1960) Aus der Vorgeschichte von Torells Glazialtheorie. Ber Geol Ges 5: 177–90. – EISZMANN L (1974) Die Begründung der Inlandeistheorie für Norddeutschland durch den Schweizer A. v. MORLOT 1844. Abh Ber Naturkd Mus »Mauritianum« Altenburg 8: 289–318. – WAGENBRETH O (1978) Die Feuersteinlinie in der DDR. Schriftenr Geol Wiss Berlin 9. – Zu TORELL: Sitzungsber Z Dtsch Geol Ges 27.

[112] Der folgende Text in Anlehnung an DAVIES (1969). – JAMESON R (1774–1854), der Wernerianer (s.S.44), nicht zu verwechseln mit JAMIESON (s.S.105 u. Anm.93a). – ESMARK J (1763–1839), Studium in Freiberg, zuletzt Professor d. Bergwissenschaften in Christiania.

[112a] DARWINS Abhandlung über das Glen Roy, das er mehrmals besuchte, in Philosoph Transactions 1839: 39–82. Autobiographisches und Biographisches in DARWIN: Ges Werke Bd 14 = Bd 1 Leben und Briefe, Hrsg J.V. CARUS, Schweizerbart, Stuttgart 1899.

[113] ›History of Investigation and Classification of Wisconsin Drift in North-Central United States‹. Geol Soc Am Mem 136: 3–34.

[114] WAGENBRETH O (1985) B.v.Cotta (1808–79) u. die Verbreitung geolog. u. paläontol Kenntnisse. In: Geologen d. Goethezeit (s. Anm. 103). COTTA war Professor a.d. Bergakademie zu Freiberg und einer der fruchtbarsten, auch in bestem Sinne popularisierenden Geologen der Jahrhundertmitte im Wandel der Anschauungen von A. G. WERNER (in dessen Neptunismus ihn sein Freiberger Lehrer K.A. KÜHN noch einführte) über L. v. BUCH zu LYELL und DARWIN. Über COTTAS ›geologisches und philosophisches Lebenswerk‹ berichtet ebenfalls WAGENBRETH an Hand ausgewählter Zitate in Ber Geol Ges DDR, Sonderh 3: 172 S, 1965.
HEIM A (1878) Mechanismus der Gebirgsbildung, S 250. – PENCK A (1882) Die Vergletscherung d. deutschen Alpen, 26. Kap. PENCK nahm hier zunächst nur drei Glazialzeiten an, erst später (PENCK u BRÜCKNER: Die Alpen im Eiszeitalter,

222

1902–09) die vier Glazialzeiten Günz – Mindel – Riß – Würm. In einem Brief an A. Heim (1936) führt auch Penck die Talbildung vor allem auf das Wasser zurück und rechnet nur noch mit nachträglicher Umgestaltung durch das Eis. (Hölder 1960, S 513, Anm. 117).

[115] G. de Geer (1858–1943), Schwede flämischer Herkunft, Geol Rundsch 3, 1912. Er wandte seine großes Aufsehen erregende Methode exakter Zeitbestimmung aber schon seit 1884 an (Wegmann 1967b).

[116] Neues Jahrb Geol Mineral 1910 II, S 67–88. E Koken (1860–1912) war Professor d. Geol. u. Paläontol. in Tübingen.

[117] Nachweis der im Text hier folgenden Zitate bei Hölder 1960, S 178ff. u. S 506–7. Doch seien genannt: Cloos H (1919) Der Erongo. Beitr geol Erforsch deutsch Schutzgebiete 17 – ›In Gespräch mit der Erde‹, 1947. ›Sphinx Erongo‹ Der Erongo ist einer der nicht-orogenen Granitplutone SW-Afrikas, deren Intrusion heute mit dem Auseinanderdriften von Afrika und Südamerika in Zusammenhang gebracht wird. Jüngste Darstellung: Blümel WD u.a. (1979) Der Erongo. Wiss Ges Windhoek. – Cloos H (1925) Das Riesengebirge. Berlin. – Tuffschlote. Geol Rundsch 32. – Stille (1940) Herkunft der Magmen. Abh Preuß Geol L-A Math-Nat Kl Nr 19. – Branco W v (1894) Schwabens 125 Vulkanembryonen. Jahresh Ver Vaterl Naturkd 50. – Rittmann A (1936) Vulkane u. ihre Tätigkeit. – Hans Cloos (1885–1951), Professor in Bonn. Genial veranlagte Geologenpersönlichkeit mit künstlerischem Einschlag (berühmte geologische Blockbilder), Tektoniker (Granittektonik), Popularisierung der Geologie auf höchster Ebene: ›Gespräch mit der Erde‹, 1. Aufl 1947. – Einführung in die Geologie (Ein Lehrbuch der inneren Dynamik); Berlin 1936.

W. v. Branco (später Branca) (1844–1928), lombardischem Patriziergeschlecht entstammend, Professor d. Geologie in Königsberg, Tübingen und, nach Erkrankung, in Hohenheim und Berlin. Pompeckj: Gedächtnisrede auf v. Branca. Sitzungsber Preuß Akad Wiss Berlin 1928.

[118] Goethe hatte sich gegenüber der erfolgreichen Salzbohrung des vielerfahrenen Salinisten C.C.F. Glenck zunächst ›ungläubig‹ verhalten, »doch, wie ich gern gestehe, aus alten, vielleicht veralteten Vorstellungen, und mir sollte sehr angenehm sein, hierüber moderner aufgeklärt zu werden«. Brief an Graf v. Sternberg 12 I 1823. – Über Glenck und die Erschließung vor allem der württembergischen Salinen sind W. Carlé zahlreiche historische Abhandlungen zu verdanken.

[119] Abh Akad Wiss Berlin 1848, S 165.

[120] Stille (1917) Geol Rundsch 8: 90.

[121] Trusheim (1957) Z Dtsch Geol Ges 109.

[122] Ausführliche Darstellung in Zittel 1899, 6. Kap. (Petrographie). Über das Granitproblem dort S 748 ff.

[123] Trebra: Erfahrungen im Innern der Gebirge, S 49. – Herrmann W (1955) Goethe und Trebra. Freiberger Forschungsh D 9: 212 S. – Macculloch: The Western Islands of Scotland (prachtvolles Tafelwerk). – Fournet (1844) Compt. rendus T18. – Sauer A (1903) Das alte Grundgebirge Deutschlands. 10. Int Kongr Wien 1903, Bd 2. –

[124] Sharpe D (1847) Q J geol Soc London 3. – Becke F (1903) Ebenda. 10. Int Kongr Wien 1903, Bd 2.

[124a] »Einführung in die Gefügekunde der geologischen Körper.« 2 Bde Springer-Verlag Wien 1948–50.

[125] Sederholm C (1907) Om Granit och Gneis. Bull Comm Géol Finlande Nr 23. – Backlund (1938): Geol Foeren Stockholm Foerhandl 60.

[126] Isotope sind gleiche Elemente mit verschiedenem Atomgewicht. Seit 1931 zeigte sich, daß sich die Gewichtsverhältnisse unter wechselnden Bedingungen, vor allem unterschiedlichen Temperaturen und Drücken, ändern können. So erlaubt z.B. das Verhältnis der Sauerstoff-Isotope O^{16}/O^{18} in Fossilschalen, die Meerestemperatur zu den Lebzeiten ihrer einstigen Träger, ja deren jährliches Schwanken zu bestimmen. Ähnlich herrschen unter Drücken und Temperaturen des Erdmantels andere Isotopenverhältnisse als in der Kruste, die sich aber unter günstigen Bedingungen, z.B. in rasch aufsteigenden Magmen, erhalten und damit die Herkunft des Gesteins anzeigen können.

[127] READ H.H. (1943–44) Proc. geol. Assoc. 44–45. – WALTON (1955) Amer. J. Sci. 253. – WEGMANN (1935) Zur Deutung der Migmatite, Geol. Rundsch. 26.

[128] SCHWARZBACH M (1959) Die Beziehungen zwischen Europa und Amerika als geologisches Problem. Kölner Univ-Reden Nr 23. – GOETHE: Zahme Xenien IX.

[129] WAGENBRETH O (1966–67) Die Lausitzer Überschiebung und die Geschichte ihrer geologischen Erforschung. I und II. Abh Staatl Mus Mineral Geol Dresden 11 und 12: 163–368.

[130] C.F. NAUMANN (Dresden 1797–1873 Leipzig), einer der letzten WERNER-Schüler in Freiberg. Kristallograph und Geologe vulkanistischer Tendenz, Norwegenreisen, Professor in Freiberg und Leipzig. Lebensbild: WAGENBRETH O (1979) Abh Staatl Mus Mineral Geol Dresden 29: 313–396. – C.C.v. LEONHARD (1779–1862), Professor f. Mineralogie u. Geognosie in Heidelberg. Hrsg. v. LEONHARDS Taschenbuch, dem Vorläufer des Neuen Jahrb. Geol. Mineral.

[131] ROBSON (1986). – PEACH u. HORNE (Q J Geol Soc 44: 1888) gaben zahlreiche Profile der nordwestschottischen Überschiebungstektonik. Um die Bestimmung der altpaläozischen Fossilien machten sich besonders auch Vater und Sohn JAMES SOWERBY und JAMES DE CARLE SOWERBY verdient, die mit ihrem Autornamen so oft in Erscheinung treten.

[132] J.D. DANA (1813–1895), vielseitiger, führender amerikanischer Geologe, Zoologe, Mineraloge, Weltreisender, Verfasser eines epochemachenden Lehrbuchs der Geologie (ZITTEL).

[133] STILLE (1918) Nachr Ges Wiss Göttingen Math-Nat Kl – KREJCI-GRAF (1950) Geol Rundsch 38: 117. – CLOOS (1939) Hebung – Spaltung – Vulkanismus. Geol Rundsch 30. – Eine eingehende (bezüglich der Tiefenströmungen aber sehr hypothetische) Darstellung des modernen Theoriengeflechts der Gebirgsbildung gab H.-G. WUNDERLICH: Wesen und Ursachen der Gebirgsbildung. Hochschultaschenb. Mannheim 1966.

[134] WEGENER A (1915) Die Entstehung der Kontinente und Ozeane. 1 Aufl 1915, 4. Aufl. 1929 (Neudruck bei Vieweg, Braunschweig 1980). – CAROZZI AV (1969) CR SPHN Genève, n S 4: 171–79.

[135] W SALOMON-CALVI, Professor in Heidelberg, nach Emigration 1933 in Ankara, dort †1941. PFANNENSTIEL M (1958) Gedächtnisschrift. Ruperto-Carola 10 Jg Bd 23.

[135a] TOLLMANN A (1973) Grundprinzipien der alpinen Tektonik. Wien, 404 S. (Ein sehr anschauliches Buch!).

[135b] Senck. leth. 48 (6): 525–533.

[136] Nicht leichte ›sialische‹ Kontinente also schwimmen auf simatischem Untergrund, auch nicht Stücke der definitionsgemäß nur bis zur Moho-Diskontinuität reichenden Kruste, sondern weit mächtigere Platten, die auch noch den oberen Teil des Mantels umfassen, bewegen sich auf dem plastisch reagierenden tieferen Mantel (der ›Asthenosphäre‹, ›asthenos‹ griech = schwach). Feste, plastisch reagierende und

224

geschmolzene Gesteine gibt es im Mantel ebenso wie in der Kruste als Teil der Lithosphäre. Plattendicke subozeanisch 50–100, subkontinental bis 200 km.

[137] Darstellungen der Plattentektonik: z.B.: GIESE P (Hrsg) (1984) Ozeane und Kontinente. Spektrum Wiss Verständl Forsch, Heidelberg 1984, 248 S. – TRÜMPY R (1985) Die Plattentektonik und die Entstehung der Alpen. Neujahrsbl. Naturforsch Ges Zürich. Zürich, 47 S.

[138] MILANOVSKY (1978) Regionale Einflüsse auf Ursprung und Entwicklung geologischer Theorien. In: VIII. Symp Int Kom Geschichte Geol (1978). – Münster Forsch Geol Palaentol 58: 1983. – BELOUSSOW VV (1962) Basic problems in geotectonics New York.

[138b] BÖGER H (1979): Expandiert die Erde oder schrumpft sie? Zentralbl Geol Palaeontol T 1, 1978, H 11/12: 1012–1017.

[139] Die Refraktionsseismik bedient sich an der Moho-Diskontinuität gebrochener Erdbebenwellen, die an dieser bis zu erneuter Brechung und Rückkehr an die Erdoberfläche entlanglaufen, die Reflexionsseismik dagegen der vertikal unter dem künstlichen Erschütterungspunkt reflektierten Wellen. Letzteres ist das bei weitem genauere, aber auch kostspieligere Verfahren.

[140] EMMERMANN R (1986) Das deutsche Kontinentale Tiefbohrprogramm. Geowiss unserer Zeit 4 Jg: 19–33.

[141] ›Des géosynclinaux aux océans perdus‹. Bull Soc Géol Fr t 26: 201–6.

[142] »Doch den Zweck nicht zu verlieren – will ich jetzt auf allen Vieren – nach besagten Terebrateln – noch ein Stückchen weiterkratteln – das ist auch wohl Poesie.« EDUARD MÖRIKE in ›Der Petrefaktensammler‹, dem schönsten der Paläontologie gewidmeten Gedicht.

[142a] Dtsche Rdsch 33 1907: 386.

[143] SCHWAN W (1974) Zeitlichkeit von Orogenese und Plattentektonik. Clausthaler Geol Abh 17: 1–57. – AYRTON (1987) Geol Rundsch 76: 86.

[144] DFG-Ber Geowiss XIII, 1983.

[145] Die Anregung zu diesem Absatz gab die Lektüre von COOK AH (1984) The oceans and the physics of the earth. Tectonophysics 105: 71–77.

[146] ENGELHARDT W v (1963) Probleme der kosmischen Mineralogie. Reden Univ Tübingen, 16: 31 S.

[147] Der folgende Text entstammt größtenteils HÖLDER (1971): Die Rolle der Wissenschaftsgeschichte für die meteoritische Deutung des Nördlinger Rieses. Geologie 20: 591–96. – Personalia: C. DEFFNER (1817–77), Fabrikant in Esslingen a. Neckar, Privatgeologe. – OSKAR FRAAS (1824–97) Direktor des Stuttgarter Naturalienkabinetts (heute Staatl Museum f Naturkunde). – E. KOKEN, s. Anm. 116. – C. W. v. GÜMBEL (1823–98). Würdigung von H. NATHAN: Geol Bavar 6: 16–25, 1951. – W. KRANZ, Pionieroffizier, württembergischer Landesgeologe. – R. SEEMANN (1888–1975), Hauptkonservator am Staatl. Mus. f. Naturkd. Stuttgart. Nachruf v. HÖLDER (1976) Jahresh Ges Naturkd Württemb 131. – PENCK (1884): Pseudoglaziale Erscheinungen. Stuttgart. – BUCHER (1921) Bull geol Soc Amer 82.

[148] Tektonische Riesdeutung: anklingend schon bei REGELMANN C (1909) Ber oberrh geol Ver 42 Versammlg. – SEEMANN R (1939) Neues Jahrb Mineral etc Beil-Bd 81 (B). – Meteoritische Deutung: SHOEMAKER EM & CHAO (1961) J Geophys. Res. 66: 3371–3378. – Vorläufer: WERNER E (1904) Bl Schwäb Alb-Ver 16: 163. – KALJUVEE J (1933) Die Großprobleme der Geologie. Tallinn, 162 S. – STUTZER O (1936) Z dtsch geol Ges 88.

[149] WITSCHARD (1984) Precambr Res 23: 273–315, laut AYRTON (1987) Geol Rundsch 76.

225

[150] ›Die Gebirge Niederschlesiens‹, 1819, S 165–66.

[151] Die Zitate sind der Protogaea (übers. v. W. v. ENGELHARDT, Stuttgart 1949) S 67, 89, 25 entnommen. Wer mit ›manche‹ im letzten Zitat (Wassertiere – Amphibien) gemeint ist, ist unklar, zumal B. DE MAILLET diesen Gedankengang erst 1715 veröffentlicht hat.

[152] BERGSON H (1907) Evolution créatrice. 1907.

[153] SCHEUCHZER (1702) Specimen Lithographiae Helvetiae curiosae. – WOODWARD s. Anm. 15 b. – Über die Deutungsgeschichte von *Andrias scheuchzeri* s. WESTPHAL F (1958) Die tertiären und rezenten eurasiatischen Riesensalamander (Genus *Andrias*). Palaeontographica A 110.

[154] WITTMANN O (1979) Balthasar Ehrhart (1700–1756) aus Memmingen (Schwaben) und seine Dissertatio de belemnitis suevicis (1727). Übers. v. P. WILLMANN. Erlanger Geol Abh H 107.

[155] Elie Bertrands changing Theory of the Earth. Arch Sci Genève 37: 265–300.

[156] Zu ROWLANDS Konzeption s. HÖLDER Paläontol Z 60: 353–61. S 359 dort erfordert eine Korrektur: BERTRAND hat nur bis 1752, nicht 1763 an der Figurenstein-Deutung festgehalten.

[157] Mém Différentes Parties Sci Arts 5: 226. – Zu HOOKE s. Anm. 9, Abh. über Erdbeben, posthum 1705.

[158] LINNÉ, CARL V. (1707–1778). Sohn eines schwedischen Pfarrers und Gartenfreunds, der sich den Beinamen LINNEAUS nach einer Linde zugelegt hatte. Abschluß des Medizinstudiums zwecks Promotion an der holländischen Universität Harderwijk, in der Botanik aber fast Autodidakt, durch Reisen und zahlreiche botanische Werke kometenhafter Aufstieg zu Weltruhm, Professor in Uppsala mit zahlreichen berühmten und weltreisenden Schülern. Grundlegung der Systematik von Pflanzen und Tieren. Einführung der binären Nomenklatur für Pflanzen (1753) und Tiere (1758, Systema naturae, 10 Aufl). Zeitlebens staunender und ehrfürchtiger Bewunderer der Natur, zu deren Erforschung er einen göttlichen Auftrag empfand – im Gegensatz zu seinem Zeitgenossen ALBRECHT v. HALLER, der im Zweifel blieb, ob Naturforschung nicht Gottesfrevel sei. Seit Adelung 1762 CARL VON LINNÉ. Sein Nachlaß wurde nach England verkauft und wird von der ›Linnean Society of London‹ betreut. (MÄGDEFRAU).
Linné gliederte die Organismenwelt nach Einzelmerkmalen diskontinuierlich, BUFFON nach der Gesamtheit der Merkmale und unter dem Aspekt der Kontinuität. (MAYR 1984). LINNÉ prägte den Begriff der ›Fauna‹ nach dem latinischen Gott der Herden Faunus (in Anlehnung an das ältere Wort Flora).
ENGELHARDT W v (1980) Carl von Linné und das Reich der Steine. C. v. L, Beiträge über Zeitgeist, Werk u. Wirkungsgeschichte, Linnaeus-Symp, Hamburg 1978, Göttingen 1980, S 81–96.

[159] MEINECKE (1774) Abhandlung von dem Mangel der wirklichen Originale zu den Versteinerungen. Der Naturforscher, 1 Stück, S 221–28. – SOULAVIE G (1980) Histoire naturelle de la France méridionale, Bd 1 (Zitat nach B. v. FREYBERG 1932). – BUFFON, s. S. 29 sowie Anm. 21.

[160] KANT (1785) Rezension über HERDERS ›Ideen‹; zit. nach SCHMIDT H (1918) Geschichte der Entwicklungslehre. – Kritik der Urteilskraft. 1790, § 80.

[161] ›Cours élémentaire de Paléontologie stratigraphique.‹ – Silur umfaßt hier auch noch das Kambrium. Zitate nach H. SCHMIDT (1918) und G. H. BRONN (1849) Handb Geschichte Nat.

[162] J. L. R. AGASSIZ (1807 Motier/Schweiz – 1873 Cambridge/Mass). Pfarrersohn, Studium d. Naturwissenschaften u. Medizin in Zürich, Heidelberg u. München. 1831

bei CUVIER in Paris, 1833 durch A.v.HUMBOLDTs Vermittlung Lehrstuhl a.d. Akademie des damals preußischen Neuenburg (Neuchâtel). Hauptwerk ›Les poissons fossiles‹ (1833–42). Gletscherstudien (S.118). Seit 1848 Lehrstuhl für Zoologie und Geologie am Harvard College in Cambridge (USA), wo er durch öffentliche Vorträge begeisterte und das Museum of Comparative Zoology (›Agassiz-Museum‹) gründete.

KUHN-SCHNYDER E (1975) Louis Agassiz als Paläontologe. Denkschr Schweiz Naturforsch Ges 89: 23–123.

[163] Vortrag 1858, zit. nach H.SCHMIDT 1918, S.242. – Vgl. auch BRONN HG (1858) Untersuchungen über die Entwicklungsgesetze der organischen Welt während der Bildungszeit unserer Erdoberfläche. Stuttgart.

[164] Philosophie zoologique, 1809 (Deutsch von H.SCHMIDT, Kröner, Leipzig, 1909); NAPOLEON soll die ihm von LAMARCK dedizierte Schrift, nicht ohne Einfluß CUVIERS, schroff zurückgewiesen haben (J.BOURDIER, s. Anm.166). Systemat Hauptwerk LAMARCKS: Système des animaux sans vertébrés. Paris 1801.

Die Beurteilung von LAMARCKs Werk schwankt zwischen größter Hochschätzung (E HAECKEL!) und scharfer Kritik. Vgl. z.B. TSCHULOK S (1937) Lamarck. Eine kritisch-historische Studie. Zürich Leipzig. – Ders (1938) Lamarck als Theoretiker der Biologie. Bio-Morphosis, Bd 1, S 173–201. – HENNIG E (1959) 150 Jahre Lamarck, 100 Jahre Darwin. Naturwiss Monatsschr 67: 1–5. – WICHLER G (1963) Charles Darwin. München Basel (S 65–74: J Lamarck). – BOURDIER F (1969) beurteilt CUVIERS Verhalten gegenüber LAMARCK sehr kritisch (s. Anm. 166).

JACOB F, Die Logik des Lebendigen (1972, S.158ff., 187ff.). sieht LAMARCK in engem Gefolge von BUFFONs mit einem Stufenplan rechnenden Transformationsdenken grundsätzlich getrennt von DARWINs mit dem Zufall rechnender Theorie. – Würdigung LAMARCKs durch E.MAYR (1984, S 286).

[165] Biologie oder Philosophie der lebenden Natur. 3 Bde. 1802–05. TREVIRANUS war Schüler SCHELLINGS. – Die zwiespältige Haltung der deutschen Naturphilosophie zum naturwissenschaftlichen Evolutionsgedanken wäre besonders zu untersuchen. Idee und Realität sind hier oft schwer zu unterscheiden, manche Äußerungen aber sehr bemerkenswert. So kam A.M.TAUSCHER in dem »Versuch die Idee einer fortgesetzten Schöpfung oder einer fortwährenden Entstehung neuer Organismen aus regelmäßig wirkenden Naturkräften ... darzustellen« (Chemnitz 1818) »zu dem wahrscheinlichen Schluß, daß der physische wie der geistige Mensch, der in beyder Hinsicht mit den höhern Thieren manches gemein hat, in thierischen Organismen allmählig veredelt und gleichsam heraufgebildet werde«. (SCHINDEWOLF OH (1941) Paläontol Z 22: 154.

[166] BOURDIER in SCHNEER (Hrsg) 1969, S 36–61. – CUVIER gegen GEOFFROY: Kollegenstreit nach anfangs enger wissenschaftlicher Zusammenarbeit (s. auch Anm.164). GEOFFROY deutete aus seiner schon auf BUFFON zurückgehenden Überzeugung einer zusammenhängenden Kette alles Lebendigen auch die von ihm monographisch beschriebenen Jura-Krokodilier von Caen aufgrund der Gaumenanatomie unzutreffend als auf die Säugetiere zielende Vorläufer (daher der Name *Teleosaurus*, ›telos‹ griech = Ziel; Teleosaurus wird heute zu *Steneosaurus* gestellt). GEOFFROYs Annahme, daß sich die Arten (von LAMARCK abweichend) durch direkten Umwelteinfluß verändern, was er anhand in die neue Welt verpflanzter Arten zu erhärten suchte, widerspricht der Auffassung, er habe den Artwandel nur ideell verstanden, wie das für GOETHE eher zutrifft. – Zum Akademiestreit s. ECKERMANNS Gespräche, 2.August 1830 nach Aufzeichnung SORETS); auch HASSENSTEIN B (1958) Publ Fac Lett Univ Strasbourg Fasc 137.

[167] Aus ›Variable Strata‹, Poem von Smith (Mskr), veröff in Craig u Jones (1982) A geological miscellany; Oxford.

[168] Nach Ellenberger 1981. – de Luc: 12. Brief an den Physiker Delametherie 1791.

[169] Tagebucheintragung von Smith 1795/96, zit. v. Haarmann E (1942) Der ›Schichten-Schmidt‹. Geol Rundsch 33. Über Smith' (nicht immer erfolgreiche) Prospektion auf Steinkohle: Eyles JM (1971) Geol Jg 20: 710–14. Berlin.

[170] ›Beschreibung merkwürdiger Kräuter-Abdrücke und Pflanzenversteinerungen. Ein Beitrag z. Flora d. Vorwelt‹ [= vorsündflutliche ›präadamitische‹ Schöpfung], 1. Abt., Einleitung, 1804.
Langer W (1966) Ernst Friedrich von Schlotheim (1764–1832) Argumenta Palaeobot 1: 19–40 und (1982): Nat Mus 112: 77–80.

[171] Zieten CH v (1830–34) Die Versteinerungen Württembergs. Stuttgart. – Goldfuss A (1826–44) Petrefacta Germaniae. – Orbigny A d' (1840–55) Paléontologie française. Paris. – Langer W (1970) August Goldfuß. Bonner Geschichtsbl 23: 229–243.

[172] Reinecke DICM (1818) Maris protogai Nautilos et Argonautas vulgo Cornua Ammonis in Agro Coburgico reperiundos, descripsit et delineavit … Coburgi 1818. (90 S, 13 farblithogr. Tafeln). (Deutsch herausg. v. F. Heller u A. Zeiss: Erlanger Geol Abh H 90). – Pompeckj JF (1927) J. C. M. Reinecke, ein deutscher Vorkämpfer der Deszendenzlehre aus dem Anfange des 19. Jahrhunderts. Paläontol Z 8: 39–42. – Vgl. auch Schindewolf OH (1941) Einige vergessene deutsche Vertreter des Abstammungsgedankens aus dem Anfange des 19. Jahrhunderts. Paläontol Z 22. – Reinecke (1770–1818) war seit 1804 Professor für Mathematik und Physik am Gymnasium in Coburg.

[173] Justi JAG v (1771) Geschichte des Erdkörpers. (Von den verschiedenen Schichten.) Berlin. Voigt (1791) Bildung der Thäler. Mineralog Bergmänn Abh 3: 19–26.

[174] Quenstedt-Zitate aus ›Der Jura‹, 1856, S 18 sowie ›Sonst und Jetzt. Sammlung populärer Vorträge,‹ Tübingen 1856, S 228. – Hier sei auch auf ein ähnliches Wort des Anthropologen H. Schaaffhausen (1816–1893) hingewiesen: »Lebende Pflanzen und Tiere sind … von den untergegangenen nicht als neue Schöpfungen geschieden, sondern vielmehr als deren Nachkommen infolge ununterbrochener Fortpflanzung zu betrachten« (Über Beständigkeit und Umwandlung der Arten. – Verh Naturhist Ver Preuß Rheinlande Westfalens 10, 1853). – Schaaffhausen ist besonders durch die 1858 erfolgte Beschreibung und richtige Deutung des 1856 entdeckten Neandertaler Urmenschen bekannt. – Unger F v (1852) Versuch einer Geschichte der Pflanzenwelt.

[175] Prevost (1839) Bull Soc Geol Fr 12: 66.
Gressly: Observations géologiques sur le Jura soleurois. Nouv Mem Soc Helv Sci Nat 2. – Dazu Wegmann (1962–63) L'exposé original de la notion de faciès par A. Gressly (1814–1865). Sci Terre T 9. – Meyer K (1966) Amanz Gressly. Mitt Naturforsch Ges Kanton Soluthurn H 22.
Gressly wußte bei der Prägung des Wortes Fazies sicher nichts von seiner Verwendung in dem anderen Sinne der Unterscheidung gestörter und ungestörter Schichten bei Steno, hatte es aber bei seinem Straßburger Lehrer P. L. Voltz schon gehört, der es beim Anblick mancher Gesteinswände im Sinne von Habitus verwendete.

[175a] Geol paläontol Abh u F 12.

[176] Oppel A (1856–58) Die Juraformation Englands, Frankreichs und des südwestlichen Deutschlands. Jahresh Ver Vaterl Naturkd Württemb 12–14. – Martin GPR

(1961) Die Briefe Oppels an Friedrich Rolle aus den Jahren 1852–61. Jahresh Ver Vaterl Naturkd Württemb 116.

¹⁷⁷ HEDBERG HD (1976) International stratigraphic Guide.

¹⁷⁸ Über die MURCHISON-SEDGWICK-Kontroverse haben R.C.THACKRAY, M.J.S.RUDWICK auch im J Geol Soc 132 (1976) berichtet. Außerdem: SECORD JA (1986) Controversy in Victorian geology. The Cambrian-Silurian dispute. Princeton (nicht mehr eingesehen). – Über MURCHISON s. GEIKIE A (1895) Life of Sir Roderick Murchison, 2 Bde. London.

¹⁷⁹ Mehr über die Geschichte der Mikropaläontologie s. HILTERMANN 1965.

¹⁸⁰ CHR.G.EHRENBERG (1795 Delitzsch b. Leipzig – 1876 Berlin). Vielseitiger Erforscher vorher unbekannter Mikroorganismen, deren Einzeller-Natur ihm aber noch nicht bekannt war. Dissertation über Pilze und ihre Entwicklung in der Umgebung von Berlin unter dem Motto: »Der Welt Kleines auch ist wunderbar und groß, und aus dem Kleinen bauen sich die Welten.« Widerlegung der Urzeugung. Die Lehre vom Kampf ums Dasein erschien seiner idealistisch-vitalistischen Naturbetrachtung öde und die Evolutionslehre überhaupt wegen der Vollkommenheit schon im Kleinsten abzulehnen. WETZEL O (1966) Geschichte der Mikroskopie; Frankfurt a M.

¹⁸¹ DARWIN CH (1859) On the Origin of Species by Means of Natural Selection, 2. unveränd Aufl 1860, weitere vier Auflagen bis 1872 [Deutsche Übersetzungen von H.G.BRONN (1863) und als Bd 2 (1876) in den von J.V.CARUS übersetzten Gesammelten Werken (Schweizerbart, Stuttgart, 1875–1899)].
Erst jüngst wurde die überraschende Tatsache bekannt, daß die unveröffentlicht gebliebenen ›Principles of Agriculture‹ des großen schottischen Naturforschers J.HUTTON aus dem Jahre 1797 (!) einen Abschnitt über natürliche Auslese enthalten, der sich auf Ergebnisse der Pflanzen- und Haustierzüchtung stützt und DARWINS These von der Bevorzugung derjenigen Varianten, die der Umwelt am besten entsprechen, schon vorwegnimmt. (BAILEY EB (1967) James Hutton – the Founder of Modern Geology. Elsevier, Amsterdam London New York).

¹⁸² Gesammelte Werke, übers. v. J.V.CARUS, Bd 15 (Leben u. Briefe) S.23 und Bd 2, S 575; Schweizerbart, Stuttgart 1899.

¹⁸³ Antrittsrede Univ Zürich 1956, S 12.

¹⁸⁴ ›Über Form und Geschichte des Wirbeltier-Skelettes.‹ Akad Antrittsrede Basel 1856. – Über die Aufgabe der Naturgeschichte. Rektoratsrede Basel 1867. In: RÜTIMEYER L. (1898) Gesamm. kleine Schriften, Bd 1. Georg, Basel.

¹⁸⁵ ›Planorbis multiformis im Steinheimer Süßwasserkalk.‹ Monatsber K Akad Wiss Berlin 1866. – ›Die Streitfrage des Planorbis multiformis.‹ Kosmos S 1–22, Leipzig 1879. Neuerdings MENSINK H (1984) Palaeontographica A 183. – REIF W-E (1983) Paläontol Z 57: 21–26.

¹⁸⁵ᵃ ›Beiträge zur Kenntnis der fossilen Pferde und zu einer vergleichenden Odontographie der Huftiere überhaupt.‹ Verh Naturforsch Ges Basel 3. Teil. Basel 1863. – ›Beiträge zu einer paläontologischen Geschichte der Wiederkauer.‹ (Mit Einleitung über ›Die historische Methode in der Paläontologie‹.) Mitt Naturforsch Ges Basel, 4. Teil. Basel 1865. (Auch in Gesamm kleine Schrift. 1898, s. Anm.44.) – Vgl. WÜST E (1926) Ludwig Rütimeyer (1825–1895) als Begründer der historischen Paläontologie. Paläontol Z 8: 34–39.

¹⁸⁵ᵇ ›Monographie der Gattung Anthracotherium und Versuch einer Classification der Huftiere.‹ Palaeontographica 22: 1873–74. – BORISSIAK A (1930) W.Kowalewsky, sein Leben und sein Werk Palaeobiologica 3: 131–256

¹⁸⁶ SIMPSON GG (1977) Pferde. Die Geschichte der Pferdefamilie in der heutigen Zeit

und in sechzig Millionen Jahren ihrer Entwicklung. Parey, Berlin Hamburg, 240 S.

[187] Vgl Anm 185[b]: Palaeontographica 22: 1873, S 285; mit Hinweis KOWALEWSKYS auf die Mitteilung der Paläobotaniker G. DE SAPORTA und A. F. MARION, daß sich Wiesenvegetation als Voraussetzung für das Gedeihen großer Graminivoren (Grasfresser) erst im Miozän eingestellt habe. (Zit. in HÖLDER 1960, S 393.) – Vgl. auch KOWALEWSKY W (1873) Sur *Anchitherium aurelianense* Cuv et sur l'histoire paléontologiqué des chevaux. Mem Russ Acad Sci Petersburg.

[188] Ges. Werke, übers. v. J. V. CARUS, Bd 16 (Leben u. Briefe), S 224.

[189] Erstmals bei L. RÜTIMEYER, der schon 1863 von progressiven und regressiven Linien in der Lebensgeschichte sprach und mit der Erkenntnis solcher Ablaufsformen die in vertieftem Sinne geschichtliche Betrachtung in die Paläontologie einführte (Beitr Kenntnis der fossilen Pferde. Verh Naturforsch Ges Basel 3 Teil, 1863). – Nachtrag: Auch hier nicht »erstmals«, sondern vordarwinisch schon bei G. G. BROCCHI 1814; s. ZITTEL 1899 S 135 und HOERNES 1911 (Anm. 191).

[190] COPE ED (1887) The Origin of the Fittest. Eassays of evolution. New York. – Ders (1896) Primary factors of evolution. – ROSA D (1899) La reduzione progressiva della variabilita a i suoi rapporti coll' estinzione e coll origine delle specie. Turin. – DOLLO L (1891–92) Les lois de l'évolution. Bull Soc Belge Geol Paléontol Hydrol 7. – Vgl. ABEL O (1938) LOUIS DOLLO 1857–1931. Palaeobiologica 4. DEPÉRET CH (1907) Les transformations du monde animal. Paris. [Übers. von R. N. WEGNER: Die Umbildung der Tierwelt. (1. Teil, S 1–108: Historischer Werdegang der Anschauungen.) Schweizerbart, Stuttgart 1909].

[191] Vgl HOERNES R (1911) Das Aussterben der Gattungen und Arten.

[192] STEINMANN G (1908) Die geologischen Grundlagen der Abstammungslehre. Engelmann, Leipzig. – Genial veranlagter Paläontologe an den Universitäten Freiburg und Bonn.

[193] Hohe und zugleich kritische Würdigung von Werken und Leistung des Holländers H. DE VRIES sowie der frühen Genetik überhaupt s. MAYR E (1984), bes. S. 438, 499, 566.

[193a] WAAGEN: Geognost-paläont Beiträge Bd 2. – BECKSMANN E (1939) Erdgeschichtliche Gestalten. Grundsätzliches zur erdgeschichtlichen Fragestellung. Z dtsch geol Ges 91: 734–56.

[194] SCHINDEWOLF OH (1950) Grundfragen der Paläontologie. Schweizerbart, Stuttgart. – Ders (1952) Evolution vom Standpunkt eines Paläontologen. Eclogae Geol Helv 45: 374–386. – Der in den genannten Arbeiten vertretenen gerichteten und phasenhaft (durch Großmutationen typostrophisch) gegliederten Evolution widerspricht RUTSCH R (1952) Gesetz und Zufall in der paläontologischen Überlieferung. – Ebenda, S 358–365. Demnach sind Phasengliederung und Richtung nur Ergebnis lückenhafter Überlieferung und auslesender Einwirkung der Umwelt. Eine ähnliche Diskussion zwischen SCHINDEWOLF und R. MERTENS findet sich in zwei Aufsätzen und Reden der Senckenberg naturforsch Ges. Kramer, Frankfurt 1947. E KUHN-SCHNYDER hat indessen jüngst die synthetische Evolutionslehre nur eine Etappe auf dem Wege zur Wahrheit‹ genannt, gegenüber welcher die Erfahrungen der Paläontologie weiterhin ein Stimulans zur Suche nach richtenden, in den Organismen selbst liegenden Faktoren bleiben. (Das Leben im Strom der Zeit. In: Das Zeitproblem im 20. Jahrhundert, Ringvorlesung der Univ. Zürich, Samml. Dalp, Bd 96, S 213–246, Bern München 1964). – SCHINDEWOLF konnte sich auch auf die Annahme von Großmutationen durch einige Genetiker, so R. GOLDSCHMIDT, stützen.

230

195 ERBEN (1964) Die Evolution der ältesten Ammonoidea I. Neues Jahrb Geol Paläont Abh 20: 107–212; sowie ERBEN (1975): Abb 34.

196 HEBERER G (1957) Theorie der additiven Typogenese. In: HEBERER (Hrsg) Die Evolution der Organismen. 5. Lief. G Fischer Stuttgart. – Jüngste Geschichte der Evolutionstheorien s. MAYR 1985. S 857–914.

196a GOULD SJ und ELDREDGE N (1977) Punctuated equilibria [»Unterbrochene Gleichgewichte«]. Palaeobiology 3: 115–51. – STANLEY St M (1983) Der neue Fahrplan der Evolution. Fossilien, Gene und der Ursprung der Arten. Dtsch Übers Harnack München. 252 S.

196b ›Mikroevolution – Makroevolution – Punktualismus‹ [am Beispiel tertiärer Nagetiere]. Paläont Z 57: 213–230.

197 HENNIG W (1950) Grundzüge einer Theorie der phylogenetischen Systematik. Berlin. – SCHLEE D (1981) Grundzüge der phylogenetischen Systematik. (Eine praxisorientierte Übersicht). Paläontol Z 55: 11–30.

198 SCHINDEWOLF (1969) Über den ›Typus‹ in morphologischer und genetischer Biologie. Abh Akad Wiss Lit Math-Naturwiss Kl Jg 1969 Nr 4: 77 S. – NAEF (1922) Die fossilen Tintenfische. Jena, S 4.

199 GUTMANN WF BONIK K (1981) Kritische Evolutionstheorie. Ein Beitrag zur Überwindung altdarwinistischer Dogmen. Hildesheim, 225 S.

200 3 Aufl. Mohr-Siebeck, Tübingen 1971.

201 ›Evolutionäre Erkenntnistheorie‹. Hirzel, Stuttgart, 222 S.

202 HERDER (1784) Ideen z. Philosophie d. Geschichte d. Menschheit. 2 Buch, III. SCHILLER (1791) Etwas über die erste Menschengesellschaft. Thalia, 3. Bd, Leipzig. Faksimile von Titelblatt und erster Seite in ADAM KD (1984) Der Mensch der Vorzeit. Führer durch d. Urmensch-Museum Steinheim a. D. Murr. Theiss, Stuttgart, 172 S. – Die übrigen Zitate dieses Schlußkapitels stammen aus HÖLDER (1960) und LANGER (1985).

203 PFANNENSTIEL M (1972) Der fossile Mensch in der Geschichte der Geologie. Quartär 23: 1–19.

204 Über GOETHES diesbezügliche Abhandlungen und Briefe sowie deren Resonanz s. SCHMID G (1940) Goethe und die Naturwissenschaften. Eine Bibliographie. Leopold-Carol Akad Naturforsch Halle, S 51–58.

205 QUERNER H (1969) Die Anthropologie auf den Versammlungen deutscher Naturforscher und Ärzte … (bis 1869). In: Hundert Jahre Berliner Ges Anthropol. Berlin, S 143–56.

206 ›Begegnungen mit dem Vormenschen‹. Diederichs, Düsseldorf Köln, 235 S. Hier auch Bericht über die Entlarvung des Piltdown-Schädels. Dazu WEINER JS u. a. (1953) The solution of the Piltdown Problem. Bull Mus Nat Hist 2. – Die story der Fälschung scheint noch immer nicht ganz klar zu sein. Nach neueren, durch die Presse gegangenen Berichten konnte der 1916 verstorbene Finder DAWSON entlastet werden. Es soll sich eher um einen Racheakt unter Kollegen oder um eine Attacke C. A. DOYLES, des in der Nähe des Fundorts wohnenden Autors der Sherlock-Holmes-Geschichten, auf den Ruf einiger Wissenschaftler gehandelt haben.

207 ILLIES J (1984) Der Jahrhundertirrtum. Würdigung und Kritik des Darwinismus. Frankfurt, 200 S. – SCHMIDT F (1985) Grundlagen der kybernetischen Evolution. Krefeld, 500 S.

208 ›BDLOG‹: Name des Paläotemperaturen und Faunen-/Florengemeinschaften bestimmenden und in Log-Form darstellenden Programms: BD steht für ›Biester-Daten (Beast-Data)‹, hier bezogen auf fossile und rezente Tiere/Pflanzen.

Die erwähnten Programme wurden von P.P.SMOLKA entwickelt. Calc = Kalkulation. – Nur T21 ist ein Programm des Deutschen Meteorologischen Dienstes in Hamburg.

[209] Dem interessierten Leser sei an dieser Stelle folgendes Buch empfohlen: DAVIS JC (1973) Statistics and data analysis in geology. Wiley, New York.

[210] STICKER (1970) A. v. Humboldt und die Einheit der Wissenschaft. Studia Leibnitiana 2: 241–61. – GOETHE (1820) Zur Naturwissenschaft überhaupt.

[211] ENGELHARDT W V (1974) Die Geowissenschaft und ihre Bedeutung für die Zukunft der Zivilisation. Geol Rundsch 63: 793–818.

[212] Niemand gelangt zur Wahrheit, es sei denn durch Liebe.

Literatur

Weitere Zitate sind in den Anmerkungen zu finden; s. Namenregister

ADAMS FD (1938, 2.Aufl. 1954) The birth and development of the geological sciences. 79 Abb, 15 Taf. Dover Publ. New York, 506 S

ALBRITTON CC Jr (1980) The abyss of time. Changing conceptions of the Earth antiquity after the sixteenth century. Freemann, Cooper & Co, San Francisco, 251 S

BECKSMANN E (1939) N.Steno und seine Stellung in der Geschichte der Geologie. Z Deutsch Geol Ges 91: 329–336

BERGGREN WA, COUVERING JA VAN (Hrsg) Catastrophes and Earth history. The new Uniformitarianism. Princeton Univ Press, Princeton, 464 S

BERINGER CC (1954) Geschichte der Geologie und des geologischen Weltbildes. Enke, Stuttgart, 158 S

BLEI W (1981) Erkenntniswege zur Erd- und Lebensgeschichte. Ein Abriß. Wiss Taschenb (WTB) 219: Berlin, Akademie Verlag, 433 S

BLEI W (1987) Seit wann wird die Wandelbarkeit des Antlitzes der Erde angenommen? Petermanns geogr Mitt 131: 255–258

BÜTTNER M (Hrsg) (1979) Wandlungen im geographischen Denken von Aristoteles bis Kant. Abh Quellen Gesch Geogr Kosmol 1: 139–50. Paderborn, Schöningh

CAILLOUX A (1968) Histoire de la géologie. Univ Press, Paris, 126 S

CAROZZI AV (1964) Lamarck's theory of the Earth: Hydrogéologie. Isis 55: 293–307

CAROZZI AV (1965) Lavoisier's fundamental contribution to stratigraphy. Ohio J Sci 65: 71–85 (Mit Originaltext und Skizzen von Lavoisier)

CAROZZI M (1983) Voltaire's attitude toward geology. Arch Sci 36: Fasc 1, 146 S. Genf

CHALLINOR J (1971) The history of British geology. A bibliographical study. David & Charles, Newton Abbot, 224 S

DAVIES GL (1969) The earth in decay. A history of British geomorphology. 1578–1878. Amsterdam, 390 S

DAVIS JC (1973) Statistics and data analysis in geology. Wiley, New York Chichester Brisbane Toronto Singapore, 550 S

ELLENBERGER F (1972) Quelques remarques historiques sur »la maladie infantile« de la stratigraphie. Mem B R Geol Mineral Fr 77: 27–30

ELLENBERGER F (1973) La thèse de doctorat de James Hutton et la rénovation perpétuelle du monde. Ann Guébhard 49: 497–533

ELLENBERGER F (1975 und 1976–77) A l'aube de la géologie moderne: Henri Gautier (1660–1737). Hist Nat 7, 9–10: 147 S

ELLENBERGER F (1983) Der landschaftliche Einfluß auf die geodynamischen Theorien der französischen Naturforscher im 18.Jahrhundert: die südfranzösische und die Pariser Schule. Münster Forsch Geol Paläontol H 58 (VIII) INHIGEO-Symp: 11–32

ELLENBERGER F (1988) Histoire de la géologie. Tome 1. Des Anciens à la première moitié du XVIIᵉ siècle. Lavoisier, Paris, 352 S

ELLENBERGER F, GOHAU G (1981) A l'aurore de la stratigraphie paléontologique: Jean-André de Luc, son influence sur Cuvier. Rev Hist Sci 34: 217–257

ENGELHARDT W v (1979) Die Entwicklung der geologischen Ideen seit der Goethe-Zeit. Abh Braunschweig Wiss Ges: 23

ENGELHARDT W v (1982a) Neptunismus und Plutonismus. Fortschr Mineral 60: 21–43

ENGELHARDT W v (1982b) Kräfte der Tiefe – Zum Wandel erdgeschichtlicher Theorien. Janus Rev Int Hist Sci 69: 119–140

ERBEN KH (1975) Die Entwicklung der Lebewesen. Piper München, 518 S

EYLES JM (1969) William Smith (1769–1839): A Bibliography of his published writings, maps and geological sections, printed and lithographed. J Soc Bibliogr Nat Hist 5: 87–109

FABIAN E (1986) Die Entdeckung der Kristalle – Der historische Weg der Kristallforschung zur Wissenschaft. VEB Leipzig, 196 S

FAURE G (1986) Principles of isotope geology, 2 Aufl. Wiley, New York, 589 S

FISCHER W (1961) Gesteins- und Lagerstättenbildung im Wandel der wissenschaftlichen Anschauung. Schweizerbart, Stuttgart, 529 S

FREYBERG B v (1932) Die geologische Erforschung Thüringens in älterer Zeit. Berlin, 160 S

GEIKIE Sir A (1897) The founders of geology. London, 297 S

GOHAU G (1987) Histoire de la géologie. Paris, 259 S

GUNTAU M (1974) L. v. Buch. Z Geol Wiss 2: H 12, 1372

GUNTAU M (1980) Physikotheologie und Aufklärung in ihren Beziehungen zur geologischen Erkenntnis im 18. Jahrhundert. Z Geol Wiss 8: 87–106, 8 Abb.

HAARMANN E (1935) Um das geologische Weltbild. Malleo et mente. Enke, Stuttgart, 108 S

HAARMANN E (1942) Lose Blätter aus der Geschichte der Geologie. Geol Rundsch 33: H 2/3, 80–206

HALLAM A (1983) Great geological controversies. Oxford Univ Press, Oxford, 182 S

HEIM A (1929) An der Erkenntniswurzel alpiner Tektonik. Vierteljahrsschr naturwiss Ges. Zürich 74 (S. 217)

HILTERMANN H (1965) Zur Geschichte der angewandten Mikropaläontologie. Ber Naturhist Ges Hannover 109: 23–47

HÖLDER H (1960) Geologie und Paläontologie in Texten und ihrer Geschichte. Orbis academicus II/11. Alber, Freiburg München, 565 S

HÖLDER H (1969) Leibniz' erdgeschichtliche Konzeptionen. Studia Leibnitiana Sonderh 1: 105–125

HÖLDER H (1976) Die Entwicklung der Paläontologie im 19. Jahrhundert. Stud Naturwiss Tech Wirtschaft im 19. Jhdt. Gespräche Agricola-Ges, 1 Teil, Hannover, S 107–134

HÖLDER H (1977) Geschichte der Geologie und Paläontologie an der Universität Tübingen. In: v. ENGELHARDT W v., HÖLDER H Contubernium, Bd 20. Mohr und Siebeck, Tübingen, S 87–284

HOOYKAAS R (1963) The principle of uniformity in geology, biology and theology. Natural law and divine miracle, 2 Aufl. Leiden, 237 S (Franz.: Continuité et discontinuité en géologie et biologie. Editions du Seuil; Paris 1970)

HOOYKAAS R (1970) Catastrophism in geology, its scientific character in relation to actualism and uniformitarianism. Meded K Ned Akad Wet Afd Letterkd N R 33: 271–316

HOWE RS, SHARPE T, TORRENS HS (1981) Ichthyosaurs: a history of fossil ›sea-dragons‹. Natl Mus Wales, 31 S

HOYT WG (1987): Coon mountain controversies. Meteor craters and the development of impact theory. Univ Arizona Press, Tuscon, 442 S

Hsü KJ (1982) Ein Schiff revolutioniert die Wissenschaft. Die Forschungsreisen der Glomar Challenger. Hoffmann und Campe, Hamburg, 303 S

Hsü KJ (1984) Das Mittelmeer war eine Wüste. Auf Forschungsreisen mit der Glomar Challenger. Harnack, München, 200 S

Kindermann U (1981) Conchae marinae. Marine Fossilien in der Fachliteratur des frühen Mittelalters. Geol Bl NO-Bayern 31: 515–530

Kuhn-Schnyder E (1953) Geschichte der Wirbeltiere. Schwabe, Basel, 156 S (Enthält zahlreiche Kurzbiographien)

Langer W (1985) Verzeitlichungs- und Historisierungstendenzen in der frühen Geologie und Paläontologie. Ber Wissenschaftsgesch 8: 87–97

Mägdefrau K (1968) Karl Friedrich Schimper. Ein Gedenken zu seinem 100. Todestag. Beitr naturk Forsch Südw-Dtschld 27: 3–20

Mägdefrau K (1973) Geschichte der Botanik. Leben und Leistung großer Forscher. G Fischer, Stuttgart, 314 S

Mark, Kathleen (1987) Meteorite craters. Univ Arizona Press, Tuscon, 288 S

Martin GP, Uschmann G (1969) Friedrich Rolle 1827–1887, ein Vorkämpfer neuen biologischen Denkens in Deutschland. Lebensdarstellungen deutscher Naturforscher, Nr. 14. Leopoldina, Leizpig, 151 S – Martin (1987) Nat Mus 117: 216

Mason B, Moore BC (1985) Grundzüge der Geochemie. Enke, Stuttgart (Mit historischer Einleitung)

Mather KF (1967) Source book in geology 1900–1950. Harvard Univ Press, Cambridge, 434 S

Mather KF, Mason SL (1967) A source book in geology 1400–1900, 2 Aufl (1 Aufl 1937). Harvard Univ Press, Cambridge, 702 S

Mayr E (1984) Die Entwicklung der biologischen Gedankenwelt. Vielfalt, Evolution und Vererbung. Springer, Berlin Heidelberg New York Tokyo, 766 S

Mehnert KR (1987) 50 Jahre Granitforschung. Geol Rundsch 76: 1–14

Meissner R (1986) The Continental Crust – A geophysical approach. Int Geophys Ser 34. Acad Press, Orlando, 426 S

Morello N (1979a) La Nascita della Paleontologia nel Seicento. Colonna, Stenone e Scilla Franco Angeli Ed, Milano, 265 S

Morello N (1979b) la Macchina della Terra. Teorie geologiche dal Seicento all' Ottocento. Loescher Ed, Torino, 231 S

Muir Wood R (1985) The dark side of the earth. Allen and Unwin, London, 246 S (viele Porträts)

Pfannenstiel M (1969) Die Entstehung einiger tektonischer Grundbegriffe. Ein Beitrag zur Geschichte der Geologie. Geol Rundsch 59: 1–36

Pfannenstiel M (1970) Das Meer in der Geschichte der Geologie. Geol Rundsch 60: 3–72 (Mit Kurzbiographien)

Pfannenstiel M (1972) Der fossile Mensch in der Geschichte der Geologie. Quartär 23: 1–19

Pfeiffer D (1963) Die geschichtliche Entwicklung der Anschauungen über das Karstgrundwasser. Beih Geol Jahrb H 57: 111 S

Pfeiffer D (1968) Die hydrogeologischen Anschauungen des Lucius Annäus Seneca und seine Kritik an älteren Grundwasserhypothesen. Geol Jahrb 85: 383–392

Pilger A (1978) Die tektonische Erforschung der Alpen zwischen 1787 und 1915. Clausthaler Geol Abh 32: 81 S

Porter R (1977) The making of geology. Earth science in Britain 1660–1815. Cambridge Univ Press, Cambridge, London, 288 S

Reif W-E (1986) The search for a macroevolutionary theory in German paleontology. J Hist Biol 19: 79–130. Reidel Publ Comp

RHODES FHT, STONE RO (Hrsg) (1981): Language of the earth. [Eine Anthologie.] Pergamon Textbook Pergamon Press New York, 417 S

ROBSON DA (1986) Pioneers of geology. Hancock Museum, Newcastle upon Tyne. 73 S

RUDWICK MJS (1975) Caricature as a source for the history of science: De la Beche's anti-Lyellian sketches. Isis 66: 534–560

RUDWICK MJS (1976) The meaning of fossils. Episodes in the history of palaentology, 2 Aufl. New York, 287 S

RUDWICK MJS (1985) The great Devonian Controversy. Univ Chicago Press, Chicago London, 494 S

RÜGER L (1932) Hundert Jahre geologischer Forschung am Rheintalgraben. Bad geol Abh 4: 81–114, Heidelberg

RUPKE NA (1983) The great chain of history. Oxford

SALOMON-CALVI (1933) Die permokarbonen Eiszeiten. Leipzig

SCHINDEWOLF OH (1948) Wesen und Geschichte der Paläontologie. In: KROPP GC (Hrsg) Probleme der Wissenschaft in Vergangenheit und Gegenwart. Wiss Editionsges, Berlin, 108 S

SCHMIDT H (1918) Geschichte der Entwicklungslehre. Leipzig, 549 S

SCHMIDT H (1960) Darwin und die Paläontologie. In: HEBERER G, SCHWANITZ F (Hrsg) Hundert Jahre Evolutionsforschung. Das wissenschaftliche Vermächtnis Charles Darwins. Stuttgart, S 235–276

SCHNEER CJ (1969) (Hrsg) Toward a history of geology. (Hampshire Conf Hist Geol). Cambridge Univ Press, Cambridge London, 469 S

SCHREYER W (1985) Metamorphism of crustal rocks at mantle depths: High-pressure minerals and mineral assemblages in metapelites. Fortschr Mineral 63: 227–261

SCHWARZBACH M (1970) Berühmte Stätten geologischer Forschung. Bücher Z Naturwiss Rundsch. Stuttgart, 322 S

SCHWARZBACH M (1976) Europäische Stätten geologischer Forschung. Hirzel, Stuttgart, 191 S

SCHWARZBACH M (1980) Alfred Wegener und die Drift der Kontinente. Große Naturforscher Bd 42 Wiss Verl-Ges, Stuttgart, 160 S

SCHWARZBACH M (1981) Auf den Spuren unserer Naturforscher. Denkmäler und Gedenktafeln. Ein Reiseführer. Hirzel, Stuttgart, 296 S

SEMPER M (1914) Die geologischen Studien Goethes. Beiträge zur Biographie Goethes und zur Geschichte und Methodenlehre der Geologie. Leipzig, 389 S

SMITH DG (1982) The Cambridge encyclopedia of earth sciences. Cambridge Univ Press, Cambridge, London, 496 S

STAUB R (1924) Der Bau der Alpen. Beitr Geol K 4 Schweiz n F 52

STAUB R (1954) Der Bau der Glarneralpen und seine Bedeutung für die Alpengeologie. Tschudi Glarus, 187 S

THENIUS (1977) Meere und Länder im Wechsel der Zeiten. Verständliche Wissenschaft 114. Springer, Berlin Heidelberg New York, 200 S

WAAGEN L (1869) Die Formenreihe des *Ammonites subradiatus*. BENECKE's geognost – paläont. Beitr 2: 181–256

WAGENBRETH O (1955) AG Werner und der Höhepunkt des Neptunistenstreits um 1790. – Freiberger Forsch-H D 11: 183–241. Tschudi Glarus, 182 S

WAGENBRETH O (1982) Die Wurzeln mobilistischer Vorstellungen in der älteren Geschichte der tektonischen Forschung. Z Geol Wiss 10: 313–32 (Weitere Veröffentlichungen von WAGENBRETH in den Anmerkungen)

WATZNAUER A (1980) Das geologische Weltbild GC Füchsels (1722–1773), JG Leh-

236

manns (1719–1767) und CEA v Hoffs (1771–1837) und seine Nachwirkung bis zur Gegenwart. Geol Wiss 8: 63–72

WEGMANN E (1958) Das Erbe Werners und Huttons. Geologie 7: 531–559

WEGMANN E (1967a) Zwischen Felsen und Hypothesen. Ein Beitrag zur Geschichte der Geologie. Mitt Naturforsch Ges Schaffhausen 28: 1–30

WEGMANN E (1967b) Evolution des idées sur le déplacement des lignes de rivage. Mém Soc Vaud Sci Nat 14: 129–191

WEYL R (1958) Leonardo da Vinci und das geologische Erdbild der Renaissance. Nachr Gießener Hochschulges 27: 109–121

WEYL R (1963) Das geologische Erdbild im Wandel der Zeiten. Nachr Gießener Hochschulges 32: 41–54

WUNDERLICH HG (1975) Das neue Bild der Erde. Hoffmann und Campe, Hamburg, 367 S (Mit wissenschaftlichen Ausblicken)

ZIEGLER B (1986) Der schwäbische Lindwurm. Funde aus der Urzeit. Theiss, Stuttgart, 171 S

ZITTEL KA (1899) Geschichte der Geologie und Paläontologie bis Ende des 19. Jahrhunderts. Geschichte der Wissenschaft in Deutschland, Bd 23. Oldenbourg München Leipzig, 868 S

Namenverzeichnis

für den Text und (in Auswahl) die Anmerkungen. Fettgedruckte Ziffern weisen auf Stichworte zu Leben und Werk.

241

Topographisches Verzeichnis